高等院校21世纪规划教材

办公高级应用案例教程

主　编　钟　琦　廖　雁　范林秀
副主编　严深海　尹　华　曾春梅　陈舒娅

電子工業出版社
Publishing House of Electronics Industry
北京·BEIJING

内 容 简 介

本书概要地介绍了 Office 2010 办公应用的知识点，并就 Word、Excel 、PowerPoint 应用给出了有代表性的实例。全书由 5 个篇章组成。其中，第一篇为办公自动化概述；第二篇为 Word 2010 高级应用，主要讲述 Word 2010 长文档编辑与设置、邮件合并应用、文档修订与审阅、表格等功能。第三篇为 Excel 2010 高级应用，主要讲述 Excel 2010 中数据表的操作、图表的创建与修改、公式与函数的应用、数据分析与处理等内容。第四篇为 PowerPoint 2010 高级应用，主要讲述 PowerPoint 2010 中幻灯片的制作要素、幻灯片母版的设计与应用、幻灯片动画的设计与制作以及幻灯片的放映设置等高级应用。第五篇为常用办公设备，主要讲述打印机、复印机、传真机、扫描仪、多功能一体机等的相关知识。

图书在版编目（CIP）数据

办公高级应用案例教程 / 钟琦，廖雁，范林秀主编. —北京：电子工业出版社，2018.2
ISBN 978-7-121-33517-4

Ⅰ. ①办… Ⅱ. ①钟… ②廖… ③范… Ⅲ. ①办公自动化－应用软件－教材 Ⅳ. ①TP317.1

中国版本图书馆 CIP 数据核字（2018）第 012652 号

策划编辑：祁玉芹
责任编辑：鄂卫华
印　　刷：中国电影出版社印刷厂
装　　订：中国电影出版社印刷厂
出版发行：电子工业出版社
北京市海淀区万寿路 173 信箱　邮编　100036
开　　本：787×1092　1/16　印张：16　字数：389 千字
版　　次：2018 年 2 月第 1 版
印　　次：2019 年 1 月第 2 次印刷
定　　价：39.80 元

凡所购买电子工业出版社图书有缺损问题，请向购买书店调换。若书店售缺，请与本社发行部联系，联系及邮购电话：（010）88254888，88258888。

质量投诉请发邮件至 zlts@phei.com.cn，盗版侵权举报请发邮件至 dbqq@phei.com.cn。

本书咨询联系方式：qiyuqin@phei.com.cn。

前言 Preface

本书是一本高起点的“计算机基础”课程的新教材，适合于有一定基础、想进一步提升办公自动化软件应用技能的广大读者。本书紧密围绕全国高等学校计算机基础教育教学大纲，力求以适应社会需求为目标，以培养技术应用能力为主线，理论上以必需、够用为度，以讲清概念、强化应用为重点，并加强针对性和实用性，注重使读者在掌握计算机基础知识和基本应用的基础上具备一定的可持续发展能力。

本书全面介绍了 Office 2010 办公应用的知识，并就 Word、Excel、PowerPoint 应用给出了有代表性的实例。全书分为五篇。其中，第 1 篇为办公自动化概述；第 2 篇为 Word 2010 知识概要和高级应用，主要讲述 Word 2010 文档的格式设置、长文档编辑、邮件合并与审阅、表格等功能；第 3 篇为 Excel 2010 知识概要及高级应用，主要讲述 Excel 2010 中数据表的基本操作、图表的创建和修改、公式及函数的应用、数据分析与处理等高级应用；第 4 篇为 PowerPoint 2010 高级应用，主要讲述 PowerPoint 2010 中幻灯片的制作要素、幻灯片母版的设计与应用、幻灯片动画的设计与制作，以及幻灯片的放映设置等高级应用；第五部分为常用办公设备，主要讲述打印机、复印机、传真机、扫描仪、多功能一体机的相关知识。

本书以提高学生素质和能力为目的，概念清楚、技术实用、叙述简练。各章案例通过情景教学及项目驱动的方式，用实际例子来讲解知识，避免了纯理论的说教，具有重点突出、简明扼要、可操作性强等特点，能提高读者的实际操作能力和应试能力。

本书由赣南师范大学钟琦、廖雁、范林秀主编，严深海、尹华、曾春梅、陈舒娅、周香英和朱隆尹等参与编写。由于作者水平有限，书中错漏难免，欢迎广大读者批评指正。

目录 Contents

第 1 篇　办公自动化概述

办公自动化（Office Automation，简称 OA）是 20 世纪 70 年代中期在发达国家迅速发展起来的一门综合性技术学科，是现代信息社会的产物，是将现代化办公和计算机技术结合起来的一种新型的办公方式。

1.1　办公自动化的基本概念

计算机的诞生和发展促进了人类社会的进步和繁荣，作为信息科学的载体和核心，计算机科学在知识时代扮演了重要的角色。通过实现办公自动化，或者说实现数字化办公，可以优化现有的管理组织结构，调整管理体制，在提高效率的基础上，增加协同办公能力，强化决策的一致性。

在行政机关、企事业单位工作中，是采用 Internet/Intranet 技术，基于工作流的概念，以计算机为中心，采用一系列现代化的办公设备和先进的通信技术，广泛、全面、迅速地收集、整理、加工、存储和使用信息，使企业内部人员方便快捷地共享信息，高效地协同工作；改变过去复杂、低效的手工办公方式，为科学管理和决策服务，从而达到提高行政效率的目的。一个企业实现办公自动化的程度也是衡量其实现现代化管理的标准。

▶▶ 1.1.1　办公自动化的定义与特点

办公自动化一词是 20 世纪 50 年代中期在美国首先出现，当时是指利用电子数据处理设备使笔记工作自动化。在行政机关中，大都把办公自动化叫作电子政务，企事业单位则习惯称之为 OA，即办公自动化。通过实现办公自动化，或者说实现数字化办公，可以优化现有的管理组织结构，调整管理体制，在提高效率的基础上，增加协同办公能力，强化决策的一致性，最后实现提高决策效能的目的。

办公自动化目前还没有广泛认可的定义，它通常是指利用现代通信技术、办公自动化设备和电子计算机系统或工作站来实现事务处理、信息管理和决策支持的综合自动化办公方式。凡是在传统的办公室中采用各种新技术、新机器、新设备从事办公业务，都属于办公自动化的领域。

20 世纪 70 年代美国麻省理工学院教授 M.C.Zisman，认为办公自动化就是将计算机技术、通信技术、系统科学和行为科学，应用于传统的数据处理方式和技术难以处理的数量庞大且结构不明确的、包括非数值型信息的办公事务处理的一项综合技术。

中国专家曾在 1985 年第一次全国办公自动化规划讨论会上提出办公自动化的定义：利用先进的科学技术，使部分办公业务活动物化于人以外的各种现代化办公设备中，由人与技术设备构成服务于某种办公业务目的的人-机信息处理系统。

同时，日本的人工智能专家渡部和先生对办公自动化的概念做出了具有哲理性的解释，他对办公自动化的定义：凡能够清楚地设置其指标的业务属于工厂型的事务，将来应由办公室机器人来处理。办公自动化的目标应是提高工人们在办公室中的工作效率，使办公活动更加人性化。这就意味着在办公系统中，人的活动集中于办公业务的核心部分，而这些活动无论科学多么发达都不能完全由机器来取代。

现实中的办公自动化系统（OA 系统）是一种建立在计算机网络基础上的分布式信息处理系统，所以又称办公信息系统。OA 系统是一种人-机系统，其核心设备是计算机系统或 OA 工作站。一个典型的 OA 系统应包括信息采集、信息加工、信息传输和信息存取四个基本环节，其核心任务是为各领域不同层次的办公人员提供所需信息。

办公自动化是信息化社会最重要的标志之一，它具有以下特点：

1. 办公自动化是一门综合多种技术的新型学科

办公自动化的理论基础是行为科学、管理科学、系统工程学、社会学、人机工程学等，技术基础是计算机技术、通信技术、自动化技术等，其中计算机技术、通信技术、系统科学、行为科学是办公自动化的四大支撑技术。综合来看，办公自动化是以行为科学为主导，系统科学为理论基础，综合运用计算机技术和通信技术完成各项办公业务。办公自动化不是简单的自动化科学的一个分支，而是一个信息化社会的时代产物，是一门综合的学科技术。

2. 办公自动化是一个人机信息系统

在办公自动化系统中“人”是决定因素，是信息加工的设计者、指导者和成果享用者；而“机”是指办公设备，它是办公自动化的必要条件，是信息加工的工具和手段。信息是办公自动化中被加工的对象，办公自动化综合并充分体现了人、机器和信息三者的关系。

3. 办公自动化将办公信息实现了一体化处理

办公自动化系统把基于不同技术的办公设备用联网的方式联成一体，以计算机为主体，将各种形式的信息组合在一个系统中，使办公室真正具有综合处理这些信息的功能。

4. 办公自动化可以提高办公效率和质量

办公自动化是人们产生更高价值信息的一个辅助手段，使办公室用具成为智能的综合性工具。办公自动化将许多独立的办公职能一体化，并提高自动化程度，从而提高办公效率、方便办公工作，获得更大效益，对信息社会产生积极影响。

1.1.2 办公自动化的发展历程

20 世纪 80 年代初，自动化技术、计算机技术和通信技术，此三大技术的迅猛发展为办公自动化奠定了必要的物质基础和技术基础。20 世纪 70 年代后期，美、英、日等发达资本主义国家开始进行办公自动化理论和技术研究。美国是推行办公自动化最早的国家，日本稍晚于美国。但是，日本针对本国的国情制定了一系列发展本国办公自动化的规划，并建立了相应的执行机构，组建了办公自动化的教育培训中心。随后建立的日本东京都政府办公大楼，便成为一座综合利用了各种先进技术的智能大厦，是当代办公自动化先进水平的代表。

办公自动化的发展大致经历了以下三个阶段：

第一阶段，从 50 年代中期到 70 年代中期，办公人员采用文字处理机、复印机、传真机、专用交换机等办公自动化设备实现单项业务的自动化，是以单机设备完成单项办公业务的自动化，如文字处理机、复印机、传真机等在先进国家的部分办公室得到使用，可称为办公室自动化。

第二阶段，70 年代中期到 80 年代初，把分散在各办公室的电子计算机系统连接成计算机局部网络。此阶段基本的 OA 系统日趋成熟，微型计算机应用逐渐普及，超小型和大、中型计算机性能价格比大幅度提高，自动程控交换机和局域网技术的成熟，已能将计算机、传真机、电话机和其他智能办公设备联成网络，实现数据、文字、图形和声音的综合处理。通常采用电子报表、电子文档、电子邮件等新技术和高功能的办公自动化设备。

第三阶段，从 80 年代中期开始，办公自动化向建立综合业务数字网的方向发展。在此阶段基本的 OA 系统不断推广，以实现办公活动的综合管理和提高辅助决策能力为目的的高层次 OA 系统已经实现和采用，这种系统采用数据、文字、声音、图形和图像的综合通信网络，包含有较强功能的管理信息系统和决策支持系统，称之为综合型的 OA 系统。出现 OA 软件包、多功能的 OA 工作站和各种联机办公自动化设备，如电子白板、智能复印机、智能传真机、电子照排轻印刷设备、复合电子文件系统等。

办公自动化的发展方向应该是协同办公系统。协同办公系统是将现代化办公和计算机网络功能结合起来的一种新型的办公方式。

1.2　办公信息系统的要素与功能

实现办公自动化的系统（OA 系统）是建立在计算机局部网络基础上的一种分布式信息处理系统，所以又称办公信息系统。OA 系统是一种人机系统，其核心设备是电子计算机系统或 OA 工作站。OA 系统包括信息采集、信息加工、信息传输和信息存取四个基本环节。办公自动化信息系统是以提高专门或综合业务管理和辅助决策水平为目的的综合性人机交互系统。办公信息系统通过数据的收集、存储、传递、管理和处理等手段，为办公人员提供信息服务，以提高办公效率和办公质量，从而获得经济效益和社会效益。

1.2.1　办公信息系统的要素

办公的内容、表示方法和环境都十分复杂，不易定量地、数学化地去描述。但不论什么样的办公体系，一般可归结为六个要素：即人、机构、制度、工具、空间、信息。办公自动化信息系统是办公的一种手段，所以其构成要素与一般的办公体系存在相似之处，它的要素通常包括：办公人员、办公信息、办公流程和办公设备四个部分。

第一个要素：办公人员。办公是人群的一种管理活动，是由人去执行办公任务的。所有办公人员都必须具备按既定要求完成自身职务范围内的任务的能力。他们都组合在某一个系统中，既有分工又有合作，而且要与上、下、左、右进行信息沟通。与早期的办公自动化不同，现代的办公自动化对办公人员的素质有了更高的要求。以往的办公自动化是个体工作的自动化，不要求所有的办公人员都要懂得办公设备的使用，懂得电脑的操作，懂得电脑打字。这些工作由秘书或文员来完成就可以了。现代的办公自动化系统则通过计算机网络将所有员工联系起来，通过网络来完成大部分的办公工作，是一种全员化的办公自动化。这就要求所有人员都会使用计算机等办公设备，否则，办公自动化就无法贯彻执行。

第二个要素：办公信息。信息是办公内容的反映，是办公行为的对象和依据，是办公活动所利用的资源。空间是信息的集散枢纽。办公活动从信息处理角度看，就是对各类信息进行采集、加工、处理和传输的过程。办公信息可分为数值信息和非数值信息两大类。数值信息是指反映数量关系的数据，非数值信息是指文字信息、图像信息和声音信息。

办公自动化信息系统就是要完成各种形态办公信息的收集、输入、处理、存储、交换、输出乃至全部过程。因此，对于办公信息的外部特征、办公信息的存储与显示格式、不同办公层次需要与使用信息的特点等方面的研究，是研制办公自动化信息系统的基础性工作。

第三个要素：办公流程。办公流程是办公业务处理、办公过程和办公人员管理的规章制度。流程是否合理、流程的优劣，严重地影响着办公的效率。对于自动化办公而言，办公流程的科学化、系统化和规范化，将使办公活动更容易纳入自动化的轨道。应该注意的是，由于办公自动化信息系统往往要模拟具体的办公过程，办公流程或者组织机构的某些变化必然会导致系统的变化。同时，在新系统运行之后，也会出现一些新要求、新规定和新的处理方法，这就要求办公自动化信息系统与现行办公流程之间有一个过渡和切换。

第四个要素：办公设备。设备的作用在于提高办公的效率和质量，减轻人的负担，降低办公的费用消耗。既然办公是人们的一种脑力劳动，所以，计算机的应用在办公活动中具有革命性的意义；又由于办公活动是处理人与人之间的事情，是信息的频繁交换，通信工具的利用也占有十分重要的地位。此外，现代化的办公工具还有录音、录像、复印、轻印刷等。

1.2.2　办公信息系统的主要功能

办公自动化就是用信息技术把办公过程电子化、数字化，这就需要创造一个集成的办公环境，使所有的办公人员都在同一环境下协同工作，这个集成环境就是办公自动化信息系统。一个典型的办公自动化信息系统主要有下面七个方面的功能：

（1）建立内部的通信平台：建立单位内部的邮件系统，使单位内部的通信和信息交流快捷通畅。

（2）建立信息发布的平台：在内部建立一个有效的信息发布和交流的场所，例如电子公告、电子论坛、电子刊物，使内部的规章制度、新闻简报、技术交流、公告事项等能够在企业或机关内部员工之间得到广泛的传播，使员工能够了解单位的发展动态。

（3）实现工作流程的自动化：这牵涉到流转过程的实时监控、跟踪，解决多岗位、多部门之间的协同工作问题，实现高效率的协作。各个单位都存在着大量流程化的工作，例如公文的处理、收发文、各种审批、请示、汇报等，都是一些流程化的工作，通过实现工作流程的自动化，就可以规范各项工作，提高部门协同工作的效率。

（4） 实现文档管理的自动化：可使各类文档（包括各种文件、知识、信息）能够按权限进行保存、共享和使用，并有一个方便的查找手段。办公自动化使单位内部各种文档实现电子化，并通过电子文件柜的形式实现文档的保管，按权限进行使用和共享。实现办公自动化以后，对于新员工，只要管理员给他注册一个身份文件，给他一个口令，自己上网就可以看到这个单位积累下来的东西，规章制度、各种技术文件等，只要身份符合权限可以阅览的范围，他自然而然都能看到，这样就减少了很多培训环节。

（5） 辅助办公：它的内容比较多，如会议管理、车辆管理、物品管理、图书管理等与日常事务性的办公工作相结合的各种辅助办公，办公自动化也实现了这类辅助办公的自动化。

（6）信息集成：每个单位都存在大量的业务系统，如购销存、ERP 等各种业务系统。企业的信息源往往都在这个业务系统里，办公自动化系统应该跟这些业务系统实现很好的集成，使相关的人员能够有效地获得整体的信息，提高整体的反应速度和决策能力。

（7） 实现分布式办公：基于网络的支持，办公自动化系统可以很容易地支持多分支机构、跨地域的办公模式和移动办公。

1.3 电子政务

在各国积极倡导的“信息高速公路”的应用领域中，“电子政务”被列为第一位，可见政府信息网络化在社会信息网络化中的重要作用。在政府内部，各级管理者可以在网上及时了解、指导和监督各部门的工作，并向各部门做出各项指示，各部门之间还可以通过网络实现信息资源的共建共享联系，既提高办事效率、质量和标准，又节省政府开支。电子政务的出现带来了办公模式与行政观念上的一次革命。

电子政务是指国家机关在政务活动中，全面应用现代信息技术、网络技术和办公自动化技术等，进行办公、管理和为社会提供公共服务的一种全新的管理模式。广义的电子政务的范畴应包括所有国家机构在内；而狭义的电子政务主要包括直接承担管理国家公共事务、社会事务的各级行政机关。

1.3.1 电子政务的概念

自 20 世纪 90 年代电子政务产生以来，关于电子政务（Electronic Government）的定义有很多，并且随着实践的发展而不断更新。

联合国经济社会理事会将电子政务定义为：政府通过信息通信技术手段的密集性和战略性应用于组织公共管理的方式，旨在提高效率、增强政府的透明度、改善财政约束、改进公共政策的质量和决策的科学性，建立良好的政府之间、政府与社会、社区，以及政府与公民之间的关系，提高公共服务的质量，赢得广泛的社会参与度。

世界银行则认为电子政务主要关注的是政府机构使用信息技术（比如万维网、互联网和移动计算），赋予政府部门以独特的能力，转变其与公民、企业、政府部门之间的关系。这些技术可以服务于不同的目的：向公民提供更加有效的政府服务，改进政府与企业和产业界的关系，通过利用信息更好地履行公民权，以及增加政府管理效能。因此而产生的收益可以减少腐败、提供透明度、促进政府服务更加便利化、增加政府收益或减少政府运行成本。

电子政务是一个系统工程，应该符合三个基本条件：

第一，电子政务是必须借助于电子信息化硬件系统、数字网络技术和相关软件技术的综合服务系统；硬件部分：包括内部局域网、外部互联网、系统通信系统和专用线路等；软件部分：大型数据库管理系统、信息传输平台、权限管理平台、文件形成和审批上传系统、新闻发布系统、服务管理系统、政策法规发布系统、用户服务和管理系统、人事及档案管理系统、福利及住房公积金管理系统，等等，数十个系统。

第二，电子政务是处理与政府有关的公开事务，内部事务的综合系统。除了包括政府机关内部的行政事务以外，还包括立法、司法部门和其他一些公共组织的管理事务，如检务、审务、社区事务等；

第三，电子政务是新型的、先进的、革命性的政务管理系统。电子政务并不是简单地将传统的政府管理事务原封不动地搬到互联网上，而是要对其进行组织结构的重组和业务流程的再造。因此，电子政务在管理方面同传统政府管理之间有显著的区别。

1.3.2　电子政务与办公自动化的区别

电子政务应用与一般的办公自动化系统既紧密相关，又在应用侧重点、用户群体和采用的技术等方面都有所差异。总的来说，两者的区别主要体现在以下三个方面：

（1）　应用服务定位有所不同

办公自动化系统更多地是把重点放在一个政府部门内部或一个系统内部（如全国的税务系统），其应用范围主要以内部公文、政务信息、会议管理、人事档案管理、文档管理、公共信息、视频会议、电子邮件等业务应用为主。而电子政务则侧重于政府部门之间、跨部门，以及政府部门面向企业或个人模式的应用。其应用范围主要有：面向政府部门的政府公文交换与会签、政务信息交流、公共信息共享、项目网上审批、视频会议、电子邮件等业务应用处理；面向企业的征税稽查、营业执照年审、项目网上审批、政府采购业务应用服务；面向个人的电子税务、电子福利支付、电子证件、电子身份认证、就业服务信息、公民信息服务等业务应用处理。

（2）　应用的主体有所不同

办公自动化广泛地应用于几乎所有的党政机关和企事业单位，而电子政务的应用主体主要是各类各级政府。

（3）　应用服务对象有所不同

办公自动化系统的应用服务对象主要是政府部门的内部用户，而电子政务的应用服务对象是政府部门以外的用户，如其他政府部门的用户、企业用户和社会公众。应用服务的对象不同决定了两者的应用环境、功能设置、操作模式、系统管理模式等方面的区别。

虽然电子政务和办公自动化在应用定位、应用主体、功能、系统管理模式等方面均存在较大的差异，但两者的关系并不是相互对立与割裂的，而是相互关联与互动的。由于电子政务实现了打破部门界线的联网办公和互动式作业，因此可以把电子政务看作是办公自动化系统在范围和功能上的对外延伸，是面向全社会的政府办公自动化。参与该应用的角色由政府公务员扩展为全社会的各类用户。同时，要真正发挥电子政务的作用，也需要将办公自动化系统与电子政务应用进行有效结合。否则，电子政务的应用将受到很大的限制。

1.3.3 电子政务的发展概况

2000 年 3 月，日本政府宣布实施电子政府工作，并计划 2005 年全面进入“办公电子化阶段”；美国在 2000 年 6 月 6 日—6 月 30 日，用了二十天的时间完成了建设电子政务的全部立法程序，戈尔将其比喻为“第二次美国独立革命”，并将在 2005 年前后最终进入电子政务时代；英国也在 2000 年提出，要建设最适应知识经济发展的“电子英国”，并把全面开通电子政务的时间从 2008 年提前到 2005 年。欧盟、东盟均提出“电子欧盟”和“电子东盟”计划。总之，电子政务已成为新世纪国际公共行政管理改革和衡量国家竞争力的显著标志之一。如何实现由“传统政务”到“电子政务”的转变，是一个十分复杂和困难的过程。国外电子政务的发展大致经历了四个阶段：

第一阶段：起步阶段。政府在网上发布信息是电子政务发展起步阶段较为普遍的一种形式，主要通过网站发布与政府有关的各种静态信息，如法规、指南、手册、组织机构、联络方法等。

第二阶段：政府与用户单向互动。政府除了在网上发布与政府服务项目有关的动态信息之外，还向用户提供某种形式的服务。如用户可以从网站上下载政府报税表。

第三阶段：政府与用户双向互动。政府与用户可以在网上完成双向的互动。如用户在网上下载报税表并在网上填完报税表，然后从网上将报税表发送至国税局。而政府根据需要随时就某个非政治性的议题（如公共工程项目）在网上征求居民的意见，使居民参与政府的公共管理和决策等。

第四阶段：网上事务处理。在此阶段，政府与用户不仅可以双向互动，甚至可通过网络完成一些事务的处理。如，国税局在网上收到企业或居民的报税表并审阅后，可以向报税人寄回退税支票，或者在网上完成划账，将企业或居民的退税所得直接汇入企业或居民的账户。这样，居民或企业在网上就完成了整个报税过程的事务处理。

以 1999 年“国家信息化领导小组”的成立和“政府上网工程”启动为标志，我国的电子政务建设开始受到重视，由此步入一个大规模建设阶段。我国电子政务的发展大致经历了四个阶段：

第一阶段：政府信息化前期（1999 年之前）。

从整体上讲，这个阶段的政府信息化刚开始起步，应用项目比较少，范围有限，主要集中在几个与经济发展密切相关的关键性行业和政府部门内部的办公领域。在这个阶段我国电子政务发展的特点主要表现在以下几个方面：第一，“电子政务”的概念还没有正式提出，政府信息化多数是以“办公自动化”的形式表现出来；第二，政府信息化主要还是集中在政府内部的一些应用，以提高政府工作效率；第三，政府信息化处于一个试点阶段，应用项目的数量非常有限。

第二阶段：规模化的电子政务基础建设阶段（1999—2003 年)。

这个阶段电子政务发展的主要特点有：1999 年以“政府上网工程”为契机，许多政府网站陆续出现，由此宣告了政府信息化进入一个全新时代。这个时期的电子政务开始依赖于国际互联网的超大覆盖面强大的互动能力，致力于为公众提供服务和提升政府部门自身的工作效能。其无论是在形式上，还是内容上都大大超越了以往的模式，电子政务也日益成为建设服务型政府不可或缺的一种重要工具。

第三阶段：电子政务的深化应用期（2003 年以后）。

这个阶段电子政务的发展主要有以下几个特点：从 2003 年至今，特别是经济发达地区的电子政务建设逐步地摆脱依托大规模基础网络建设和硬件投入的外延式发展阶段，把工作的重点转移为“应用”，进入了以“互联互通”“资源共享”为特点深化期。这个时期，电子政务的各项“潜能”被充分地挖掘，开发出了许多新的系统，并且信息化手段开始与其他高新技术相结合，衍生出了许多全新的应用模式。例如，在 2009 年“市民卡应用高峰论坛”上，出现了劳动社会保障部提供的基础平台，建设部围绕公用事业提供的基础平台等。

电子政务是国家实施政府职能转变，提高政府管理、公共服务和应急能力的重要举措，有利于带动整个国民经济和社会信息化的发展。在国家的大力支持和推动下，我国电子政务取得了较大进展，市场规模持续扩大，据数据显示，2006 年，我国的电子政务市场规模为 550 亿元，同比增长 16.4%；2010 年，其市场规模突破 1000 亿元；2012 年，其市场规模达到 1390 亿元，同比增长 17.3%。

电子政务包含多方面的内容，如政府办公自动化、政府部门间的信息共建共享、政府实时信息发布、各级政府间的远程视频会议、公民网上查询政府信息、电子化民意调查和社会经济统计等。

电子政务可将政府机关的各种数据、文件、档案、社会经济数据都以数字形式存储于网络服务器中，可通过计算机检索机制快速查询、即用即调。在政府内部，各级领导可以在网上及时了解、指导和监督各部门的工作，并向各部门做出各项指示。在政府内部，各部门之间可以通过网络实现信息资源的共建共享联系，既提高办事效率、质量和标准，又节省政府开支，起到反腐倡廉作用。政府作为国家管理部门，其本身上网开展电子政务，有助于政府管理的现代化，实现政府办公电子化、自动化、网络化。通过互联网这种快捷、廉价的通信手段，政府可以让公众迅速了解政府机构的组成、职能和办事章程，以及各项政策法规，增加办事执法的透明度，并自觉接受公众的监督。

第 2 篇　Word 2010 知识概要和高级应用

Microsoft Word 2010 是 Microsoft 公司开发的 Office 2010 办公组件之一。Microsoft Word 2010 主要用于文字处理，帮助用户有效地组织和编写文档，并协助用户美化文档。目前广泛应用各领域办公自动化。Word 2010 丰富了人性化功能，使用起来更高效、更方便。

2.1　知识概要

2.1.1　Word 2010 的工作界面

了解 Word 2010 软件的工作界面对于使用者来说很重要，只有掌握了界面中组成元素的名称、位置和功能，才能高效、灵活地运用 Word 2010 进行文档处理。Word 2010 采用全新的用户界面，通过选项卡将各种命令呈现出来，用户所需的命令触手可及，使用方便。Word 2010 的工作界面如图 2-1 所示。

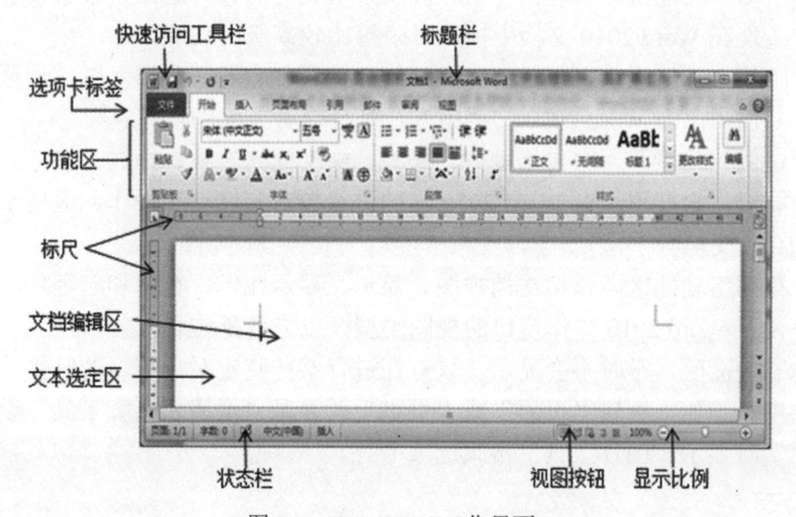

图 2-1　Word 2010 工作界面

1. 标题栏

标题栏用来显示当前编辑的文档名和 Word 自己的应用程序名（Microsoft Word）。当用户新建一个文档且未命名时，Word 会自动以“文档 1”（依次为“文档 2”“文档 3”……）作为临时文件名，显示在标题栏中间。标题栏右边包含了控制窗口的 3 个按钮（“最小化”按钮、“最大化/还原”按钮和“关闭”按钮）。

2. 快速访问工具栏

该工具栏上提供了最常用的“保存”按钮、“撤销”按钮和“恢复”按钮，单击对应的按钮可执行相应的操作。如需在快速访问工具栏中添加其他按钮，可单击其后的按钮，在弹出的菜单中选择所需的命令即可。

另外，在下拉列表中选择“在功能区下方显示”选项可改变快速访问工具栏的位置。

3. 选项卡标签

单击相应的选项卡标签（“文件”、“开始”、“插入”、“页面布局”、“引用”、“邮件”、“审阅”和“视图”），即可切换到对应的选项卡，通过功能区呈现相应的命令。

4. 功能区

单击选项卡标签会切换出与之相对应的功能区面板，展现该选项卡相应的功能。每个功能区根据功能的不同又分为若干个组，每个功能区所拥有的功能如下所述：

1）“开始”功能区。它包括剪贴板、字体、段落、样式和编辑等功能组，主要对 Word 2010 文档进行文字编辑和格式设置。

2）“插入”功能区。它包括页、表格、插图、链接、页眉和页脚、文本、符号和特殊符号等功能组，主要用于在 Word 文档中插入各种元素。

3）“页面布局”功能区。它包括主题、页面设置、稿纸、页面背景、段落、排列等功能组，主要用于设置 Word 2010 文档页面样式。

4）“引用”功能区。它包括目录、脚注、引文与书目、题注、索引和引文目录等功能组，用于实现在 Word 2010 文档中插入目录等比较高级的功能。

5）“邮件”功能区。它包括创建、开始邮件合并、编写和插入域、预览结果和完成等功能组，专门用于在 Word 2010 文档中进行邮件合并方面的操作。

6）“审阅”功能区。它包括校对、语言、中文简繁转换、批注、修订、更改、比较和保护等功能组，主要用于对 Word 2010 文档进行校对和修订等操作，适用于多人协作处理 Word 2010 长文档。

7）“视图”功能区。包括文档视图、显示、显示比例、窗口和宏等功能组，主要用于帮助用户设置 Word 2010 操作窗口的视图类型，以方便操作。

8）动态功能区。平时不会显示，只有在进行某些特定对象编辑的时候，才会动态显示相应的选项卡。如：编辑“页眉”或“页脚”时显示“页眉和页脚工具”设计选项卡；编辑“图片”时显示“图片工具”格式选项卡等。

5. 标尺

标尺包括水平标尺和垂直标尺，它可以调整光标当前所在段落的缩进和整个页面的边距，还可以调整表格的行高和列宽。

6. 文档编辑区

文档编辑区是用来输入、编辑、修改和查阅文档内容的区域，用户对文档的各种操作，都在该区域得到直接的反映。

当文档编辑区为当前工作对象时，其内闪烁的光标位置为新的文档内容插入点。当鼠标指针移动进入文档编辑区时，有两种情况：一种是鼠标位于该区域左侧相当于左页边距那片范围，属于文本选定区。当鼠标指针变为右倾斜箭头形状时，单击即可方便地选定整行文本。按住鼠标左键并拖动则可方便地选定大段文本。另一种是鼠标位于其他范围，鼠标指针为“I”形状，在某一位置单击鼠标左键可将文档插入点调整至该处，实现快速定位。

7. 状态栏

状态栏用于显示当前文档的相关信息，如当前页面的页号/总页数，是否有校对错误，语言（国家/地区）等。

8. 视图按钮

视图是用户在进行文档编辑时查看文档内容和结构的屏幕显示。选择适当的视图便于用户查看文档的结构。视图按钮从左至右分别为“页面视图”“阅读版式视图”“Web 版式视图”“大纲视图”和“草稿”五种视图模式，单击可实现视图的切换。

1） 页面视图

单击 Word 2010 窗口状态栏上的按钮切换到页面视图。它是 Word 2010 的默认视图，启动 Word 2010 后将直接进入该视图模式。它可以显示 Word 2010 文档的打印结果外观，主要包括页眉、页脚、图形对象、分栏设置、页面边距等元素，是最接近打印结果的视图。为了在视觉上拉近页与页之间文档内容间的距离，可以将鼠标指针移至两页之间的灰色区域，鼠标指针的形状变为形象的两页纸对接的小图形，且有浮动的文字提示“双击可隐藏空白”，这时双击将隐藏两页文档内容之间的空白区域，再次在两页连接处双击又会恢复显示空白。

2） 阅读版式视图

单击 Word 2010 窗口状态栏上的按钮切换到阅读版式视图，它以图书的分栏样式显示 Word 2010 文档，“文件”按钮、选项卡等窗口元素被隐藏起来。在阅读版式视图中，用户还可以单击“工具”按钮选择各种阅读工具。退出阅读版式视图可通过单击工具栏上的“关闭”按钮或按 Esc 键而返回之前的文档视图。

3） Web 版式视图

单击 Word 2010 窗口状态栏上的按钮切换到 Web 版式视图。它以网页的形式显示 Word 2010 文档，Web 版式视图适用于发送电子邮件和创建网页。

4） 大纲视图

单击 Word 2010 窗口状态栏上的按钮切换到大纲视图，它主要用于 Word 2010 文档的设置和显示标题的层级结构，并可以方便地折叠和展开各种层级的文档。大纲视图广泛用于 Word 2010 长文档的快速浏览和设置中。

5） 草稿

单击 Word 2010 窗口状态栏上的按钮切换到草稿。它取消了页面边距、分栏、页眉、页脚和图片等元素，仅显示标题和正文，是最节省计算机系统硬件资源的视图方式。当然现在计算机系统的硬件配置都比较高，基本上不存在由于硬件配置偏低而使 Word 2010 运行遇到障碍的问题。

9. 显示比例

通过鼠标拖动的方式快速设置文档的显示比例。

2.1.2 创建文档

1. 新建文档

1） 启动 Word 2010 的同时创建一个空白文档

Word 2010 启动会自动打开一个名为“文档 1”的空白文档，用户可以直接在该窗口中输入内容并对其进行编辑和排版，如图 2-2 所示。

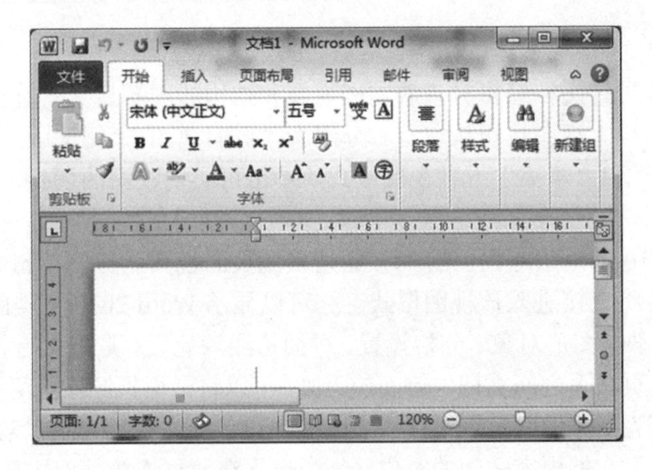

图 2-2　Word 新建窗口

2） 在已打开的 Word 文档中创建空白文档

已打开 Word 文档，选择“文件”→“新建”命令，在“可用模板”中选择“空白文档”，然后单击“创建”按钮，即可创建一个新的空白文档，如图 2-3 所示。

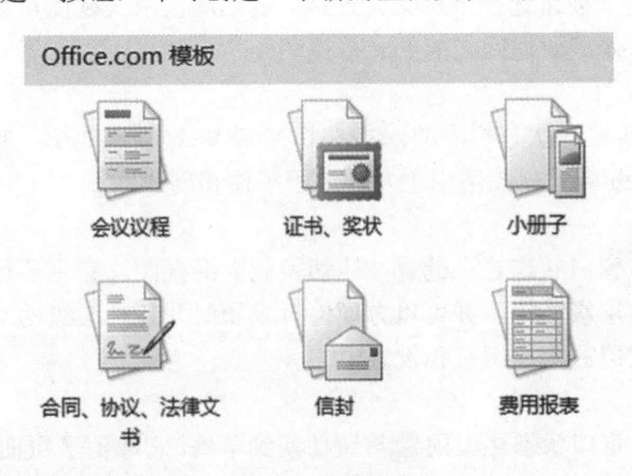

图 2-3　Word 模板

3） 使用模板建立文档

Word 2010 除了有空白文档模板之外，还内置了博客文章、书法字帖等多种模板，利用这些模板，可以创建具有一定专业格式的文档。

2. 保存文档

在 Word 2010 中所做的各种编辑工作都是在内存中进行的，如果不执行存盘操作，一旦切断电源或者发生其他故障，所做的工作内容就有可能丢失。为了保护既有的劳动成果，应及时将当前只是存在于内存中的文档保存为磁盘文件。

若要保存文档，可单击“快速访问工具栏”中的保存按钮或选择“文件”→“保存”命令。首次保存文档时会弹出“另存为”对话框，在“保存位置”中指定文档保存的位置，在“文件名”后输入文件名，单击“保存”按钮即可，如图 2-4 所示。对于已经保存过的文件，单击“保存”按钮，系统默认按原来的文件名保存在原来的存储位置。若需保存文件副本或改变存储位置，可选择“文件”→“另存为”命令。

对于一些包含机密内容的文档，用户可以在“另存为”对话框中，单击“工具”下拉按钮，选择“常规选项”，在弹出的“常规选项”对话框中输入打开权限密码和修改权限密码，如图 2-5 所示。

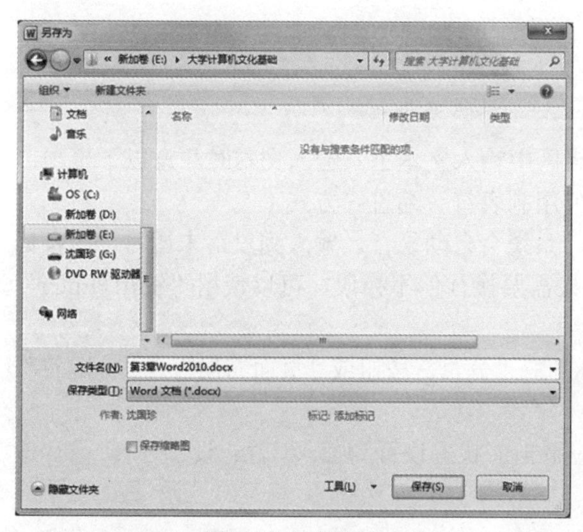

图 2-4　保存文档

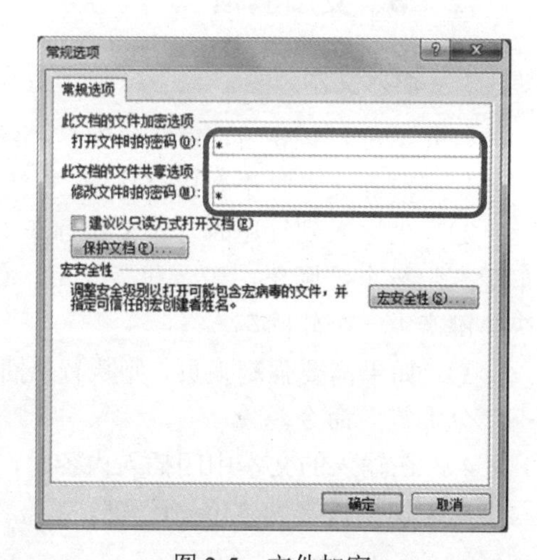

图 2-5　文件加密

若意外关闭了未保存的文件，请不要慌张，系统会临时保留文件的某一版本，以便用户再次打开文件时进行恢复。打开 Word 2010，选择“文件”→“最近使用文件”或选择“文件”→“信息”→“管理版本”，选择最近一次保存的文档，然后单击“另存为”将文件保存到磁盘中。

提示：

我们可以选择“文件”→“选项”，打开“Word 选项”对话框，在“保存”页面对文档保存做详细的设置，如图 2-6 所示。

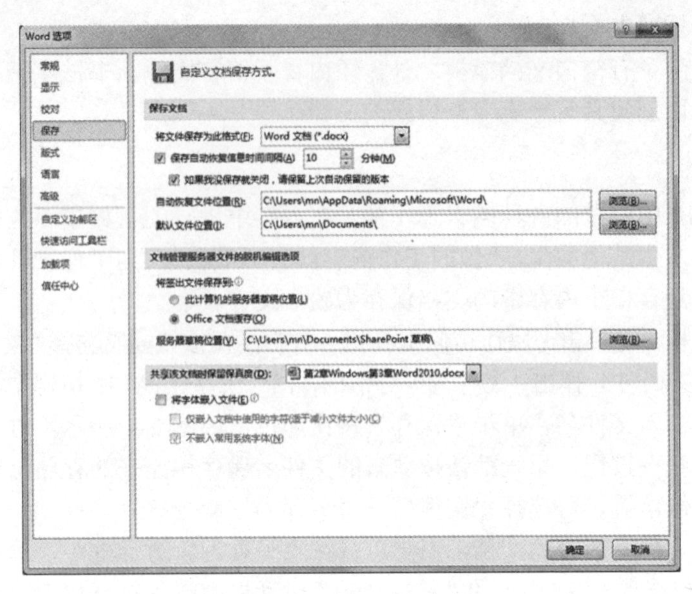

图 2-6 “Word”选项对话框

▶▶ 2.1.3 文本编辑

1. 输入文本

打开 Word 2010 后，就可以在文档编辑区中输入文本了。输入文本时注意以下事项：

1） 对齐文本时不要用空格键，应该使用制表符、缩进等方式。

2） 当输入到行尾时，不要按回车键，系统会自动换行。输入到段落末尾时，应按回车键产生一个硬回车，表示段落结束。如果需要换行但不换段，可以使用“Shift+Enter”快捷键产生一个软回车。

3） 如果需要强制换页，则执行“插入”→“分页”按钮或“页面布局”→“分隔符”→“分页符”命令。

4） 在输入的文本中间插入内容时，应将当前状态设置为插入。注：设“插入”和“改写”状态切换按键为“Insert”键。

2. 文本的选择

使用 Word 2010 编辑文档时，经常会进行文本选择操作，通常的方法是从起始位置开始按住鼠标左键，然后拖动到结束位置。其实在 Word 2010 中还有一些特殊的文本选择方法，有时可以帮助我们更快捷地进行文本选择，具体如下：

1） 选择单行文本：在相应行左侧的文本选择区单击，即可选择整行，按住鼠标左键上下拖动可选择多行文本。

2） 选择段落：在段落左侧的文本选择区双击，或者在段落中三击即可选择整段文本。

3） 选择某句：在按住“Ctrl”键的同时单击某句中的文字，即可选择该句文本。

4） 选择词语：双击某词语即可选择该词语。

5） 选择大块文本：如果要选择的文本较长，可以先在起始位置单击，然后拖动滚动条显示结束位置，按住“Shift”键单击结束位置即可选择两次定位之间的所有文本。

6） 选择矩形文本：先在起始位置单击，然后按住“Alt”键向下拖动鼠标，即可选择矩形文本。

7） 选择整篇文档：在文本选择区三击鼠标。

8） 选择格式相同的文本：首先选中要设置格式的第一个文本，然后在“开始”选项卡的“编辑”组，单击“选择”下拉按钮，在下拉列表中选择“选择格式相似的文本”命令。

3. 文本的插入、删除、剪切、复制和粘贴操作

1） 插入文字：在文档中插入文字最简单的方法是直接用鼠标在要插入的位置单击，把插入点定位在要插入的位置，然后输入要插入的文字即可。

2） 删除文字：删除插入点左边的文字按“Backspace”键，删除插入点右边的文字按“Delete”键。当要删除的内容较多时，可以使用文本块删除方式，即：拖动鼠标选择要删除的文本块，然后按“Backspace”键或“Delete”键，也可以执行“剪切”操作。

3） 复制文字：复制操作用于将选定的文本复制到剪贴板上，以便粘贴用。先选定文本，然后在“开始”选项卡的“剪贴板”组，单击“复制”按钮复制，或者在选定的文本处单击鼠标右键，从弹出的快捷菜单中选择“复制”命令，完成复制操作。

4） 剪切文字：剪切操作用于删除选择的文本，并将它们存放于剪贴板上。先选定文本，然后在“开始”选项卡的“剪贴板”组，单击“剪切”按钮剪切，或者在选定的文本出单击鼠标右键，从弹出的快捷菜单中选择“剪切”命令，完成剪切操作。

5） 粘贴文字：粘贴操作用于将剪贴板上的内容插入到文档中插入点所在的位置。复制或剪切文本后，将鼠标定位到插入内容的位置，然后在“开始”选项卡的“剪贴板”组，单击“粘贴”按钮粘贴，或者在插入点处单击鼠标右键，从弹出的快捷菜单中选择“粘贴”命令，完成粘贴操作。“粘贴”提供了3个选项，说明如下：

① 保留源格式：被粘贴内容保留原始内容的格式。

② 合并格式：被粘贴内容保留原始内容的格式，并且合并目标位置的格式。

③ 只保留文本：被粘贴内容清除原始格式，仅保留文本。

4. 撤销和重复

在文档编辑的过程中难免会出现误操作，Word提供了撤销功能，用于取消最近对文档进行的误操作。撤销最近的一次误操作可以直接单击“快速访问工具栏”中的“撤销”按钮。撤销多次误操作则需要单击“撤销”按钮旁的小三角，查看最近进行的可撤销操作列表，单击要撤销的操作。“重复”按钮功能用于恢复被撤销的操作，其操作方法与撤销操作类似。

5. 查找和替换

对于篇幅比较长的文档，如果某处需要修改，而又忘记了位置，我们可以使用“查找”功能进行处理。只要单击“开始”选项卡中“编辑”组的“查找”按钮，弹出“查找和替换”对话框，在“查找内容”中输入要查找的内容，单击“查找下一处”按钮，Word就会找到这个内容，并以淡蓝色背景显示出来。

对于大批量需要替换的文本，我们可以使用“替换”功能进行处理。单击“开始”选项卡中“编辑”组的“替换”按钮，弹出“查找和替换”对话框，在“查找内容”中输入要被替换的内容，在“替换为”中输入替换的内容，单击“全部替换”按钮，即可完成文本的替换。

Word 除了查找和替换文字外，还可以查找和替换格式、段落标记和分页符等特殊符号。在“查找内容”中，若要只搜索文字，而不考虑特定的格式，则仅输入文字；若要搜索有特定格式的文字，输入文字后再单击“更多”按钮，对话框如图 2-7 所示，在展开的“搜索选项”中选择查找要求，并设置所需“格式”和“特殊格式”。同样利用替换功能也可以方便地替换指定的格式、特殊字符等。

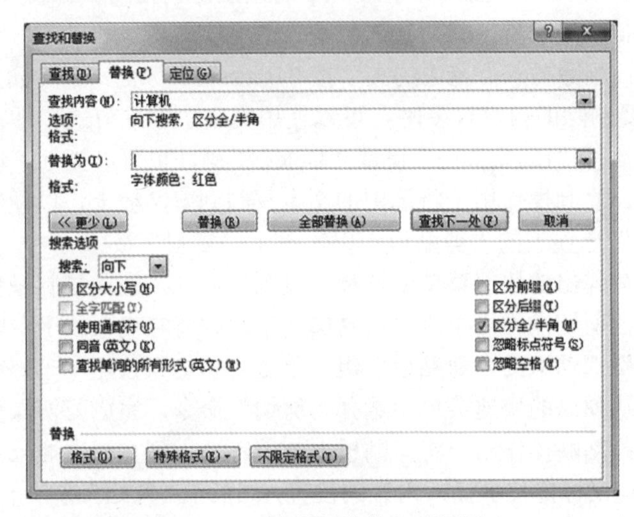

图 2-7　“查找和替换”对话框

6. 符号和特殊字符

在创建文本时，随时会遇到键盘无法表述的特殊字符，例如专业的数学符号、汉语拼音等，这时就可以使用 Word 提供的插入符合功能。在“插入”选项卡的“符号”组单击“符号”→“其他符号”命令，打开“符号”对话框，插入所需符号。如果需要插入特殊的符号，可以在“符号”对话框中选择“特殊符号”选项卡列出的特殊字符。

7. 屏幕截图

在 Word 2010 中可以快速添加屏幕截图，单击“插入”选项卡“插图”组中的“屏幕截图”按钮，可以插入整个程序窗口，也可以使用“屏幕剪辑”工具选择窗口的一部分。“屏幕截图”只能捕获没有最小化到任务栏的窗口。

8. SmartArt 图形

SmartArt 是 Word 2010 中新增的一种功能元素。应用 SmartArt，用户可以将信息转化为图形，从而更加直观地传递信息。创建此类图形很简单，只需单击“插入”选项卡“插图”组的“SmartArt”按钮，在弹出的“选择 SmartArt 图形”对话框中选择所需的图形布局，单击“确定”按钮。在插入的 SmartArt 图形中单击文本占位符输入合适的文字即可。

9. 剪贴板

剪贴板可以收集在Office文档或其他程序中复制的文字和图形，最多24项。单击“开始”选项卡“剪贴板”组右下角的剪贴板启动器按钮，可以显示剪贴板任务窗格，从中选择需粘贴的对象，将其粘贴到当前文档中。从剪贴板任务窗格粘贴不会影响队列本身，若要将某个项目从剪贴板移除，请右键单击项目并选择“删除”。

10. 部分快捷键

虽然使用鼠标操作比较方便，但如果记住一些快捷键有时可以帮助我们快速操作，无需寻找相关的命令。以上的一些操作也可以用下面列出的快捷键实现，具体见表2-1所示：

表2-1　快捷键

功　　能	快 捷 键	功　　能	快 捷 键
保存	Ctrl+S	全选	Ctrl+A
强制换行	Shift+Enter	强制分页	Ctrl+Enter
中英文切换	Ctrl+Space	输入法切换	Ctrl+ Shift
复制	Ctrl+C	剪切	Ctrl+X
粘贴	Ctrl+V	撤销	Ctrl+Z
重复	Ctrl+Y	复制格式	Ctrl+ Shift +C
粘贴格式	Ctrl+ Shift + V		

2.1.4　文档基本排版

1. 文字格式化

文字格式化是对字符的字体、大小、颜色及显示效果等格式进行设置。通常用“开始”选项卡的“字体”组可完成一般的字符排版，如图2-8所示。对格式要求较高的文档，则要打开“字体”对话框进行设置，如图2-9所示。

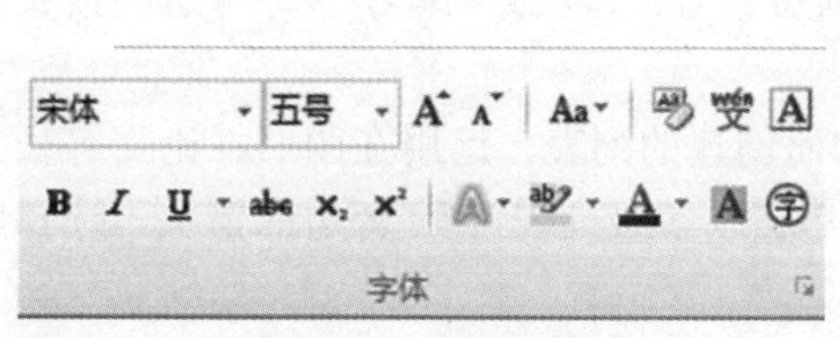

图2-8　“字体”组

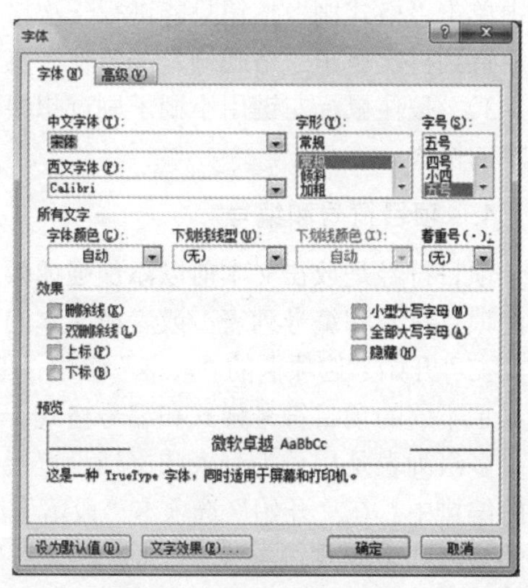

图2-9　“字体”对话框

2. 段落格式化

段落格式化是对段落的对齐方式、缩进方式、间距等格式进行设置。通常用“开始”选项卡的“段落”组可完成一般的段落排版，如图 2-10 所示。对格式要求较高的文档，则要打开“段落”对话框进行设置，如图 2-11 所示。

图 2-10　“段落”组

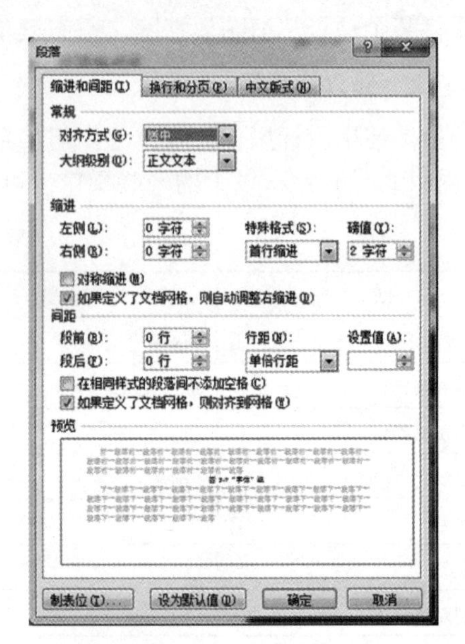

图 2-11　“段落”对话框

3. 格式刷

“格式刷”是一种复制格式的方法，利用它可以方便地把某些文本、段落的格式复制到文档中的其他地方，避免了大量重复性工作。具体操作步骤如下：

1） 选定已设好格式的文本。

2） 单击或双击“开始”选项卡的“格式刷”按钮，这时鼠标指针变成一个小刷子。其中单击“格式刷”按钮只能进行一次格式复制，双击“格式刷”按钮可进行多次格式复制，直到再次单击“格式刷”按钮使之复原为止。

3） 按住鼠标左键用小刷子刷过想要设置格式的文本，被刷过的文本就会设置为选定文本的格式。

4. 项目符号和编号

项目符号是放在文本前以添加强调效果的点或其他符号。Word 可以在键入的同时自动创建项目符号和编号列表，或者在文本的原有行中添加项目符号和编号。

在“开始”选项卡的“段落”组中，单击“项目符号”或“编号”旁边的箭头，可显示不同的项目符号样式和编号格式。

多级列表是用于为列表或文档设置层次结构而创建的列表，运用在图书、论文等长文档的编排中。在“开始”选项卡“段落”组中，单击“多级列表”旁边的箭头，选择所需的多级列表样式。

5. 边框和底纹

Word 文档中可以对选定的文字、段落、页面、表格及单元格或图添加边框和底纹，而使其格式更丰富多彩。

在“页面布局”选项卡的“页面背景”组单击“页面边框”，弹出“边框和底纹”对话框，如图 2-12 所示，在此对话框中可以设置文字或段落的边框和底纹，还可以设置页面边框。

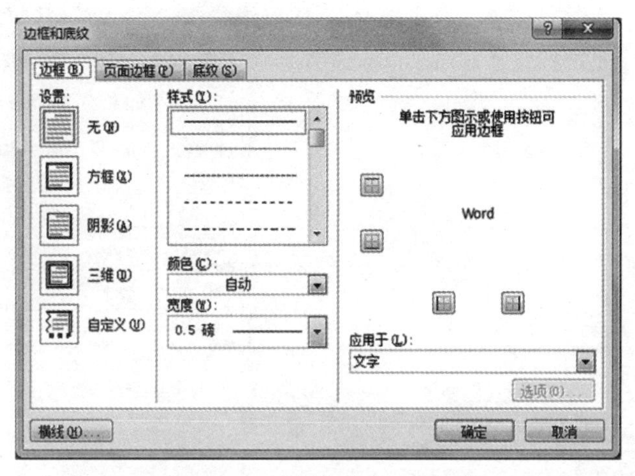

图 2-12　“边框和底纹”对话框

6. 分栏

在各种出版物的编辑中，经常需要对文章作各种分栏排版。利用 Word 中的分栏功能可以将文档分为几个独立的部分，可以根据需要指定分栏数量，调整栏宽，添加分隔线。

在“页面布局”选项卡的“页面设置”组单击“分栏”，可以选择各种效果的分栏，单击“更多分栏”，弹出如图 2-13 所示的对话框，可进行更多设置。如果对分栏后的文档效果不满意，在“分栏”对话框的“预设”选项栏中选择“一栏”选项，多栏文档就可恢复成单栏版式。

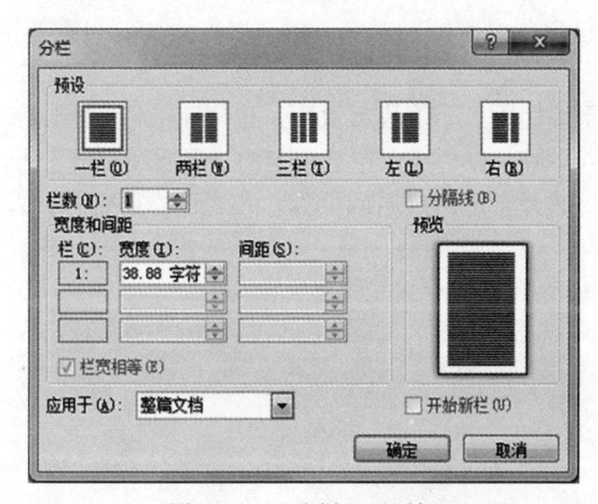

图 2-13　“分栏”对话框

7. 页面设置

页面设置是打印之前必要的准备工作，主要是指页边距、纸张大小、纸张来源和版面的设置。在“页面布局”选项卡的“页面设置”组，单击“文字方向”“页边距”“纸张方向”“纸张大小”等按钮进行设置，如图 2-14 所示。更多设置可以在“页面布局”选项卡的“页面设置”组单击页面设置对话框启动器，打开“页面设置”对话框进行，如图 2-15 所示，该对话框中 4 个选项卡的功能介绍如下。

图 2-14　“页面设置”组

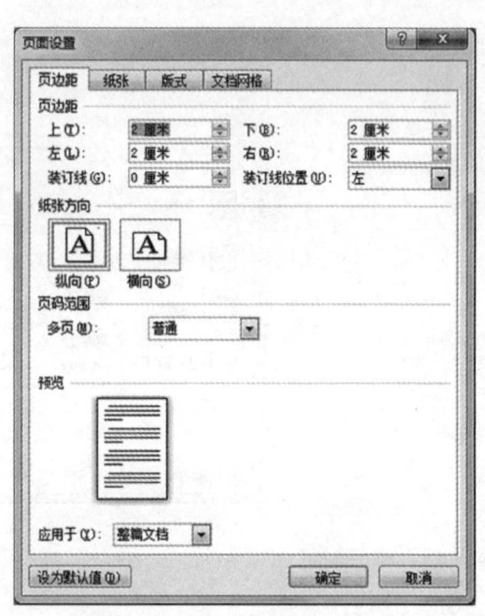

图 2-15　“页面设置”对话框

页边距：主要进行纸张边距、纸张方向的设置。页边距指正文与纸张边缘的距离。

纸张：主要进行纸张大小、用纸方向及应用范围的设置。

版式：主要进行页眉页脚的设置。

文档网格：实现在文档中每行固定字符数或每页固定行数的设置。

8. 页眉、页脚

页眉或页脚通常包含公司徽标、书名、章节名、页码、日期等信息。页眉在顶边上，而页脚在底边上。

在文档中可自始至终用同一个页眉或页脚，也可在文档的不同部分用不同的页眉或页脚。要创建一个页眉或页脚，在“插入”选项卡的“页眉和页脚”组，如图 2-16 所示，单击“页眉”或“页脚”选择合适的页眉或页脚，并通过“页眉和页脚工具”设计选项卡编辑，如图 2-17 所示。

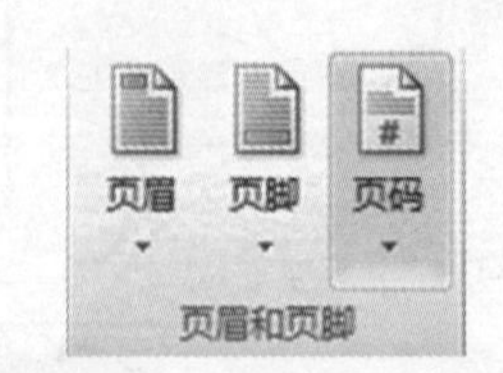

图 2-16　“页眉和页脚”组

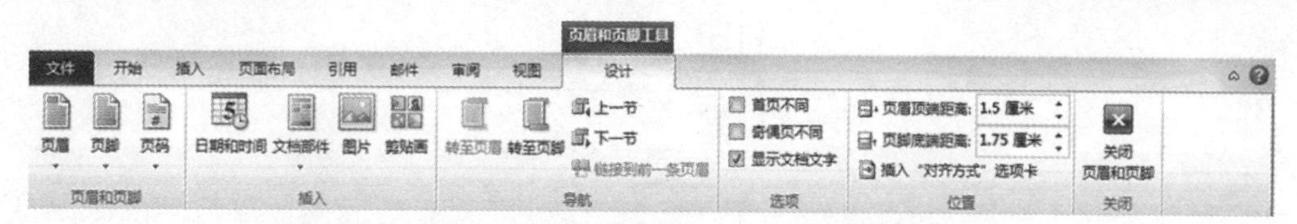

图 2-17 “页眉和页脚工具”设计选项卡

9. 题注、脚注和尾注

题注就是给图片、表格、图表、公式等对象添加的名称和编号。

使用题注功能可以保证文档中的图片、表格、图表、公式等对象能够按顺序自动编号。如果移动、插入或删除带题注的对象时，会自动更新题注的编号。而且一旦某一对象带有题注，还可以在正文中对其进行交叉引用。

要插入题注，在“引用”选项卡的“题注”组中，如图 2-18 所示，单击“插入题注”，在“题注”对话框进行设置，如图 2-19 所示。

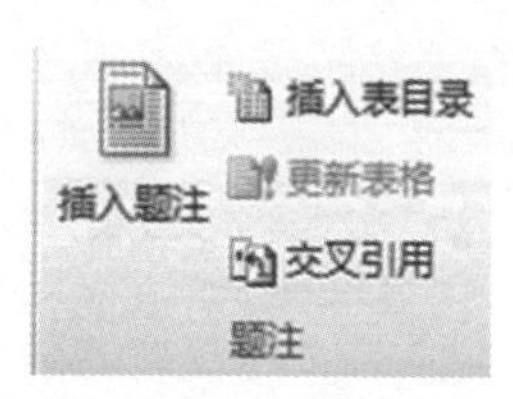

图 2-18 “题注”组

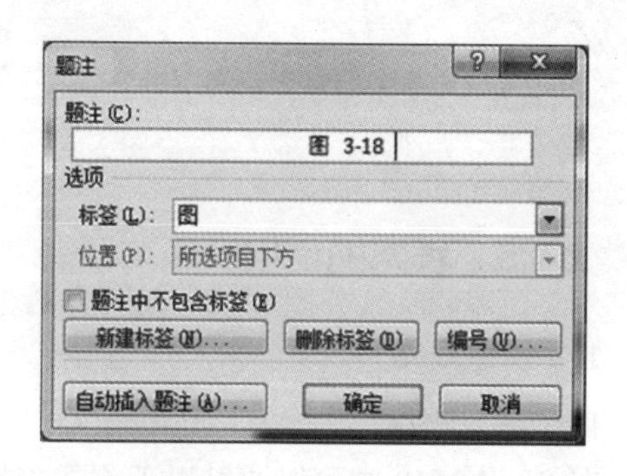

图 2-19 “题注”对话框

脚注和尾注是对文本的补充说明。脚注一般位于页面的底部，可以作为文档某处内容的注释；尾注一般位于文档的末尾，列出引文的出处等。

要插入脚注和尾注，在“引用”选项卡的“脚注”组，如图 2-20 所示，单击“插入脚注”或“插入尾注”。

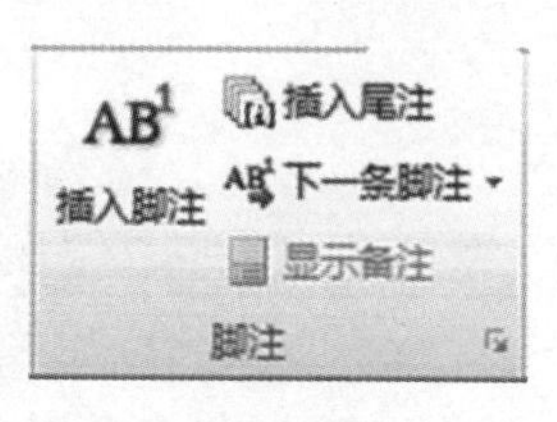

图 2-20 “脚注”组

10. 打印预览

在正式打印之前，可以通过打印预览功能先查看最后的打印效果，以便确定设置好的页面格式是否满意。

选择“文件”→“打印”命令，打开的窗口左边即为打印设置界面，右边显示文档的打印预览效果，如图 2-21 所示。

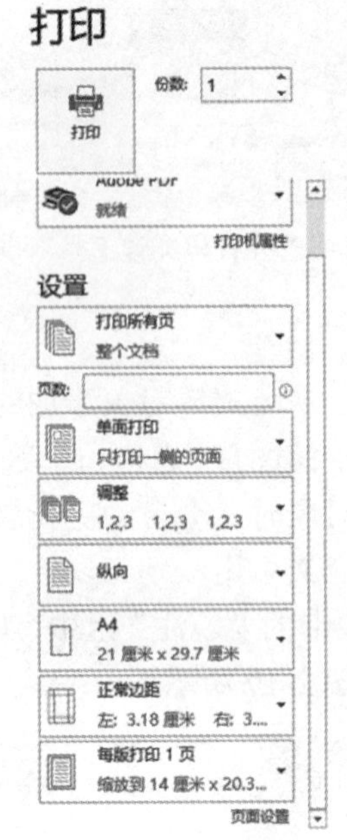

图 2-21　“打印”设置窗口

2.1.5　表格的使用

1. 创建表格

1）插入表格

在 Word 2010 中可以通过以下方式来插入表格：

① 使用“表格”菜单插入表格。在“插入”选项卡的“表格”组，单击“表格”按钮，在“插入表格”下拖曳鼠标选择需要的行数和列数，如图 2-22 所示。

② 使用“插入表格”对话框插入表格。在图 2-22 所示的下拉列表中单击“插入表格”，在弹出的“插入表格”对话框中输入行数和列数，如图 2-23 所示。

图 2-22　使用表格菜单插入表格

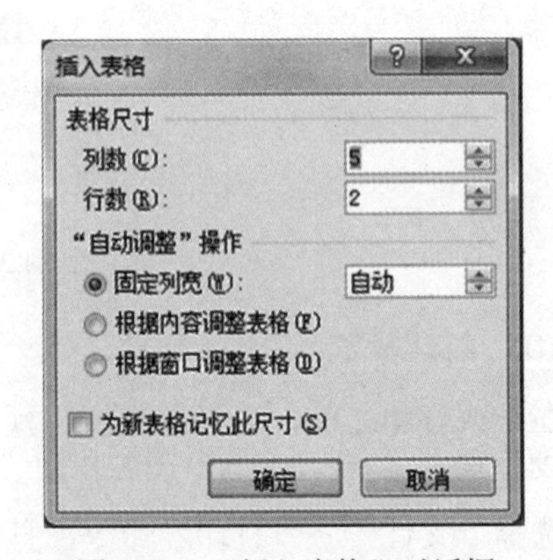

图 2-23　“插入表格”对话框

③ 使用表格模板插入表格。可以基于一组预先设好格式的表格模板来插入表格。表格模板包含示例数据，可以帮助设计添加数据时表格的外观。在图 2-22 所示的下拉列表中单击“快速表格”，再单击需要的模板，如图 2-24 所示，然后使用新数据替换模板中的数据。

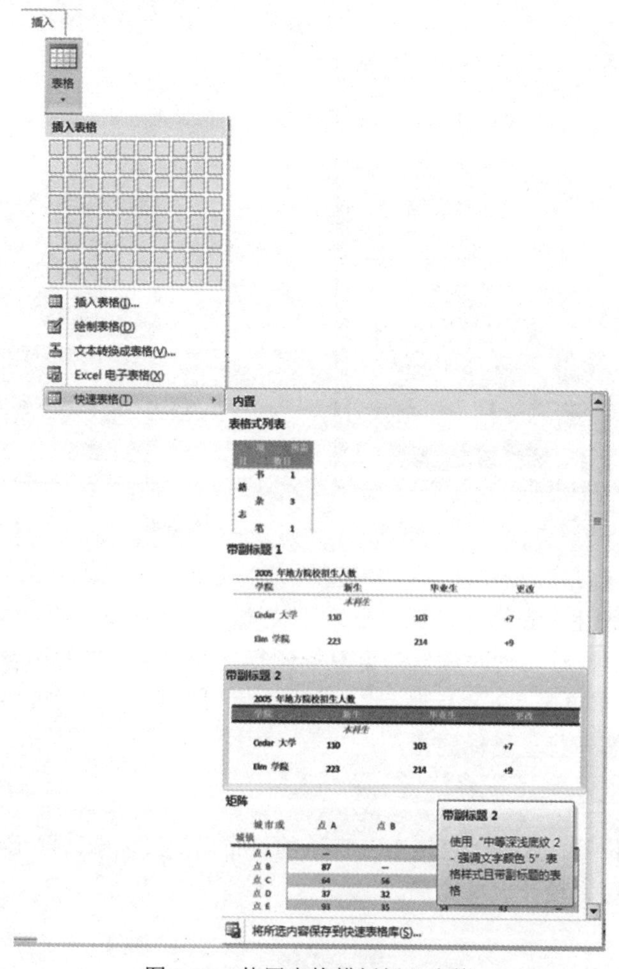

图 2-24　使用表格模板插入表格

2）　绘制表格

在图 2-22 所示的下拉列表中单击“绘制表格”，此时鼠标指针会变成铅笔状，拖动鼠标左键画出外边框，再画行和列，绘制完成后，按 ESC 键或者在“表格工具”的“设计”选项卡中单击“绘制表格”按钮取消绘制表格状态。

3）　文本与表格的转换

① 文本转换为表格

可以用逗号、制表符、句号或其他指定字符分隔的文本转换为表格。具体操作过程如下：选中要转换成表格的文本，在“插入”选项卡的“表格”组中，单击“表格”按钮，在下拉列表中选择“文本转换成表格”，弹出如图 2-25 所示的对话框，选择所用的“文字分隔位置”，单击“确定”按钮，则自动生成表格。

② 表格转换为文本

可以将表格转换为文本。具体操作过程如下：单击要转换为文本的表格的任意位置，在“表格工具”的“布局”选项卡的“数据”组中，单击“转换为文本”按钮转换为文本，弹出如图 2-25，图 2-26 所示的对话框，在该对话框中选择一种“文字分隔符”，单击“确定”按钮。

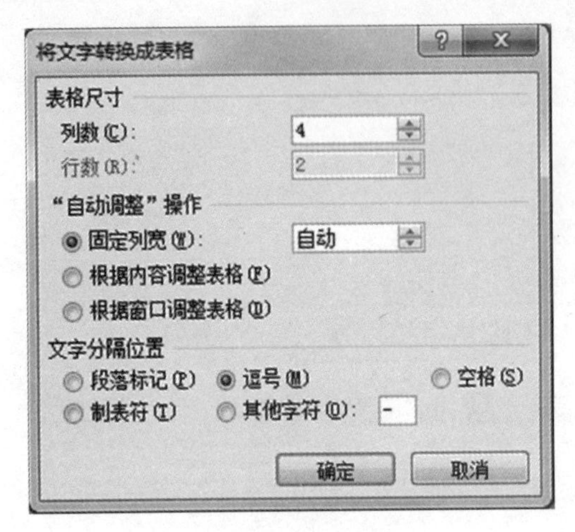

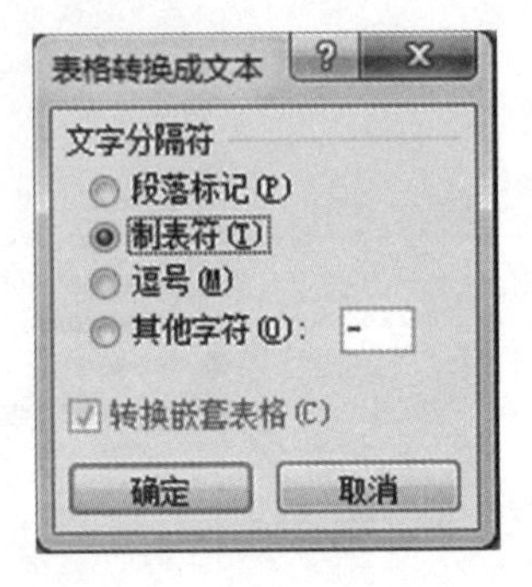

图 2-25　“将文字转换成表格”对话框　　　　图 2-26　“表格转换成文本”对话框

4）　重复标题行

插入表格的时候往往表格在一页中显示不完全，需要在下一页继续，为了阅读方便，我们会希望表格能够在续页的时候自动重复标题行。选中原表格的标题行，在“布局”选项卡的“数据”组中，单击“重复标题行”按钮重复标题行即可，在以后表格出现分页的时候，会自动在换页后的第一行重复标题行。

2.　表格布局

单击表格任意位置，选择“表格工具”下的“布局”选项卡，展示如图 2-27 所示的功能区，在此功能区可以设计表格布局。

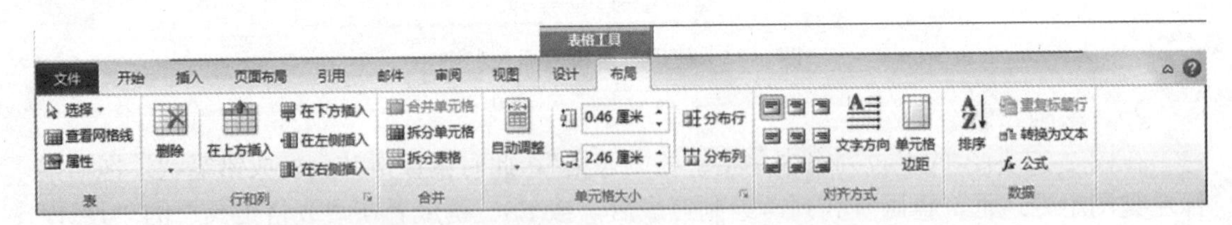

图 2-27　“表格工具”的“布局”选项卡

① 表格、单元格、行和列的选择

表格中每一个小方格称为单元格。

选择表格：将鼠标移动到表格的左上角的图标处，然后单击即可选择整个表格。

选择单元格：三击单元格，或将鼠标移动到要选中的单元格左侧，鼠标变成黑色的实心箭头，然后单击即可选中单元格。

连续的多个单元格：直接拖动鼠标选中连续的单元格。

不连续的多个单元格：按住 Ctrl 键单击不同的单元格。

选择行或列：单击该行的左边界或该列的上边界，拖动鼠标可选择连续的多行或多列。

不连续的多行或列：按住 Ctrl 键选中行或列。

② 合并、拆分单元格

利用“布局”选项卡的“合并”组可以实现单元格的合并、拆分和拆分表格。

③ 插入行、列和单元格

在“布局”选项卡的“行和列”组中，选择合适的插入方法，或单击“行和列”组右下角的“插入单元格”对话框启动器按钮，在图 2-28 所示的“插入单元格”对话框中选择合适的选项。

④ 删除行、列和单元格

选中要删除的单元格，在“布局”选项卡的“行和列”组中，单击“删除”按钮，在“删除”下拉列表中选择合适的命令。如图 2-29 所示。

⑤ 调整行高和列宽

如果不需要精确设定单元格的长度，只需按住鼠标左键，根据需要上下左右拖动单元格边框，就可以改变大小。如果要根据数据来精确调整，则在“布局”选项卡的“单元格大小”组设定数据，单元格的长度随着输入的数据改变。

⑥ 单元格的对齐方式与文字方向

单元格的对齐方式是指单元格中的内容相对于本单元格的对齐方式。在“布局”选项卡的“对齐方式”组提供了 9 种对齐方式，如图 2-30 所示（分别为：靠上两端对齐、靠上居中对齐、靠上右对齐、中部两端对齐、水平居中、中部右对齐、靠下两端对齐、靠下居中对齐、靠下右对齐），根据需要选择其中的一种即可。

“文字方向”用来更改所选单元格内文字的方向。

“单元格边距”用来定义单元格与单元格之间的距离和单元格与单元格内容之间的距离。

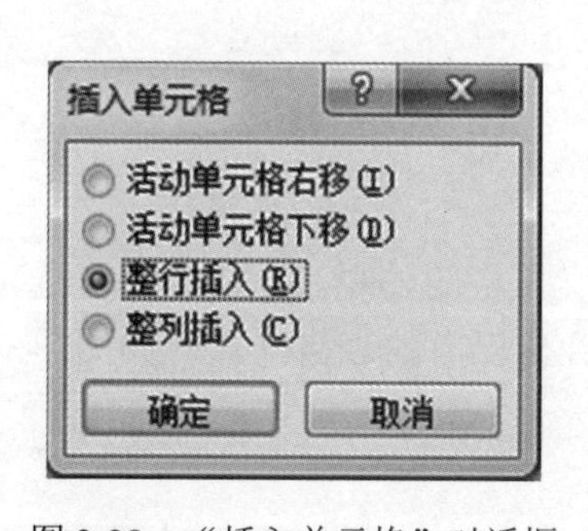

图 2-28 “插入单元格”对话框

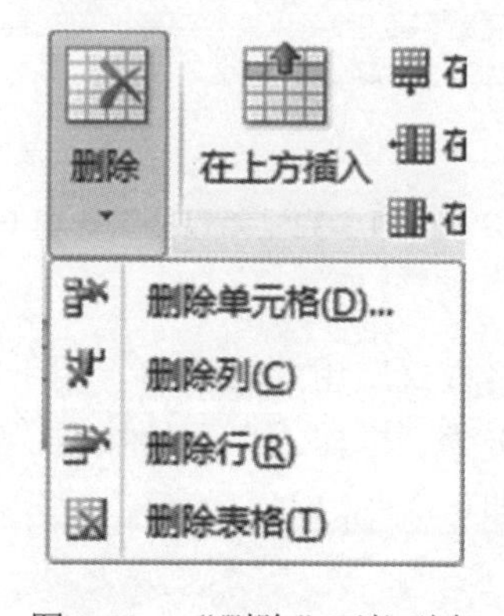

图 2-29 “删除”下拉列表

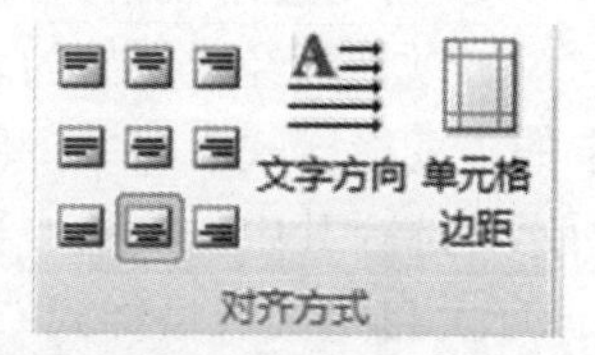

图 2-30 单元格对齐方式

⑦ 表格属性设置

在“布局”选项卡的“单元格大小”组中，单击“表格属性”对话框启动器按钮，弹出如图 2-31 所示的“表格属性”对话框。在该对话框中，选择“表格”选项卡，可以指定表格的大小、对齐方式、文字环绕方式；选择“行”选项卡，可以指定行高；选择“列”

选项卡，可以指定列宽；选择“单元格”选项卡，可以指定单元格宽度、垂直对齐方式。

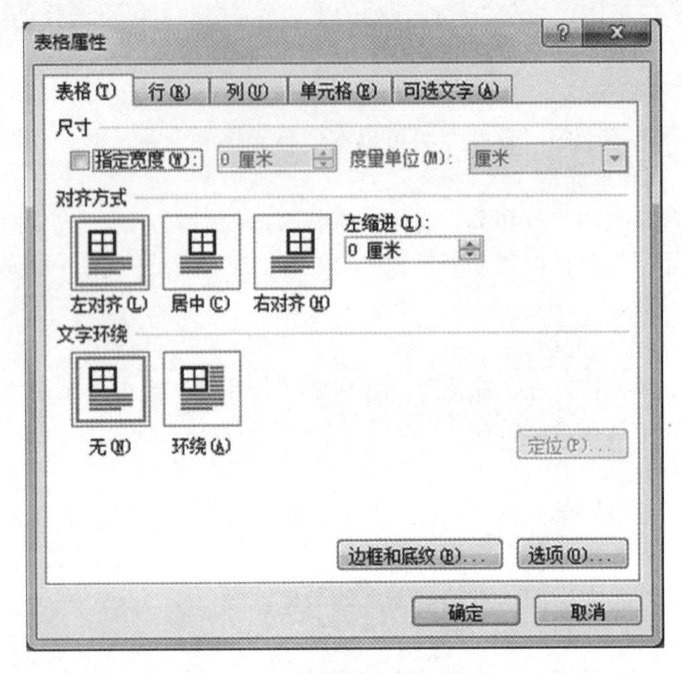

图 2-31　“表格属性”对话框

3. 表格设计

单击表格任意位置，选择“表格工具”下的“设计”选项卡，展示如图 2-32 所示的功能区，在此功能区可以设计表格样式。

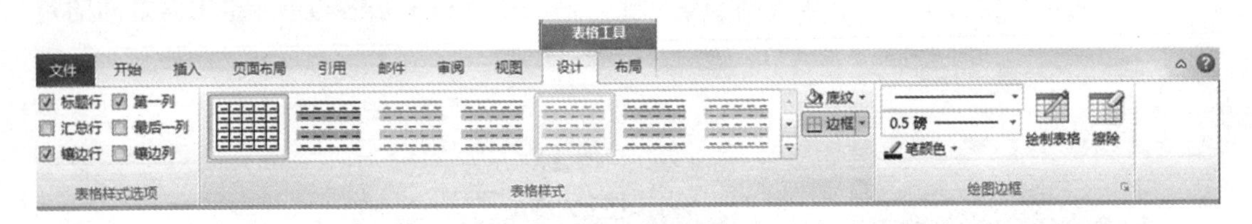

图 2-32　“设计”选项卡

① 自动套用表格样式

可以将已经定义好的表格样式应用到表格中，用于定义表格的外观。在“设计”选项卡的“表格样式”组中，单击“表格样式”下拉按钮，会弹出已有的表格样式，如图 2-33 所示，选择其中需要的一种即可。

② 自定义表格样式

如果“表格样式”下拉列表中提供的样式不能满足要求，可以自定义表格样式。在图 2-33 所示的“表格样式”下拉列表中选择“修改表格样式”或“新建表样式”命令，弹出如图 2-34 所示的对话框，在该对话框中进行自定义样式设置，完成后单击“确定”按钮，则会在“表格样式”下拉列表中添加自定义的样式，以供用户使用。

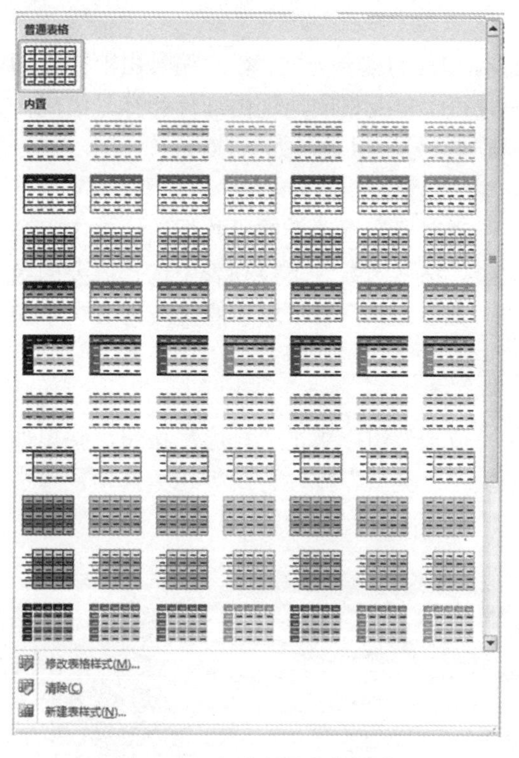

图 2-33　自动套用表格样式

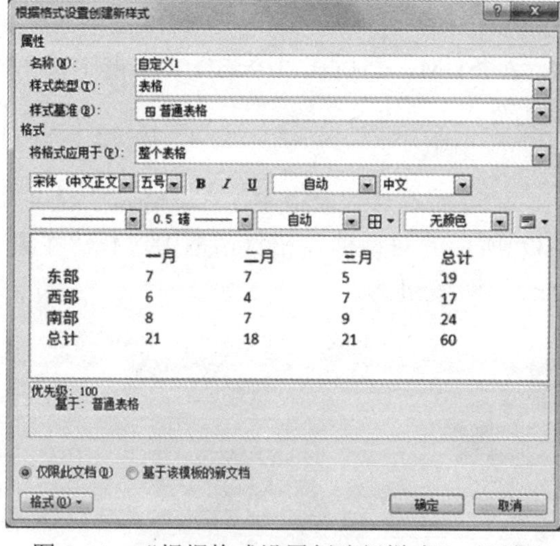

图 2-34　“根据格式设置创建新样式”对话框

③ 边框和底纹

选择要进行设置边框的单元格，先在“设计”选项卡的“绘图边框”组中选择边框的线型、粗细、笔颜色，然后单击“边框”下拉列表选择合适的框线。单击“底纹”下拉列表可以设置底纹。

也可以在“绘图边框”组中，单击“边框和底纹”对话框启动器按钮，在“边框和底纹”对话框中，如图 2-35 所示。选择“边框”选项卡可以进行边框设置，选择“底纹”选项卡可以设置底纹。

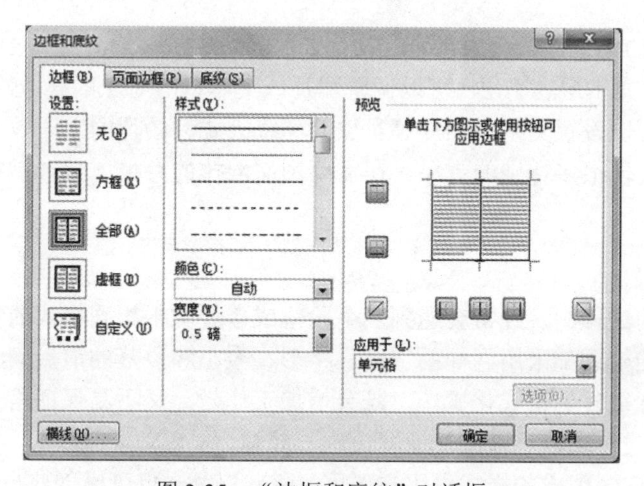

图 2-35　“边框和底纹”对话框

4. 表格中数据的统计

表格是由行和列组成的，Word 规定了表格的行和列的编号方式，行的编号由上向下为 1、2、3、…，列的编号由左向有为 A、B、C、…，每个单元格的地址由列标和行号组成，如 A1、C3，表格区域由“左上角列行号：右下角列行号”组成，如 A1:C3。

① 公式的使用

将插入点定位在显示计算结果的单元格中，在“布局”选项卡的“数据”组单击“公式”按钮 *fx* 公式，弹出如图 2-36 所示的对话框。在“粘贴函数”下拉列表中选择需要的函数，如 SUM，然后在“公式”文本框中输入参数，如 B2:B4，表示求和的区域为 B2 到 B4 单元格。

② 排序

定位插入点到表格中，在“布局”选项卡的“数据”组中单击“排序”按钮，弹出如 2-37 所示的对话框，在对话框中选择“主要关键字”“类型”排序方式等相关选项，单击“确定”按钮。

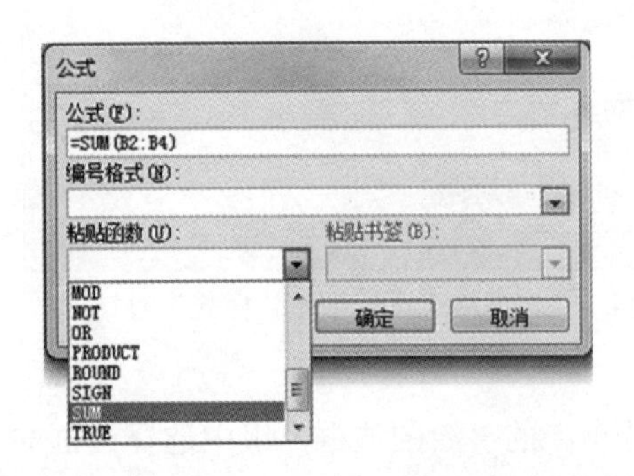

图 2-36　“公式”对话框

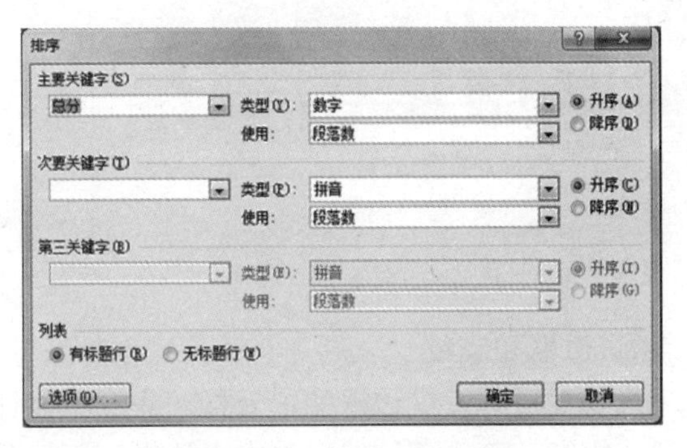

图 2-37　“排序”对话框

▶▶ 2.1.6　文档高级排版

1. 图文混排

Word 文档中的对象大致分成 3 个层次：文本层（正文）、绘图层（一般在文字层之上，可以叠放多层）和文本层之下层（可以调整图片或文本框等对象的叠放次序设置）。多个对象可以组合，并可以设置文字与图片等对象的环绕方式、图片的水印效果及上、下层的叠放次序等，从而实现很多特别的效果。在需要图文混排的海报、贺卡、报刊等编排中非常实用。

2. 样式

在编辑文档的过程中，经常会遇到多个段落或多处文本相同格式的情况。例如，一篇论文中每一小节的标题都采用同样的字体、字形、大小和段落的前后间距等。如果一次又一次地对它们进行重复的格式化操作，既会增加工作量，又不易保证格式的一致性。利用 Word 提供的“样式”功能可以很好地解决这一问题。

Word 提供了许多现成的样式供用户选用，除此以外，也可以创建自定义样式。在“开始”选项卡的“样式”组，如图 2-38 所示，单击右下侧的“样式”启动器按钮，显示样式任务窗格，单击下方的“新建样式”按钮，弹出“根据格式设置创建新样式”对话框，如图 2-39 所示，可在其中设置新样式。也可以修改已有样式的部分格式来创建某个文档需要的新样式。

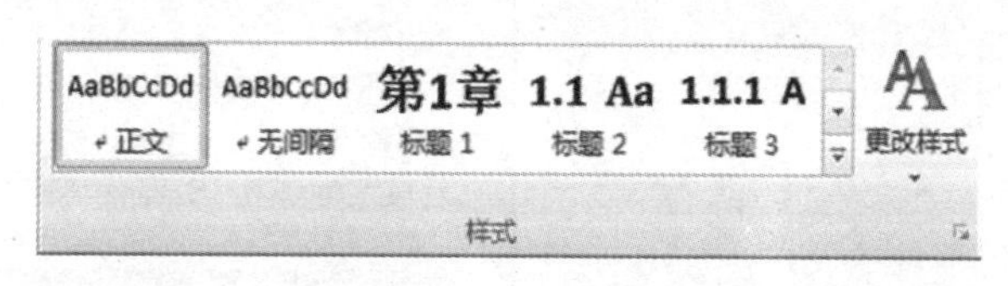

图 2-38 “样式”组

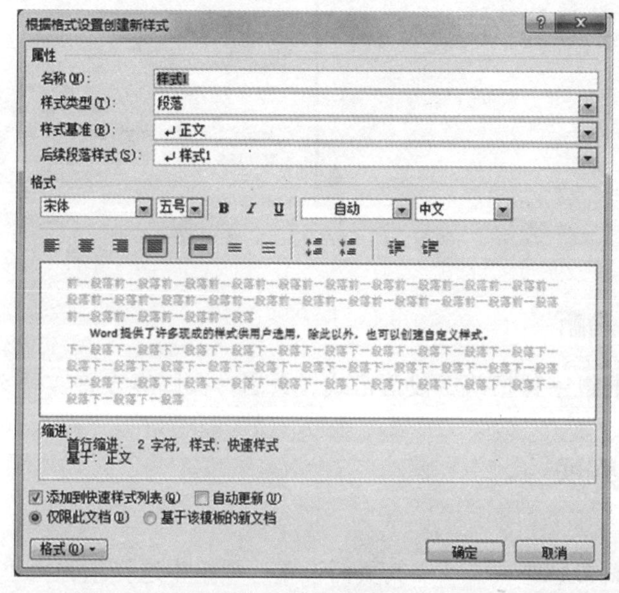

图 2-39 “根据格式设置创建新样式”对话框

3. 模板

在 Word 中任何文档都是以模板为基础的，模板决定文档的基本结构和文档设置，例如，自动图文集词条、字体、宏、菜单、特殊格式和样式等。在 Word 中的模板分为两种：公用模板（包括 Normal 模板），所含设置适用于所有文档；文档模板（例如“模板”对话框中的备忘录和传真模板），所含设置适用于以该模板为基础的文档。

虽然 Word 预设了许多模板样式供用户在编排文档时使用，但有些时候这些模板并不适合特殊要求。因此，可以自己创建并保存新的模板。

2.2 任务 1“古诗词欣赏”

2.2.1 任务背景

对唐朝诗人李白《关山月》诗词解析进行排版，最终排版效果如图 2-40 所示。

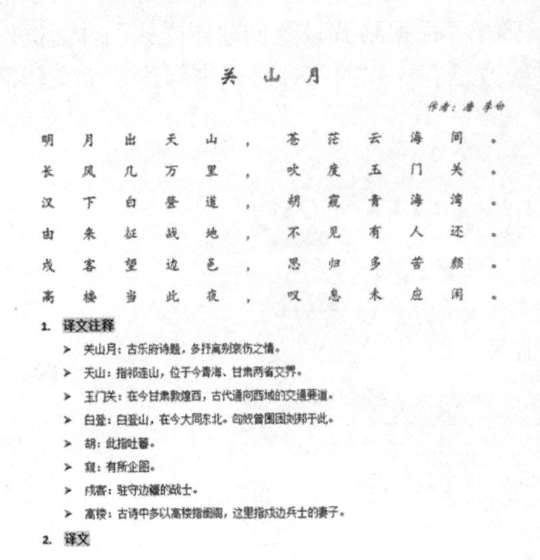

关 山 月

作者：唐 李白

明 月 出 天 山 ， 苍 茫 云 海 间 。
长 风 几 万 里 ， 吹 度 玉 门 关 。
汉 下 白 登 道 ， 胡 窥 青 海 湾 。
由 来 征 战 地 ， 不 见 有 人 还 。
戍 客 望 边 邑 ， 思 归 多 苦 颜 。
高 楼 当 此 夜 ， 叹 息 未 应 闲 。

1. 译文注释
> 关山月：古乐府诗题，多抒离别哀伤之情。
> 天山：指祁连山，位于今青海、甘肃两省交界。
> 玉门关：在今甘肃敦煌西，古代通向西域的交通要道。
> 白登：白登山，在今大同东北。匈奴曾围困刘邦于此。
> 胡：此指吐蕃。
> 窥：有所企图。
> 戍客：驻守边疆的战士。
> 高楼：古诗中多以高楼指闺阁，这里指戍边兵士的妻子。

2. 译文

巍天山，苍茫云海，一轮明月倾泻银光一片。浩荡长风，掠过几万里关山，来到戍边将士驻守的边关。汉高祖出兵白登山征战匈奴，吐蕃觊觎青海大片河山。这些历代征战之地，很少看见有人庆幸生还。戍边兵士仰望边城，思归家乡愁眉苦颜。当此皓月之夜，高楼上望月怀夫的妻子，同样也在频频哀叹，远方的亲人啊，你几时能卸甲洗尘归来。

3. 写作背景

唐朝国力强盛，但边尘未曾肃清过。李白此诗，就是叹息征战之士的苦辛和后方思妇的愁苦。

4. 作品评析

这首诗在内容上仍继承古乐府，但诗人笔力浑宏，又有很大的提高。

诗的开头四句，主要写关、山、月三种因素在内的辽阔的边塞图景，从而表现出征人怀乡的情绪；中间四句，具体写到战争的景象，战场悲惨残酷；后四句写征人望边地而思念家乡，进而推想妻子月夜高楼叹息不止。这末了四句与诗人《春思》中的“当君怀归日，是妾断肠时”同一笔调。而“由来征战地，不见有人还”又与王昌龄的“黄尘足今古，白骨乱蓬蒿”同步。

5. 作者简介

李白(701~762 年)，字太白，号青莲居士，祖籍陇西成纪(今甘肃秦安东)，关于李白出生地，众说纷纭，大致有两种说法。其一，李白出生于中亚西域的碎叶城（在今吉尔吉斯斯坦首都比什凯克以东的托克马克市附近），李白约五岁时，其家迁居绵州昌隆（今四川江油）。其二，李白出生绵州昌隆县（今四川江油县）的青莲乡。　　天宝初，入长安，贺知章一见，称为谪仙人，荐于唐玄宗，待诏翰林。后漫游江湖间，永王李璘聘为幕僚。璘起兵，事败，白坐流放夜郎(在今贵州省)。中途遇赦，至当涂依李阳冰，未几卒。

图 2-40　《关山月》效果图

▶▶ 2.2.2　任务分析

该任务主要是通过字体格式、段落格式、页眉、页脚等设置实现文档的排版与编辑。

▶▶ 2.2.3　任务实现

1）　设置页面

（1）　选择页面布局选项卡，在其页面设置选项组中选择纸张大小，选择 16 开大小的纸张类型。如图 2-41 所示。

图 2-41　选择纸张类型

（2）　选择页面布局选项卡，在其页面设置选项组中选择页边距，再选择自定义页边距。如图 2-42 所示。

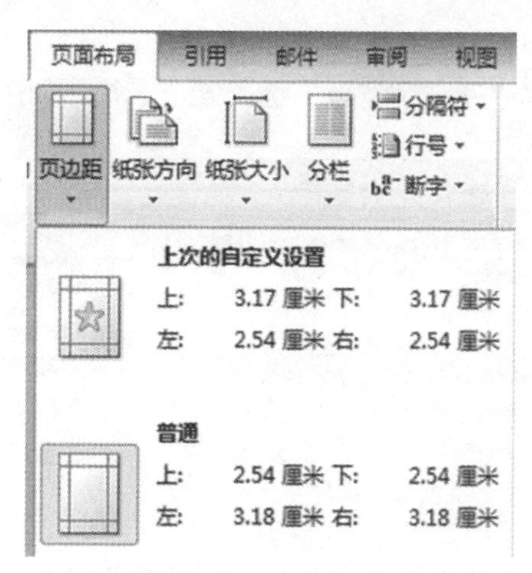

图 2-42　自定义页边距

（3） 在弹出页面设置对话框中设置上、下边距为 20 毫米和左边距为 20 毫米，右边距为 15 毫米。如图 2-43 所示。

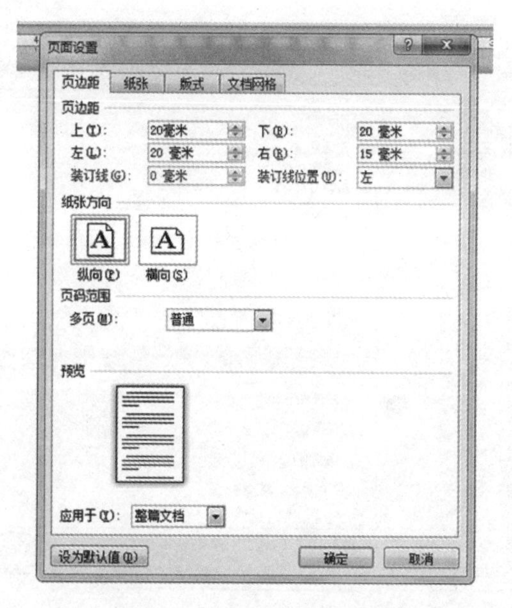

图 2-43　页边距设置对话框

2） 标题格式设置

选中标题文字“关山月”，设置其段落对齐方式为居中，其字体设置为华文新魏，字号为二号，字形为加粗。如图 2-44 所示。

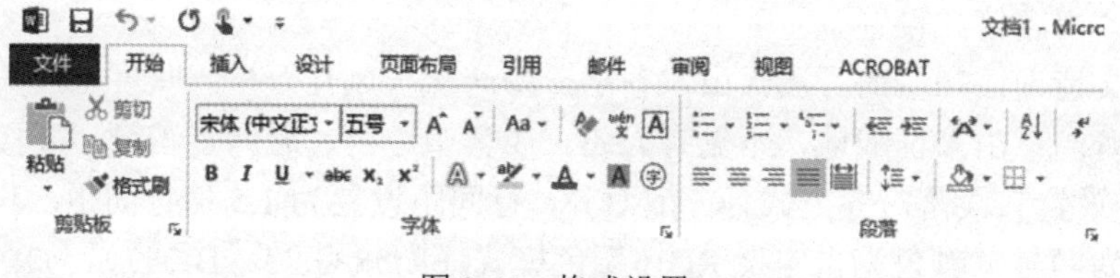

图 2-44　格式设置

选中标题关山月调整字符间宽度。如图 2-45 所示。

在弹出的对话框中设置“新文字宽度”键入 6 个字符。如图 2-46 所示。

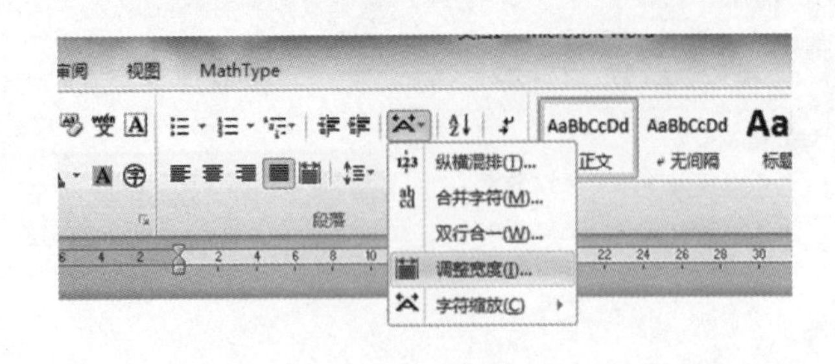

图 2-45　调整字符宽度

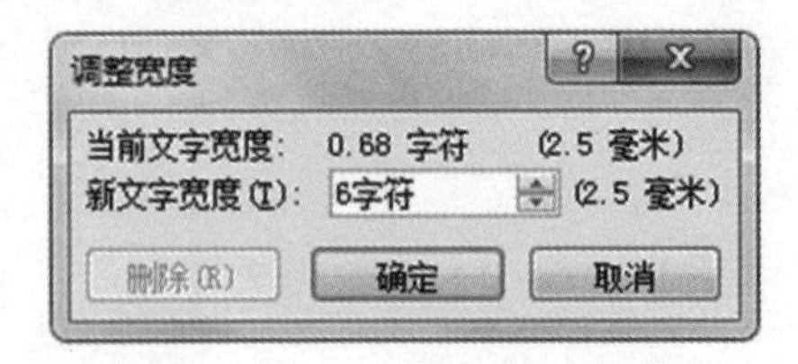

图 2-46　调整宽度对话框

选中标题文字“关山月”设置其文字效果，先用 Ctrl+D 打开字体对话框，并选择文字效果，并在弹出的对话框 “文本填充”标签卡中，设置“渐变填充”，颜色设置为预设的碧海青天，填充类型设置为“路径”填充。如图 2-47 所示。

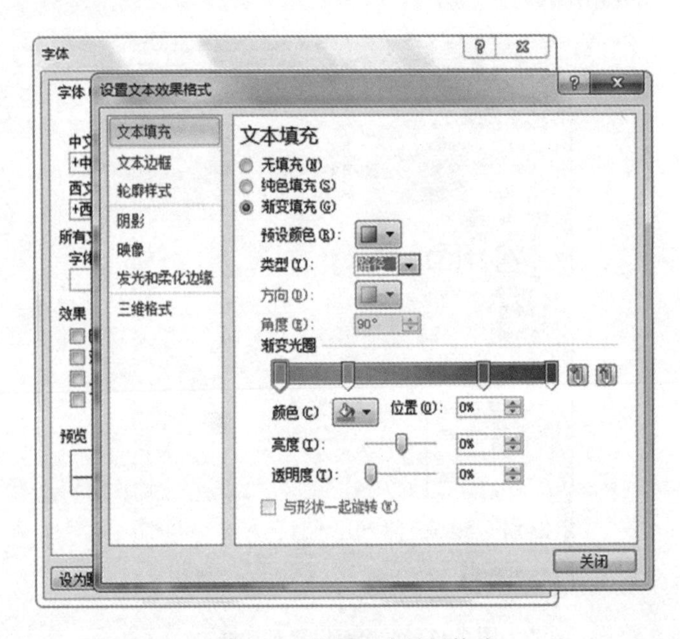

图 2-47　设置文本效果格式

3）　副标题格式设置

选中副标题文字“唐　李白”，设置其段落对齐方式为右对齐，其字体设置为华文新魏，字号为小四号，字形为倾斜，颜色为蓝色。

4）　诗词内容格式设置

选中古文诗词语句“明月出天山，苍茫云海间。长风几万里，吹度玉门关。汉下白登道，胡窥青海湾。由来征战地，不见有人还。戍客望边邑，思归多苦颜。高楼当此夜，叹息未应闲。”设置其段落对齐方式为分散对齐，行间距设置为 1.5 倍行间距，其字体设置为楷体，字号为四号，颜色为自定义 RGB 颜色模式（R:58 G:33　B:247）。如图 2-48 所示。

5） 小标题格式设置

选中文章中各个小标题“译文注释”“译文”“写作背景”“作品评析”和“作者简介”用编号组织顺序，其段落对齐方式设置为左对齐，其字体设置为宋体，字号为小四号，字形为加粗，如图 2-49 所示。

图 2-48 颜色设置

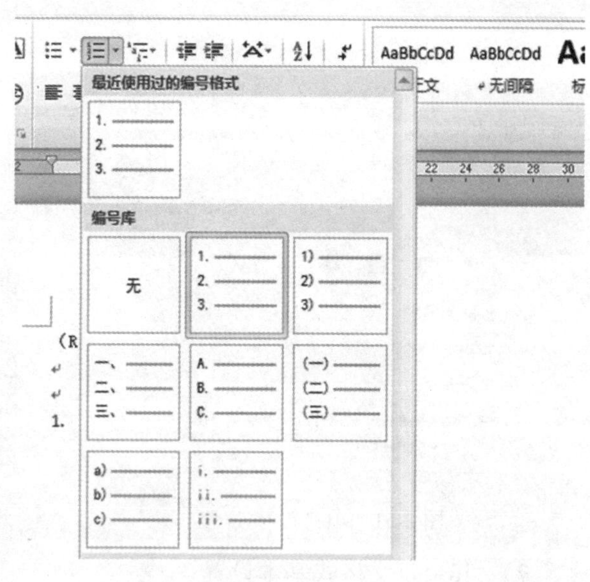

图 2-49 编号格式

同时设置底纹颜色为橙色 50%样式的图案，如图 2-50 所示。

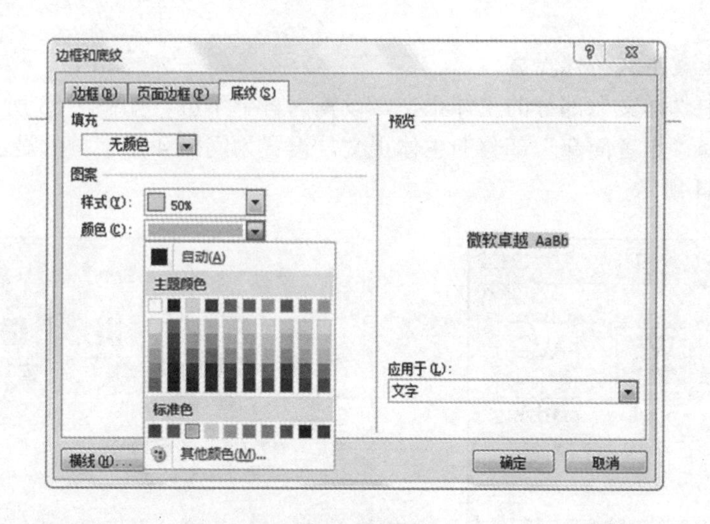

图 2-50 边框和底纹

6） 译文注释主体部分格式设置

选中小标题“译文注释”的主体文字部分，对其各个段落加上项目符号，段落格式设置为首行缩进 2 字符，各行行间距设置为固定值 20 磅。如图 2-51、图 2-52 所示。

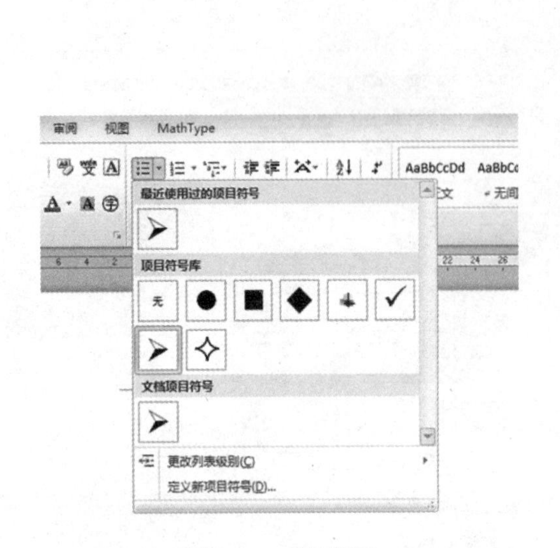

图 2-51　项目符号

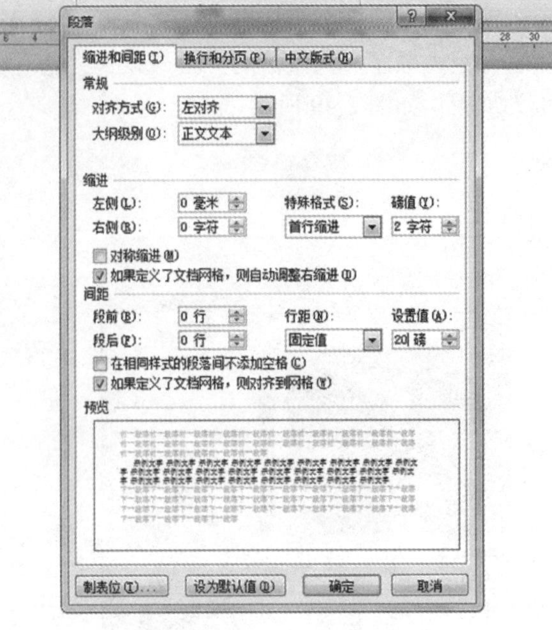

图 2-52　段落设置

7)　其余正文格式基本设置

选中小标题“译文”“写作背景”“作品评析”和“作者简介”的主体文字部分，其段落格式设置为首行缩进 2 字符，各行行间距设置为 1.5 倍行间距，段前段后设置 0.5 行的间距。

8)　其余正文格式特殊设置

（1）　选中“译文”部分的主体正文，设置为首字下沉。如图 2-53 所示。

（2）　选择“作者简介”部分的主体正文，设置为间距 4 个字符，显示分隔线的等分两栏。如图 2-54 所示。

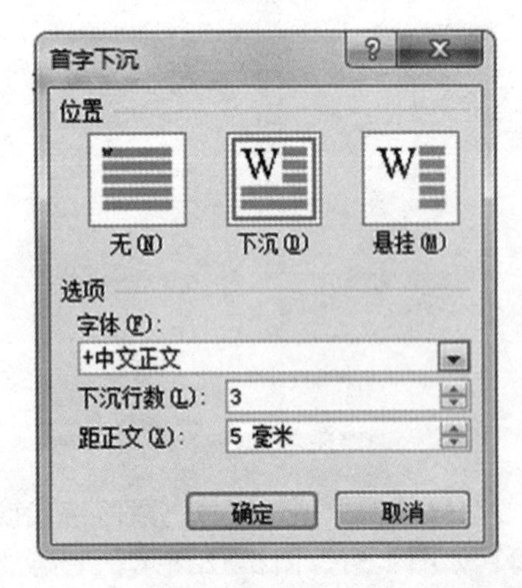

图 2-53　首字下沉

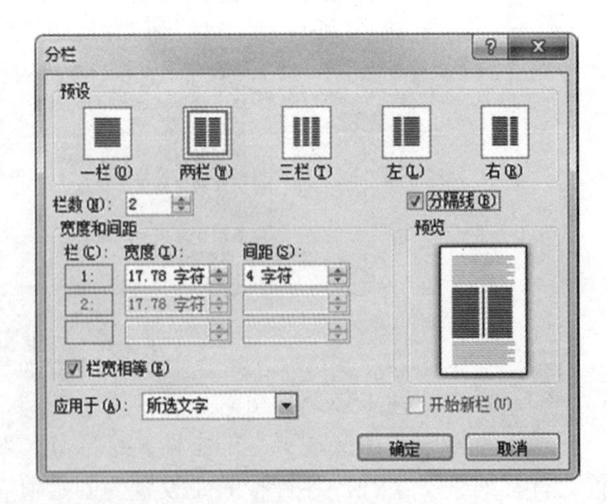

图 2-54　分栏设置

（3）选择“作者简介”中的文字“字太白，号青莲居士”，设置为波浪下画线效果。如图 2-55 所示。

图 2-55　下画线设置

9） 页眉和页脚格式设置

增加页眉的内容为小五号黑体的“唐诗欣赏”，居中显示。页脚内容为小五号黑体的“第 X 页/共 Y 页”，页码右对齐。如图 2-56 所示。

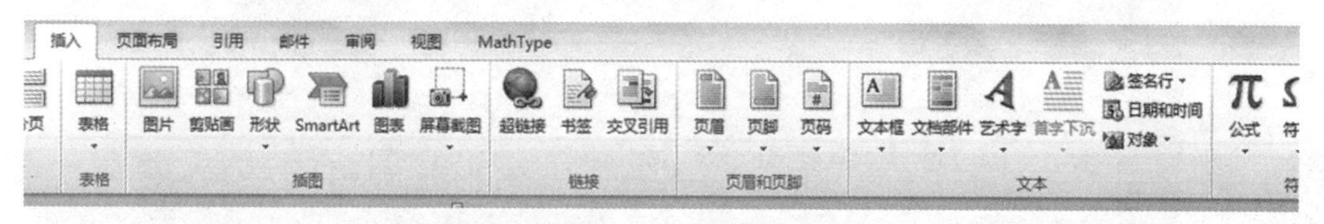

图 2-56　插入页码

▶▶ 2.2.4　任务小结

通过本例掌握 WORD 软件中字体格式、段落格式、页眉页脚等基本设置。

▶▶ 2.2.5　课后练习

对唐代诗人杜甫的《新安吏》进行排版，要求如下：

1. 设置页面为 16 开纸，页边距：上、下、左、右均为 2 厘米；
2. 标题：标题居中，黑体、三号字，文本填充效果：漫漫黄沙，射线型；
3. 副标题：右对齐，黑体，小四字，加下画线，颜色为红色；
4. 诗词部分，等分为两栏（间隔 6 个字符），加上蓝色 12.5%填充图案的底纹；
5. 小标题：作者简介，诗词注释，诗词赏析用编号（一）（二）（三）组织，小标题各标题行设置为仿宋体、四号字、加粗；
6. 将小标题作者简介下面的第一自然段设置为悬挂缩进 1 厘米，行距为固定值 22 磅，左对齐，采用仿宋体、五号字；

7. 小标题 2 “诗词注释”、小标题 3 “诗词赏析” 下面的自然段分别设置为首行缩进 2 个字符，行距为固定值 22 磅，左对齐，采用仿宋体、五号字；

8. 设置页眉：唐诗赏析（居中，小五，隶书）；

9. 设置页脚：页码（右对齐，小五，隶书）。

2.3　任务 2 “邀请函设计”

2.3.1　任务背景

某学校音乐学院准备于 2017 年 12 月 31 日举行迎接新年音乐会。会议筹备小组要求工作人员用所学 Word 知识制作一份音乐会邀请函样板，如图 2-57、图 2-58 所示。

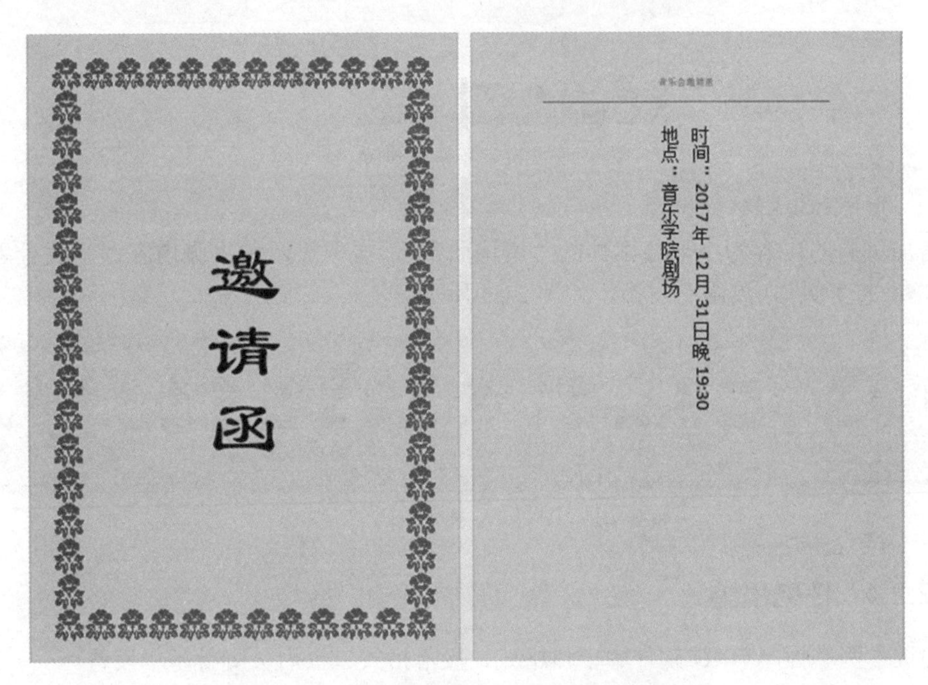

图 2-57　邀请函第 1、4 页效果图

图 2-58　邀请函第 2、3 页效果图

2.3.2 任务分析

页面布局是版面设计的重要组成部分，它反映的是文档中的基本格式。在 Word 2010 中，“页面布局”选项卡包括“页面设置”“页面背景”等多个功能组。组中列出了页边距、纸张方向、纸张大小、页面颜色、边框等功能。

在设计该邀请函的过程中，主要是使用 Word 2010 中的“页面布局”选项卡中相应的功能。在设计过程中主要是应用到“纸张大小、方向”“页面对齐方式”“纸张对折打印”“插入节”“设置文字格式方向”等知识点。

2.3.3 任务实现

一 、设置版面布局

1. 内容概述

打印出的邀请函要求一共由 4 页组成：第一页为邀请函的封面，内容为“邀请函”，字体为“隶书”，字号 72 号，竖排文字。第二页第一行内容为“尊敬的___先生/女士”，字体为“楷体_GB2312”，字号为“小二”；第二行内容为“现诚邀您参加 XXXX 学校音乐学院的迎接新年音乐会”，字体字号默认；第三、四行内容为“音乐会将于 2017 年 12 月 31 日晚 19：30 在音乐学院剧场举行，敬请光临！”，字体等格式默认，文字横排；第三页内容为“附：音乐会节目单”格式默认，文字横排；第四页第一行内容为“时间：2017 年 12 月 31 日晚 19：30”，字体格式默认，文字竖排；第二行内容为“地点：音乐学院剧场”，格式默认，文字竖排。

2. 操作步骤

① 新建“音乐会邀请函.docx”文档，打开“页面布局”“分隔符”“下一页”。生成 4 页的文档。如图 2-59 所示。

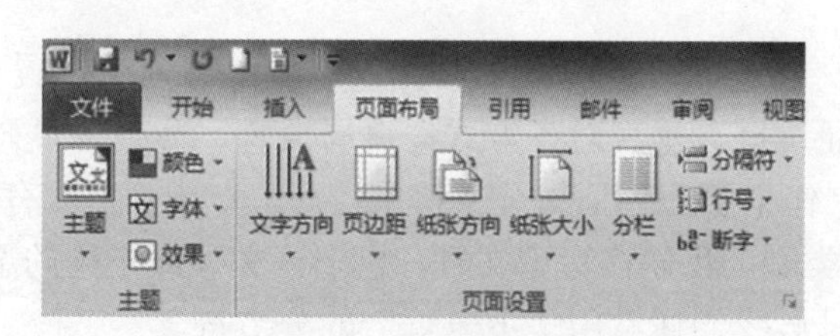

图 2-59 插入分隔符图

② 在第一页设置文字方向为“垂直”，输入“邀请函”，设置文字字体为“隶书”，字号为 72 号，设置为“居中”，打开“页面设置”窗口中的“版式”选项卡，设置页面垂直对齐方式为“居中”，应用于“所选节”，然后单击“确定”按钮。

③ 在第二页中设置文字方向为“垂直”，输入第一行内容“时间：2017 年 12 月 31 日晚 19：30”，格式默认；第二行内容“地点：音乐学院剧场”，格式默认，打开“页面设置”窗口中的“版式”选项卡，设置页面垂直，对齐方式为“居中”，应用于“所选节”，然后单

击“确定”按钮。

④ 在第三页第一行中输入“尊敬的________先生/女士”，字体为“楷体_GB2312”，字号为“小二”；第二行中输入“现诚邀您参加 XXXX 学校音乐学院的迎接新年音乐会”，字体字号默认；第三、四行中输入“音乐会将于 2017 年 12 月 31 日晚 19：30 在音乐学院剧场举行，敬请光临！”格式默认。

⑤ 在第四页中输入“附：音乐会节目单”，格式默认。

⑥ 打开“页面布局”窗口中的“页边距”选项卡，在“页码范围”多页处选择“拼页”，应用于“整篇文档”，然后单击“确定”按钮。

二、设置页面背景

设置邀请函所有页面背景颜色为“橙色，强调文字颜色 6，淡色 60%”；设置邀请函第一页页面边框为“方框，颜色为红色，宽度 31 磅，艺术型“ ”。”。

具体操作：光标定位于第一页，打开“页面布局”，在“页面背景”中单击“页面边框”图标，在“页面边框”选项卡中“设置”处选择“方框”，“颜色”处选择“红色”，“宽度”处选择“31 磅”，“艺术型”处选择“ ”，“应用于”处选择“本节”，单击“确定”按钮。打开“页面布局”，在“页面背景”组中单击“页面颜色”图标，选择页面背景颜色“橙色，强调文字颜色 6，淡色 60%”

三、美化页面

在邀请函的第二页和第三页加上页眉，页眉内容为“音乐会邀请函”。

四、设置分页与分节符

在建立新文档时，Word 将整篇文档默认为一节，在同一节中只能应用相同的版面设计。为了版面设计的多样化，可以将文档分割成任意数量的节，用户可以根据需要为每节设置不同的节格式。

“节”作为一篇文档版面设计的最小最有效单位，可为节设置页边距、纸型或方向、打印机纸张来源、页面边框、垂直对齐方式、页眉页脚、分栏、页码、行号、脚注和尾注等多种格式类型。节操作主要通过插入分节符来实现。分节符主要有“下一页”“连续”“奇数页”“偶数页”四种类型。我们在写论文时，想把论文分成不同的节，同时还要实现新的节从下一页开始，这时候我们通常用“下一页”的分节符。

分页分为软分页和硬分页，当文档排满一页时，Word 2010 会按照用户所设定的纸型，页边距值及字体大小等自动对文档进行分页处理，在文档中插入一条由单点虚线组成的软分页符（草稿视图可见）。随着文档内容增加，Word 会自动调整软分页及页数。硬分页符是在文档想要分页的地方，人工插入一个分页符。具体操作是在“插入”选项卡中，选择“页”组中的“分页”（快捷键“Ctrl+Enter”）；或者在“页面布局”选项卡中，选择“页面设置”组中“分隔符”里面的“分页符”也可实现硬分页。

五、添加不同的页眉和页脚

在分节后的文档页面中，不仅可以对节进行页面设置、分栏设置，还可以对节进行个性化的页眉、页脚设置。比如在同一文档中对不同的节设置不同的页眉、页脚，奇偶页页眉、页脚设置不同，不同章节页码编写方式不同等。

页眉、页脚内容可以是任意输入的文字、日期、时间、页码，甚至图形等，也可以是手动插入“域”，实现页眉、页脚的自动化编辑。

为文档插入页眉和页脚，可以利用“插入”选项卡中的“页眉和页脚”组完成。

选择“插入”选项卡中的“页眉”按钮，可以在下拉菜单中预设的多种页眉样式中选择，这些样式存放在页眉“库”中的“构建基块”。需要注意，若已插入了系统预设样式的封面，则可以挑选预设样式的页眉和页脚以统一文档风格。也可以单击“编辑页眉”，此时系统会自动切换至“页面视图”，并且文档中的文字全部变暗，以虚线框标出页眉区，在屏幕上显示页眉和页脚工具，此时可自己键入文字，或者根据页眉、页脚工具自行插入时间、日期、图片等。如需插入域代码，可选择“设计”选项卡的“插入”组，在“文档部件”下拉菜单中选择“域”。单击“关闭页眉和页脚”。

页眉和页脚工具的“设计”选项卡是辅助建立页眉和页脚的工具栏，包括“页眉和页脚”、“插入”、“导航”、“选项”、“位置”和“关闭”六个功能组。

“页眉和页脚”组主要有“页眉”、“页脚”、“页码”三项内容。可以实现插入“页眉”、“页脚”和“页码”。

“插入”组中主要有“日期和时间”、“文档部件”、“图片”、“剪贴画”四项内容。可以在页眉或页脚中插入“日期和时间”、“文档部件”、“图片”等内容。

“导航”组中可以实现“页眉”和“页脚”的切换，还有三个与节相关的按钮功能。

（1） 链接到前一条：当文档被划分为多节时，单击该按钮可以建立本节页眉/页脚与前一节页眉/页脚的链接关系。

（2） 上一节：当文档被划分为多节时，单击该按钮可以进入上一节的页眉或页脚区域。

（3） 下一节：当文档被划分为多节时，单击该按钮可以进入下一节的页眉或页脚区域。

“选项”组主要包含“首页不同”“奇偶页不同”“显示文档文字”三选项，分别设置为首页不同或者是奇偶页不同，当在设置文档页眉、页脚时不想显示文档文字，可以不选择“显示文档文字”选项。

“位置”组可以设置页眉和页脚的边界的尺寸，指的是距离页边界的尺寸，而不是页眉、页脚本身的尺寸。

注意：

在文档的页眉或页脚区域直接双击也可进入页眉和页脚的编辑状态，出现页眉和页脚工具的“设计”选项卡，但无法选择页眉和页脚的构建基块。

如需要删除页眉和页脚，可以单击“插入”选项卡“页眉和页脚”组中的“页眉”或“页脚”，选择下拉菜单中的“删除页眉/删除页脚”即可。或者直接双击页眉或页脚区域，在编辑状态下删除。需要注意的是，在未分节的文档中，选择删除某页眉后，Word 2010 会删除所有页眉。而在分节文档中，若已断开与前后节的链接，删除页眉只会影响本节的页眉设置。

在邀请函的第三页定位光标，打开“插入”选项卡“页眉和页脚”组，在下拉菜单中选择“编辑页眉”，在“导航”组中断开与前一节的链接。在页眉区输入“音乐会邀请函”内容。关闭页眉和页脚。最后效果如图 2-57 和图 2-58 所示。

▶▶ 2.3.4　任务小结

制作邀请函，主要用到了 Word 2010 中的页面设置、页眉和页脚、节、页面背景、页面边框等知识点。在制作过程中一定要注意分节，在设置页眉和页脚时一定要断开与前一节的链接，在对某节进行设置的时候一定要应用于“本节”。

▶▶ 2.3.5　课后练习

根据课程学习内容，制作邀请函。要求：

1. 邀请函页面一的内容为“邀请函”竖排，字体隶书，字号 72 号，红色，上下左右居中。

2. 邀请函页面二的内容为“尊敬的 XXX 老师，现诚邀您参加 XXXX 班级的元旦晚会，元旦晚会将于 2017 年 12 月 31 日晚 7:30 在 XXX 教学楼 XXX 教室举行，敬请光临!”文字横排。字体字号默认，左右居中。

3. 邀请函页面三的内容为“附：元旦晚会节目单”使用“标题一”样式并左右居中。

4. 使用“书籍折页”制作邀请函。

2.4　任务 3“成绩通知单的制作与发送”

▶▶ 2.4.1　任务背景

很多时候我们需要制作各种各样的调查表、报表、套用信函、信封等，这些资料的格式都相同，只是具体的数据有所变化。而这些数据往往存放在数据表文件中。为了减少不必要的重复工作，提高办公效率。可以使用 WORD 中的邮件合并功能来完成。

▶▶ 2.4.2　任务分析

邮件合并主要包括以下三个基本过程。

（一）建立主文档

“主文档”就是前面提到的固定不变的主体内容，比如信封中的落款、信函中的对每个收信人都不变的内容等。使用邮件合并之前先建立主文档，是一个很好的习惯。一方面可以考察预计中的工作是否适合使用邮件合并，另一方面是主文档的建立，为数据源的建立或选择提供了标准和思路。

（二）准备好数据源

数据源就是前面提到的含有标题行的数据记录表，其中包含着相关的字段和记录内容。数据源表格可以是 Word、Excel、Access 或 Outlook 中的联系人记录表。

在实际工作中，数据源通常是现有的，比如你要制作大量客户信封，多数情况下，客户信息可能早已被客户经理做成了 Excel 表格，其中含有制作信封需要的”姓名”“地址”“邮编”等字段。在这种情况下，你直接拿过来使用就可以了，而不必重新制作。也就是说，在准备自己建立之前要先考察一下，是否有现成的可用。

如果没有现成的表格，则要根据主文档对数据源的要求建立，根据你的习惯使用 Word、Excel、Access 都可以，实际工作中，常常使用 Excel 制作。

（三）把数据源合并到主文档中

前面两件事情都做好之后，就可以将数据源中的相应字段合并到主文档的固定内容之中了，表格中的记录行数决定着主文件生成的份数。整个合并操作过程将利用“邮件合并向导”完成。

2.4.3 任务实现

一、创建新文档

步骤 1：单击“开始”|“程序”|“Microsoft Office”|“Microsoft Office Word 2010”命令，启动 Word 2010。

步骤 2：录入如图 2-60 所示文字，并保存为“学生成绩通知单”。

XXXXXX 学校学生成绩通知单

同学（学号：　　　　），你在我校 2017-2018 学年第一学期的学习情况如下：

图 2-60　学生成绩通知单

二、插入表格

步骤 1：单击“插入”｜“表格”｜“插入表格”命令，弹出如图 2-61 所示对话框，设置列数为 5，行数为 2，单击“确定”按钮。

步骤 2：在表格第一行左侧的选定栏单击，选择表格的第一行（也可将插入点定在第一行的第一个单元格，按住左键拖动鼠标至该行的最后一个单元格），并在该行上右击，弹出如图 2-62 所示的快捷菜单，单击“合并单元格”命令。

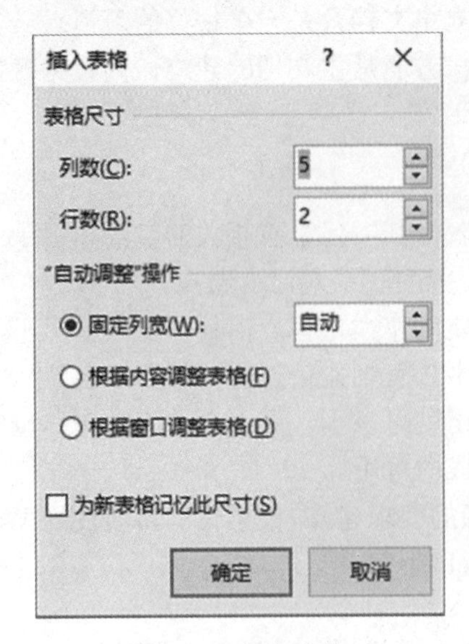

图 2-61　插入表格

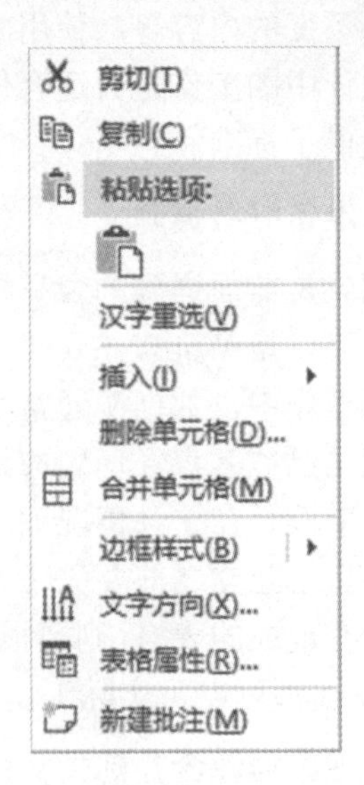

图 2-62　合并单元格

步骤 3：输入表格内容，如图 2-63 所示。

XXXXXX 学校学生成绩通知单

同学（学号：　　　），你在我校 2017-2018 学年第一学期的学习情况如下：

2017-2018 学年第一学期成绩情况						
科目	马克思主义哲学	大学信息技术基础	英语	体育	专业课 1	专业课 2
成绩						

如有不及格的科目，请认真准备补考，补考时间定于下学期开学后的第一、二周举行。

图 2-63　学生成绩通知单模板

步骤 4：单击表格全选按钮，选定整个表格，设置“表格”|“布局”|“对齐方式”，对齐方式为水平居中对齐，如图 2-64 所示。

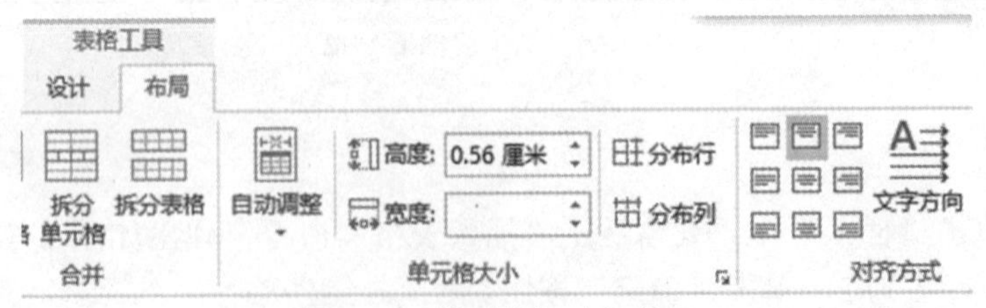

图 2-64　设置表格对齐方式

三、文本格式设置

步骤 1：设置标题格式，选定标题“XXXXXX 学校学生成绩通知单”，将其字体设置为“黑体”，字号设置为“三号”，对齐方式设置为“居中”。

步骤 2：设置文本格式。正文内容采用默认的字体，即“宋体”“五号”。

四、添加水印背景

水印背景的添加，可以使文档更加新颖、独特。

步骤 1：选择水印图片。单击“设计”|“水印”|“自定义水印”命令，弹出“水印”对话框，如图 2-65 所示。选定“图片水印”，再单击“选择图片”按钮，在出现的“插入图片”对话框中，选择一幅图片。

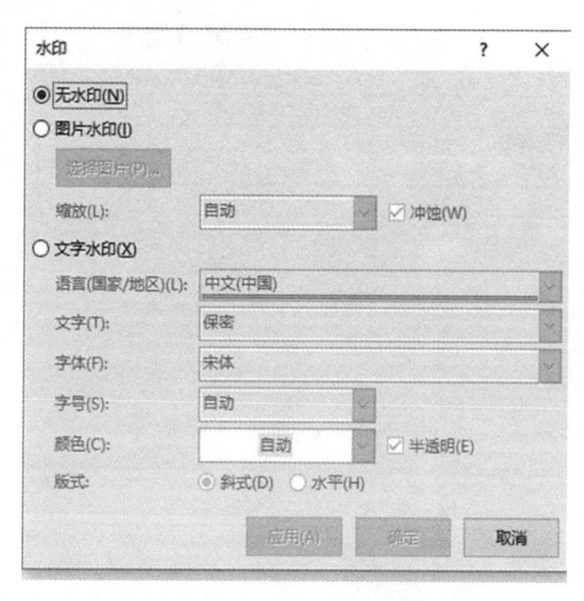

图 2-65 “水印”对话框

步骤 2：设置图片缩放大小。返回“水印”对话框，可根据需要设置所需图片显示的缩放比例及冲蚀效果。此处采用系统默认的“缩放”参数“自动”，取消选择“冲蚀”复选框。设置完成后（有些情况下选择“冲蚀”效果更好，视情况而定），返回文档中，所选的图片以水印格式插入在文档正中位置。如图 2-66 示。

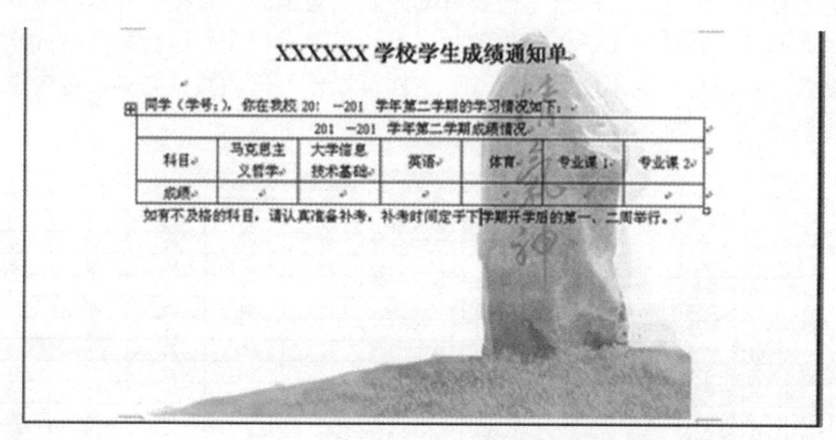

XXXXXX 学校学生成绩通知单

同学（学号：），你在我校 201 -201 学年第二学期的学习情况如下：

201 -201 学年第二学期成绩情况						
科目	马克思主义哲学	大学信息技术基础	英语	体育	专业课 1	专业课 2
成绩						

如有不及格的科目，请认真准备补考，补考时间定于下学期开学后的第一、二周举行。

图 2-66 插入水印图片效果

也可使用水印为文档标明保密等状态，将图 2-66“水印”对话框中的“图片水印”改为“文字水印”，在“文字”框中下有“公司绝密”等文本状态可选择，此处根据需要输入“成绩通知单”文本，设置字体为“华文行楷”，尺寸为“80”磅。完成后效果如图 2-67 所示。

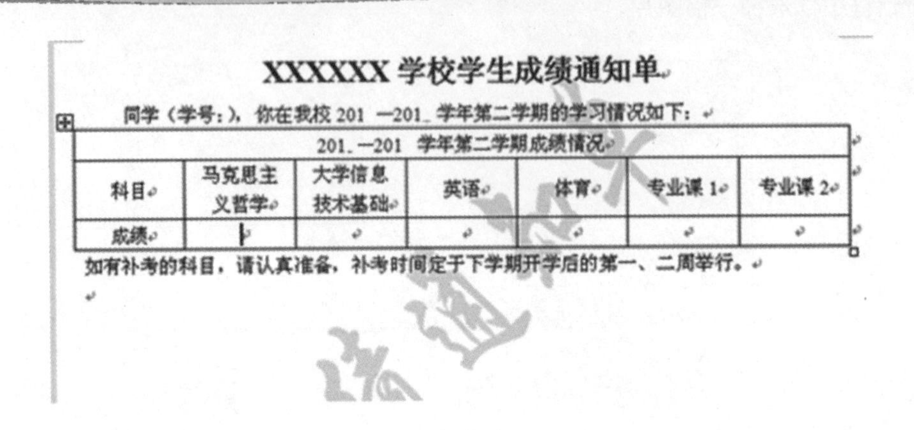

XXXXXX 学校学生成绩通知单

同学（学号：），你在我校 201 —201_ 学年第二学期的学习情况如下：

201_—201 学年第二学期成绩情况						
科目	马克思主义哲学	大学信息技术基础	英语	体育	专业课 1	专业课 2
成绩						

如有补考的科目，请认真准备，补考时间定于下学期开学后的第一、二周举行。

图 2-67　文字水印效果图

五、建立成绩单数据

单击“插入”｜“表格”|“插入表格”命令，在图 2-61 所示的对话框中，设置列数为 12，行数为 12，单击“确定”按钮。录入学生的各门学科的成绩、通信地址、邮政编码和其他相关信息，保存为“成绩单数据”。除了学科成绩外，其他信息以后可以继续使用，邮编和通信地址可以在打印邮寄学生成绩信封的时候使用。如图 2-68 所示。

邮件合并除可以使用由 Word 创建的数据源之外，还可以利用的数据非常多，像 Excel 工作簿、Access 数据库、Query 文件、Foxpro 文件内容都可以作为邮件合并的数据源。只要有这些文件存在，邮件合并时就不需要再创建新的数据源，直接打开这些数据源使用即可。需要注意的是：在使用 Excel 工作簿时，必须保证数据文件是数据库格式，即第一行必须是字段名，数据行中间不能有空行等。这样可以使不同的数据共享，避免重复劳动，提高办公效率。

班级	学号	姓名	通讯地址	邮政编码	电话号码	马克思主义哲学	大学信息技术基础	英语	体育	专业课1	专业课2
汉语言文学1701	17010101	王贵萍	北京市XXXX	102100	1301234567	87	90	88	91	94	77
汉语言文学1701	17010102	杨洁	江西省XXXX	341000	1312345678	91	94	92	89	92	79
汉语言文学1701	17010103	陈康	山东省XXXX	266000	1323456789	85	88	86	85	88	85
汉语言文学1701	17010104	罗春兰	湖南省XXXX	410000	1334567890	68	88	77	93	54	62
汉语言文学1701	17010105	张新峰	河南省XXXX	471000	1345678901	87	90	84	85	88	68
汉语言文学1701	17010106	陈美红	山西省XXXX	370000	1356789012	84	87	85	84	87	82
汉语言文学1701	17010107	徐晓娟	广东省XXXX	510000	1367890123	87	90	89	85	88	91
汉语言文学1701	17010108	孙占国	湖北省XXXX	436000	1378901234	85	88	82	84	87	74
汉语言文学1701	17010109	阳先泉	上海市XXXX	200000	1389012345	89	92	92	85	88	72
汉语言文学1701	17010110	钟贞云	广西省XXXX	536000	1390123456	52	80	81	87	66	67
汉语言文学1701	17010111	刘玉芳	海南省XXXX	572000	1307654321	89	92	90	85	88	81

图 2-68　成绩单数据

在 Word 中，如需对电话号码进行部分隐藏，可执行如下操作。按<ctrl+A>组合键全选文档，单击“编辑“｜“替换”命令打开“查找和替换”对话框，在“查找内容”文本框中输入“([0-9]{3})([0-9]{4})([0-9]{4}[!0-9])”，在“替换为”文本框中输入“\1****\3”。单击“高级”按钮，勾选“使用通配符”复选框，单击“全部替换”按钮。如图 2-69 所示。如输入的号码为“13123456789”，执行以上操作之后，将替换为“131****6789”。如图 2-69 所示。

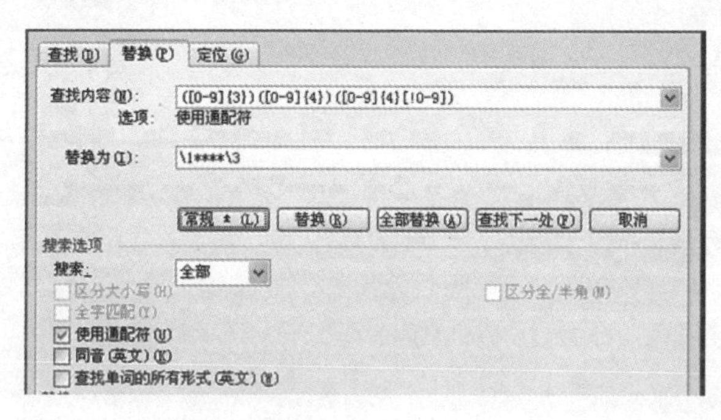

图 2-69　手机号码的查找和替换

六、成绩通知单邮件合并的基本步骤

步骤 1：选择命令。在打开的上述步骤创建的学生成绩通知单模板文件中，单击“邮件”|“开始邮件合并”|“邮件合并分步向导”命令，如图 2-70 所示。

步骤 2：选择文档类型。在文档右边窗口会出现“邮件合并”任务窗格，选择“信函”文档类型，并单击“下一步：正在启动文档”文字链接。如图 2-71 所示。

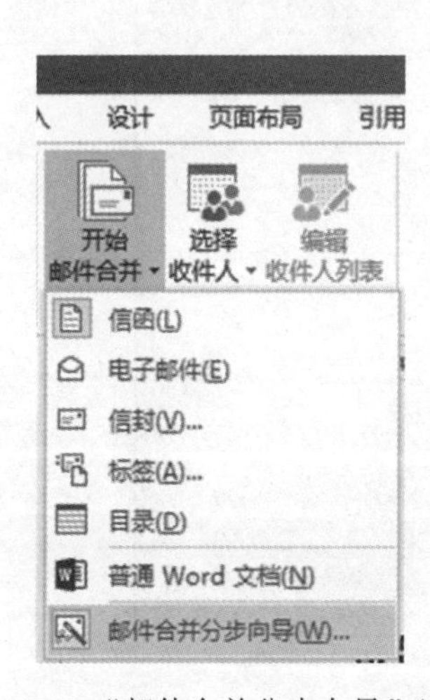

图 2-70　“邮件合并分步向导”选项

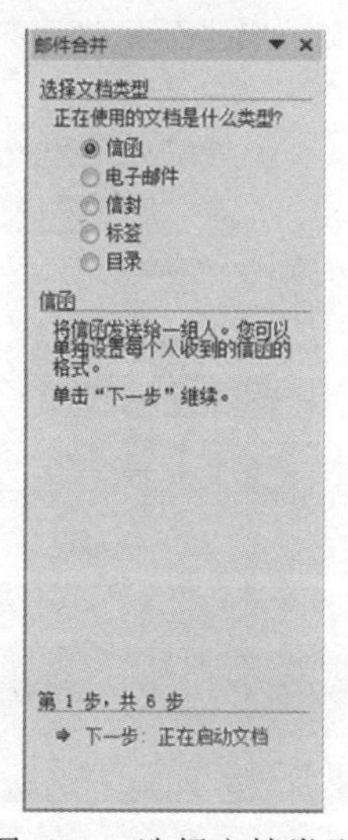

图 2-71　选择文档类型

步骤 3：选择开始文档。在邮件合并第二步，如图 2-72 所示的任务窗格中，选择“使用当前文档”来放置信函。也可根据需要，进行其他选择。并单击“下一步：选择收件人”文字链接。

步骤 4：选择收件人。用户可以使用现有的联系人表，也可以使用 Outlook 来管理邮件。如果数据源文件已存在，则可选中“使用现有列表”单选按钮，并单击“浏览”文字链接，如图 2-73 所示。

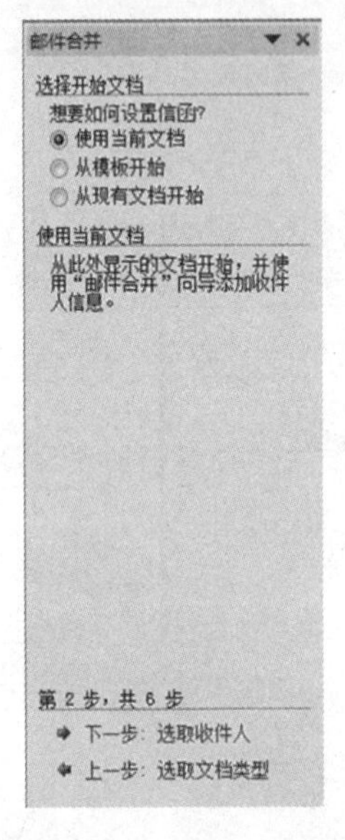

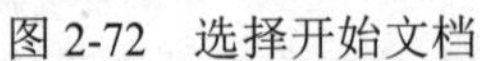
图 2-72　选择开始文档

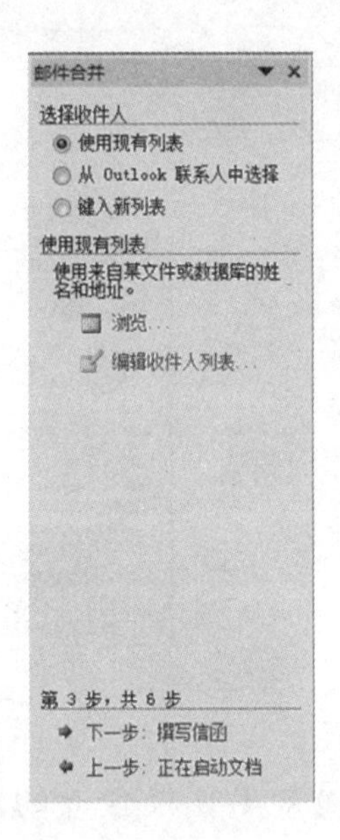

图 2-73　选择收件人

步骤 5：选取数据源。在弹出的“选取数据源”对话框中，用户可以使用默认的表（已建好的 Word 表格、Execl 表格和 Access 表），也可以自定义表的列。本例选取已存在的数据表文件——成绩单数据.doc。如图 2-74 所示。

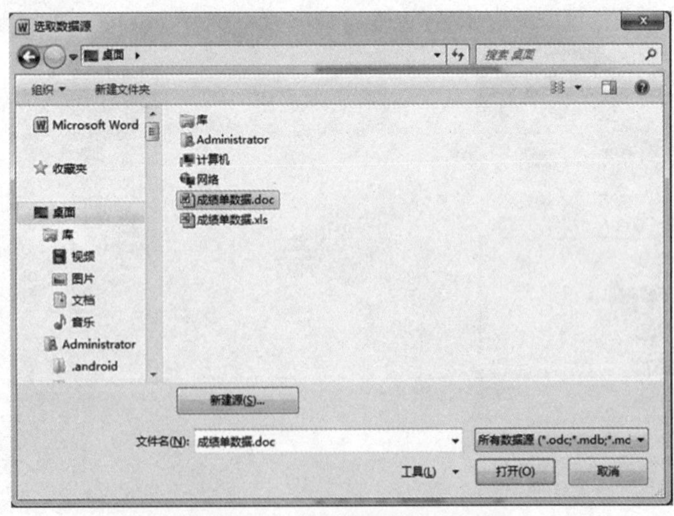

图 2-74　“选择数据源”对话框

步骤 6：选择收件人。在出现的“邮件合并收件人”对话框中，如图 2-75 所示。根据需要选择收件人。本例收件人设置为全选。单击“全选”按钮，再单击“确定”按钮即可。

步骤 7：使用现有列表。返回“邮件合并”第三步任务窗格，单击“下一步：撰写信函”文字链接，如图 2-76 所示。

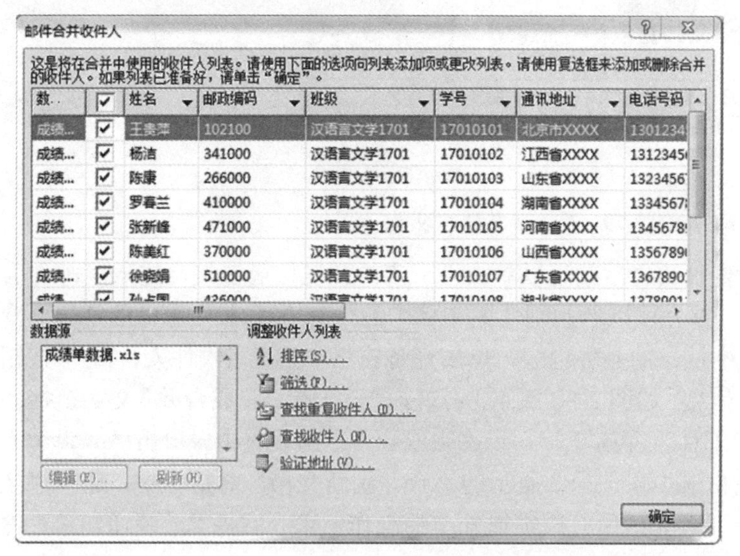

图 2-75　“邮件合并收件人”对话框

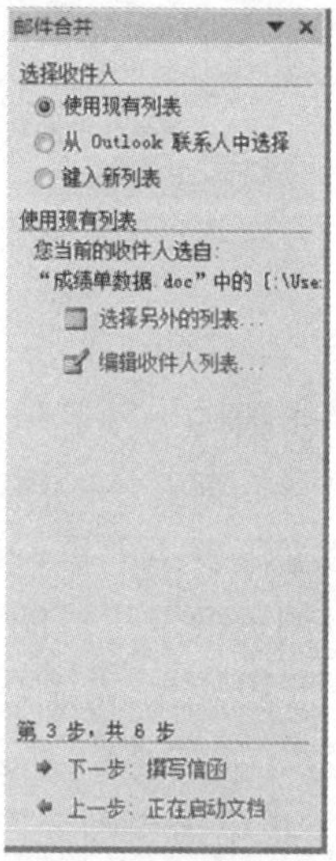

图 2-76　使用现有列表

步骤 8：撰写信函。在如图 2-77 所示的“撰写信函”窗格选项中选择“其他项目”，则弹出如图 2-78 所示的“插入合并域”对话框。在此对话框中，选择所需的域名并将其插入到相应位置。可以看到从数据源中插入的字段都被用“《 》”符号括起来，以便和文档中的普通内容相区别，如图 2-79 所示。

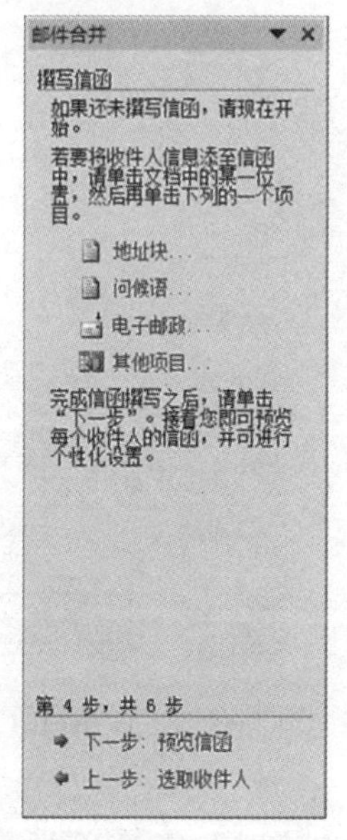

图 2-77　“撰写信函”窗格

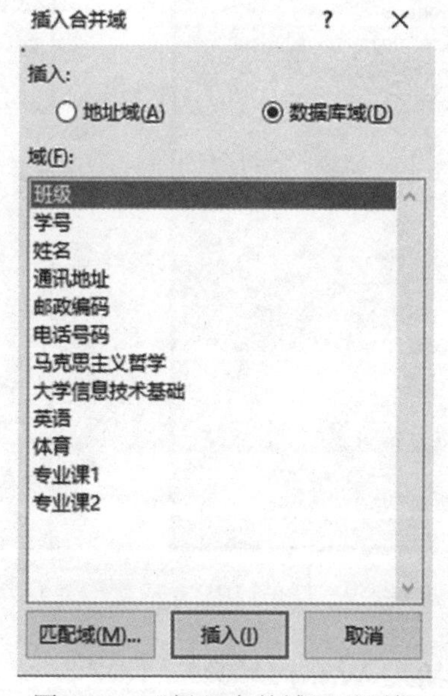

图 2-78　“插入合并域”对话框

XXXXXX 学校学生成绩通知单

«姓名» 同学（学号：«学号»），你在我校 201 —201 学年第二学期的学习情况如下：

201 —201 学年第二学期成绩情况						
科目	马克思主义哲学	大学信息技术基础	英语	体育	专业课 1	专业课 2
成绩	«马克思主义哲学»	«大学信息技术基础»	«英语»	«体育»	«专业课 1»	«专业课 2»

如有补考的科目，请认真准备，补考时间定于下学期开学后的第一、二周举行。

图 2-79　插入合并域的设置

步骤 9：预览信函。检查确认之后就可以单击下一步：预览信函链接，进入“邮件合并向导”第五步：预览信函。首先可以看到刚才主文档中的带有“《 》”符号的字段，变成数据源表中的第一条记录中信息的具体内容，单击任务窗格中的“《收件人：1》”按钮可以浏览批量生成的其他点信息。如图 2-80 所示。再单击“下一步：完成合并”文字链接。

步骤 10：完成合并。在邮件合并向导第六步“完成合并”的设置中，单击“编辑个人信函”，如图 2-81 所示。在弹出的如图 2-82 所示的“合并到新文档”对话框中，选择“全部”，再单击“确定”按钮，即可完成所有成绩通知单的制作，完成后将“成绩通知单”保存在相应位置。

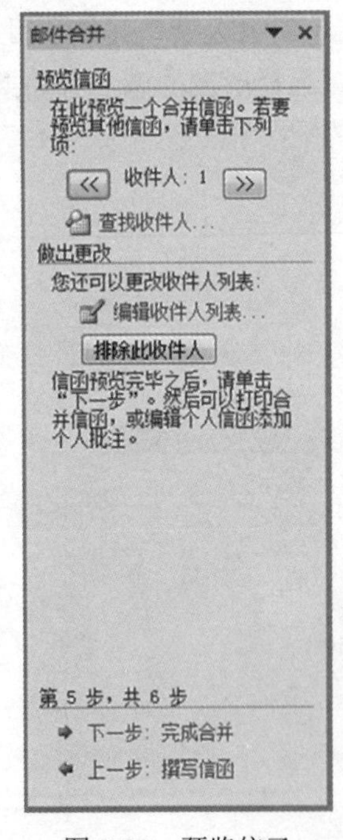

图 2-80　预览信函

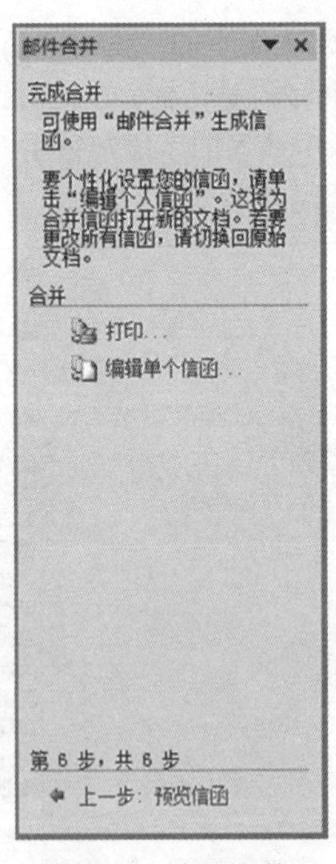

图 2-81　完成合并

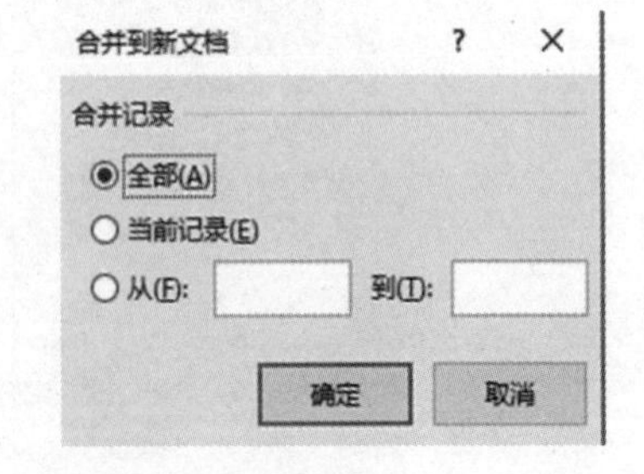

图 2-82　“合并到新文档”对话框

七、插入 Word 域

有时我们需要给不同的收件人发去内容大体一致，但是有些地方有区别的邮件。例如，有些成绩通知单需给出学生的评语，这就需要根据不同的分数，写上不同的内容，例如低于 60 分的科目，在成绩后面注明“补考”。其效果如图 2-83 所示。要实现用同一个主文档和数据源合并出不同的邮件，可在邮件中需出现不同文字的地方插入“插入 Word 域”中的“if…then…else(I)…”。

XXXXXX 学校学生成绩通知单

钟贞云 同学（学号：11010110），你在我校 201 —201 学年第二学期的学习情况如下：

201 —201 学年第二学期成绩情况						
科目	马克思主义哲学	大学信息技术基础	英语	体育	专业课 1	专业课 2
成绩	52（补考）	80	81	87	66	67

如有补考的科目，请认真准备，补考时间定于下学期开学后的第一、二周举行。

图 2-83　插入 word 域的效果

步骤 1：在邮件合并向导任务窗格中，返回邮件合并第 4 步，单击“邮件”|“插入合并域”命令，将打开插入合并域下拉菜单，如图 2-84 所示。

步骤 2：将插入点定位到“《马克思主义哲学》”字段后，单击邮件栏中“规则”，选择下级菜单中的“if…then…else(I)…”，弹出如图 2-85 所示的对话框，在“域名”下选择“班级”，在“比较条件”下选择“等于”，在“比较对象”文本框中输入“60”，“则插入此文字”中输入“(补考)”，单击“确定”按钮。

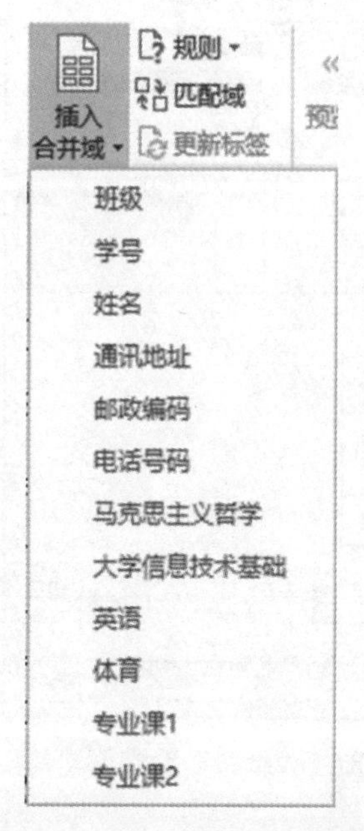

图 2-84　插入合并域下拉菜单

图 2-85　“插入 word 域”对话框

步骤 3：对于其他字段也做同样处理，所有字段设置好后，继续执行邮件合并向导，完成邮件合并。这样就实现了用一个主文档和一个数据源合并出不同内容的邮件来。

八、页面设置及打印预览

在打印文档之前，首先要进行页面设置。主要包含以下项目的设置

1） 设置页边距。单击菜单栏中“文件”|“页面设置”命令，打开“页面设置”对话框。在“页边距”选项卡下，有页边距选项和纸张的方向选项等，如图 2-86 所示，根据排版需要进行设置。

2） 设置纸张大小。在“页面设置”对话框中，单击“纸张”选项卡，切换到“纸张”选项卡对话框。根据本例实际，采用 32 开纸较为合适，如图 2-87 所示。或者选择“自定义大小”，宽度设置为 21 厘米，高度设置为 14.5 厘米，这个尺寸相当于 A4 纸的一半大小，同时页边距中的方向设置为“纵向”。

3） 打印预览。在打印之前，为了确保文档的打印效果符合要求，用户可以单击“文件”|“打印预览”命令，进入打印预览视图。在预览过程中，可单击“打印预览”工具栏中的相应按钮，即可对预览窗口进行各种查看和设置。查看完毕后，单击“打印预览”工具栏中的“关闭”按钮，关闭预览窗口。

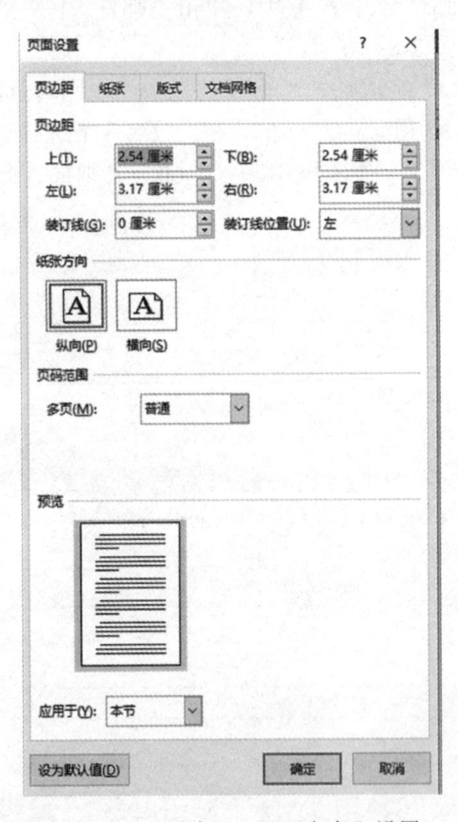

图 2-86 “页边距”及“方向”设置

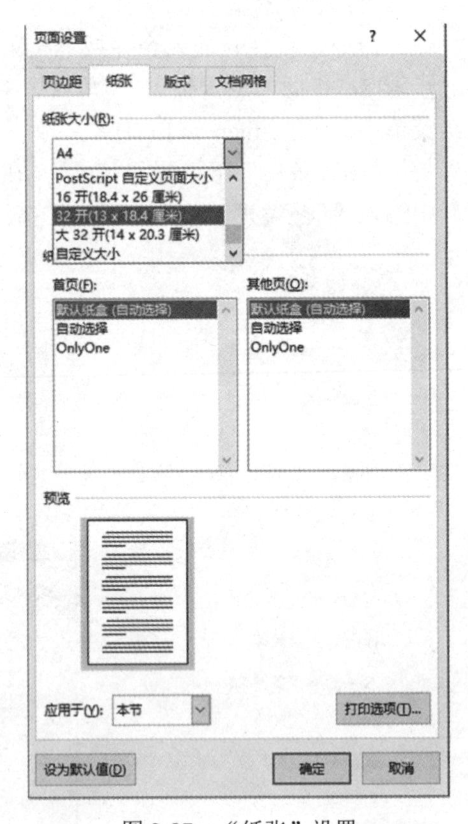

图 2-87 “纸张”设置

九、打印设置

预览完毕后，如果觉得满意，就可以打印文档了。单击“文件”|“打印”命令，弹出“打印”对话框。在该对话框中可进行以下栏目的设置。

1） 打印机的选择。如果电脑中安装了多台打印机，可在“打印机”栏中单击下拉列表框，再根据需要选择不同的打印机，如图 2-88 所示。

2） 打印指定的页。在“页面范围”栏中，如果不是打印全部页面或当前页面，可选择“页码范围”选项，并输入需要打印的页码，页码之间用逗号隔开，若需打印连续多页，可以按“起始页码-终止页码”格式输入页码即可，如图 2-89 所示。

图 2-88　打印机的选择

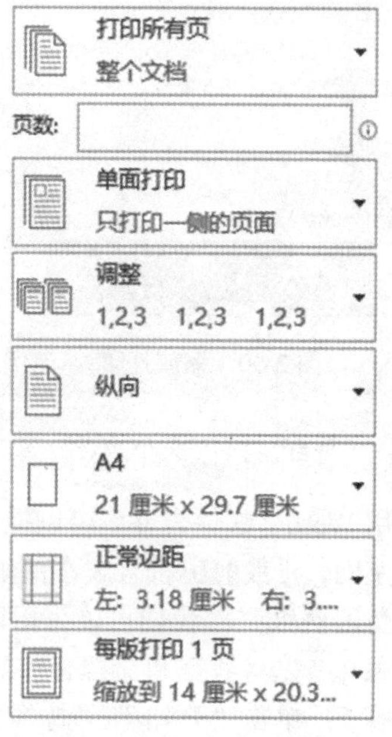

图 2-89　“打印”设置

3） 在一页纸上打印多页内容。有时候为了节省纸张，可以把几页内容打印在一页纸上。这时，可单击“缩放”栏中“每页的版数”下拉列表，选择需要的版数，选择几版就是将几页打印在一页上，如图 2-90 所示。

4） 缩放打印。有时文档页面大小设置不一定和现有的纸张大小符合，此时若改变纸张大小可能会造成排版混乱，为了避免重新设置页面的麻烦，可以在打印时进行缩放。这时，可单击“缩放”栏中的“按纸张大小缩放”下拉列表框，在弹出的下拉列表中选择与现有纸张大小符合的纸张。如图 2-90 所示。

5） 打印副本。若一份文件只有 1 页，要打印多份，则可在“副本”栏中输入需要的份数。若一份文件有几十页，打印份数多的时候，勾选“逐份打印”复选框。完成文件的打印，便于文件装订。

6） 逆序打印。逆序的功能是从文档的最后一页开始打印，最后打印文档的第一页。这样，文档最后一页在下面，第一页在最上面，免去了整理文档的麻烦。这时，可单击“选项”按钮，弹出“选项”对话框，在“打印”选项卡中，勾选“逆页序打印”复选框。

7） 打印背景色和图像。无论背景色和图像设置得多么漂亮，在默认情况下，word 是不打印背景色和图像的。要想打印，可单击“选项”按钮，弹出“选项”对话框，在“显示”选项卡中，对打印进行相关设置。如图 2-91 所示。

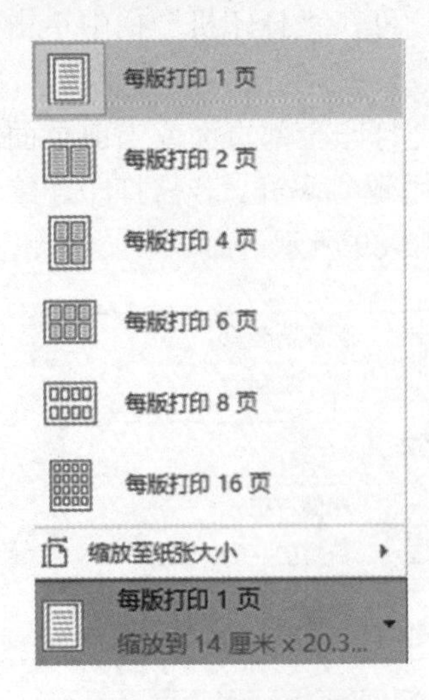

图 2-90　缩放打印

打印选项

☑ 打印在 Word 中创建的图形(R)
☐ 打印背景色和图像(B)
☐ 打印文档属性(P)
☐ 打印隐藏文字(X)
☐ 打印前更新域(F)
☐ 打印前更新链接数据(K)

图 2-91　打印背景色和图像以及逆页序打印

十、用一页纸打印多个邮件

利用 Word“邮件合并”可以批量处理和打印邮件，很多情况下我们的邮件很短，只占几行的空间，要裁剪出符合大小的纸张，工作量太大，通常我们都采用默认的 A4 纸打印，为了避免浪费纸张。我们可以采用以下方法来将多个邮件打印到一页纸上。

步骤 1：先将数据和文档合并到新建文档，

步骤 2：单击“开始”|“替换”命令，在查找栏中输入“^b”即分节符，替换栏中输入“^l”即人工换行符。(注意此处是小写英语字母 l，不是数字 1)。单击“全部替换”，此后，就可在一页纸上印出多个邮件来。如图 2-92 所示。

XXXXXX 学校学生成绩通知单

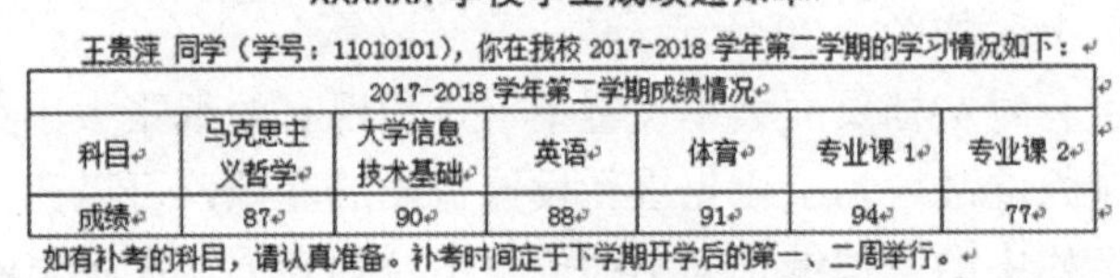

王贵萍 同学（学号：11010101），你在我校 2017-2018 学年第二学期的学习情况如下：

2017-2018 学年第二学期成绩情况						
科目	马克思主义哲学	大学信息技术基础	英语	体育	专业课 1	专业课 2
成绩	87	90	88	91	94	77

如有补考的科目，请认真准备。补考时间定于下学期开学后的第一、二周举行。

XXXXXX 学校学生成绩通知单

杨洁 同学（学号：11010102），你在我校 2017-2018 学年第二学期的学习情况如下：

2017-2018 学年第二学期成绩情况						
科目	马克思主义哲学	大学信息技术基础	英语	体育	专业课 1	专业课 2
成绩	91	94	92	89	92	79

如有补考的科目，请认真准备。补考时间定于下学期开学后的第一、二周举行。

XXXXXX 学校学生成绩通知单

陈康 同学（学号：11010103），你在我校 2017-2018 学年第二学期的学习情况如下：

2017-2018 学年第二学期成绩情况						
科目	马克思主义哲学	大学信息技术基础	英语	体育	专业课 1	专业课 2
成绩	85	88	86	85	88	85

如有补考的科目，请认真准备。补考时间定于下学期开学后的第一、二周举行。

图 2-92　用一页纸打印多个邮件

▶▶ 2.4.4 任务小结

通过任务“成绩通知单的制作与发送”的全过程，学习了在什么情况下使用邮件合并，以及如何进行邮件合并，同时介绍了 Word 2010 的一些基本操作，如排版、表格的制作，设置水印背景等。通过本章的学习，相信大家应该能更高效地完成许多复杂而又重复的工作。

▶▶ 2.4.5 课后练习

1. 结合通讯录数据表（如图 2-93 所示）制作信封。

姓名	性别	职称	单位名称	邮编	地址	寄件人地址	寄件人姓名	寄件人邮编
李文静	女	教授	北京大学	100871	北京市海淀区颐和园路5号	北京语言大学	王军	100083
刘伟伟	男	副教授	中山大学	510000	广州市海珠区新港西路188号	北京语言大学	王军	100083
杜琴思	女	教授	北京交通大学	100044	北京市海淀区上园村3号	北京语言大学	王军	100083
杨晨	女	副教授	北京师范大学	100875	北京市新街口外大街19号	北京语言大学	王军	100083
汪念	女	教授	北京语言大学	100083	北京市海淀区学院路15号	北京语言大学	王军	100083
张银鹏	女	副教授	北京师范大学	100875	北京市新街口外大街19号	北京语言大学	王军	100083
何安心	男	副教授	北京师范大学	100875	北京市新街口外大街19号	北京语言大学	王军	100083
何莉	女	教授	北京师范大学	100875	北京市新街口外大街19号	北京语言大学	王军	100083
邱阳	男	教授	北京理工大学	100081	北京海淀区中关村南大街5号	北京语言大学	王军	100083
黄祯	女	教授	首都师范大学	100048	北京市西三环北路105号	北京语言大学	王军	100083
孙波	男	副教授	首都师范大学	100048	北京市西三环北路105号	北京语言大学	王军	100083

图 2-93　通讯录数据表

利用 Word 2010 的“中文信封向导”不仅可以批量生成漂亮的信封，而且可以批量填写信封上的各项内容(信封模板如图 2-94 所示)，实现信封批处理。完成效果如图 2-95 所示。

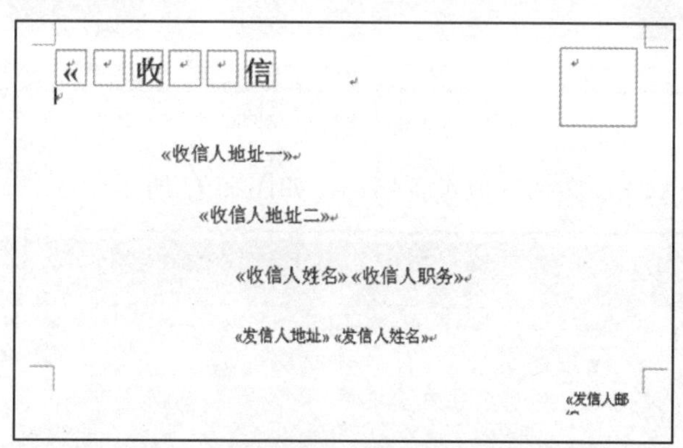

图 2-94　信封模板

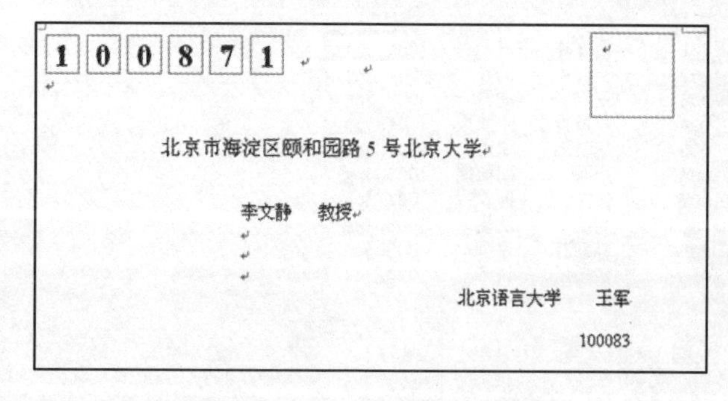

图 2-95　中文信封完成效果图

2. 制作员工工牌

步骤：

1） 将所有员工的照片放在指定的文件夹中，照片以员工工号命名。如图 2-96 所示。

图 2-96　照片文件夹

2） 建立一个 EXCEL 文档存放员工信息。如图 2-97 所示。

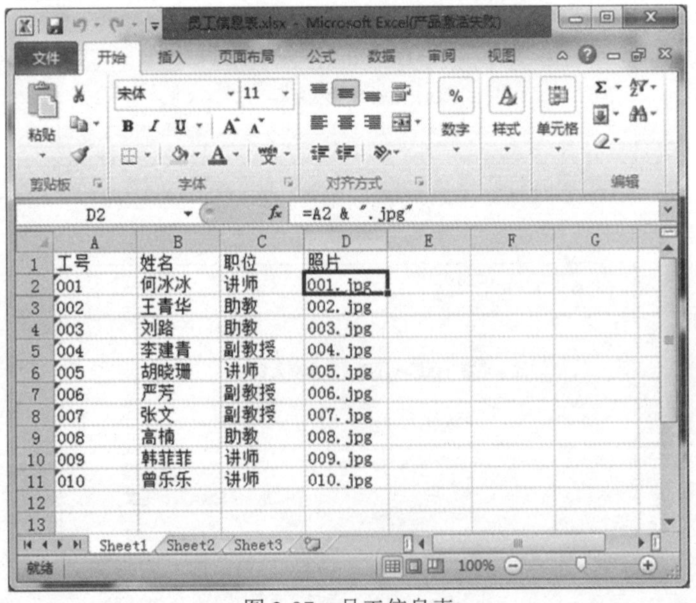

图 2-97　员工信息表

3） 在 WORD 中创建一个员工工牌的模板文件。如图 2-98 所示。

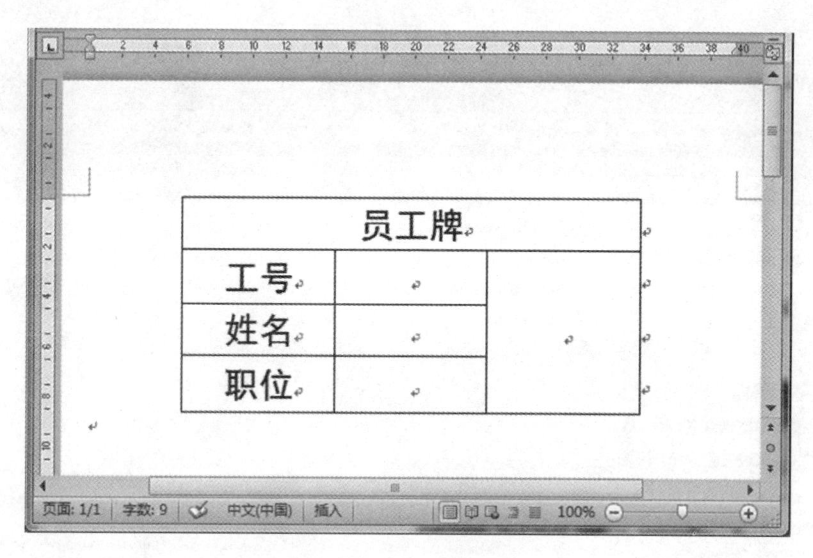

图 2-98　员工工牌模板

4） 并将所有准备好的文档放在同一个文件夹中

5） 在 WORD 中，利用邮件合并功能链接 EXCEL 数据源。选择[邮件]－[选择收件人]－[使用现有列表]。如图 2-99 所示。

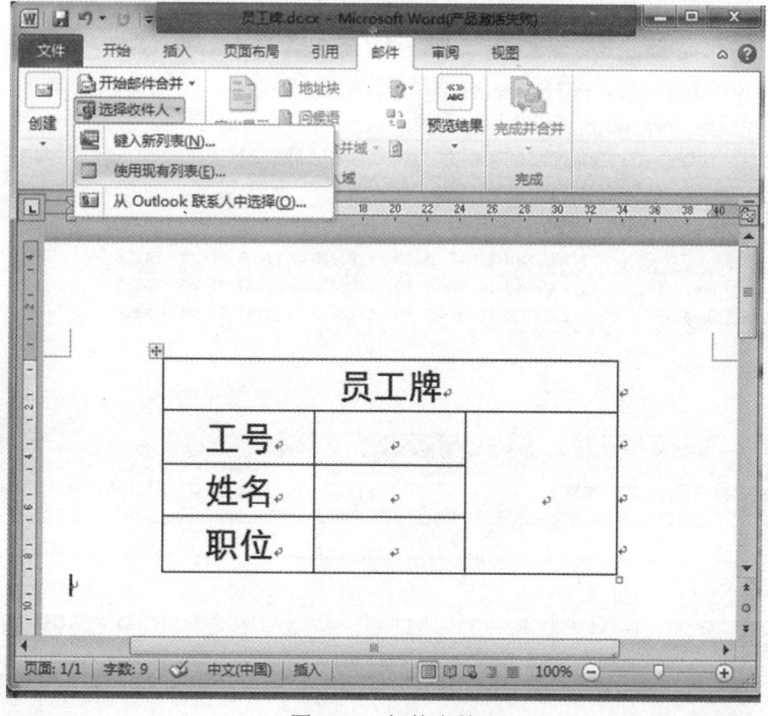

图 2-99　邮件合并

6） 打开选取数据源对话框，选择“员工信息表”并单击“打开”按钮。如图 2-100 所示。

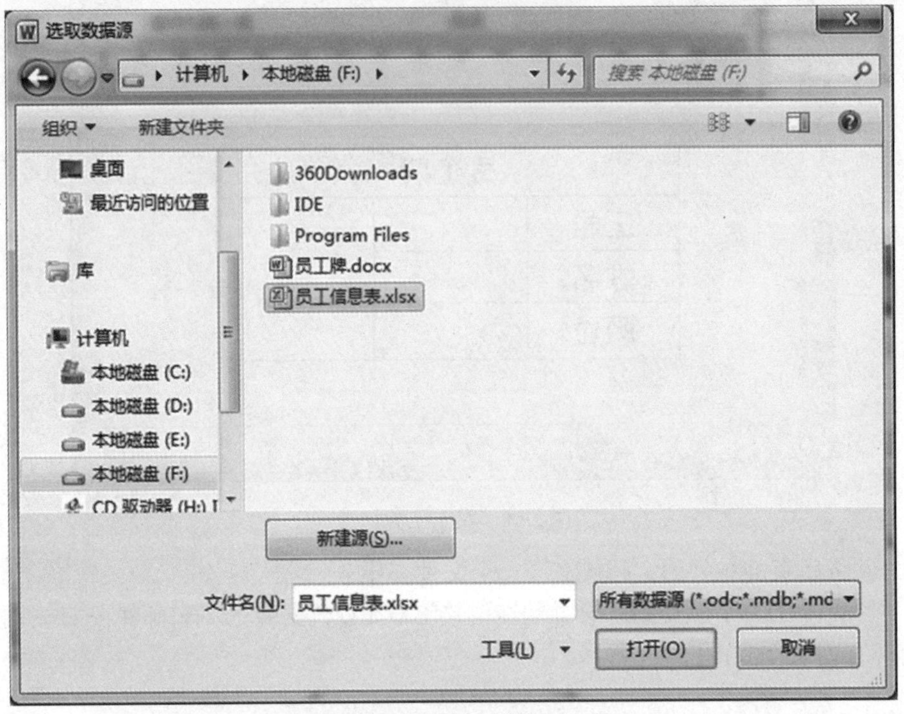

图 2-100　打开数据源

7） 在打开的数据源中选择 Sheet1。如图 2-101 所示。

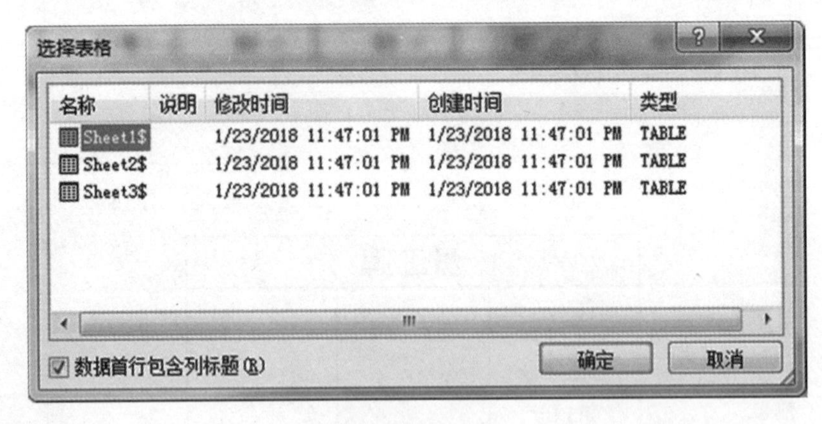

图 2-101　选择表格

8） 插入合并域，选择[邮件]工具栏中[插入合并域]命令，将数据域依次放到表格。如图 2-102 所示。

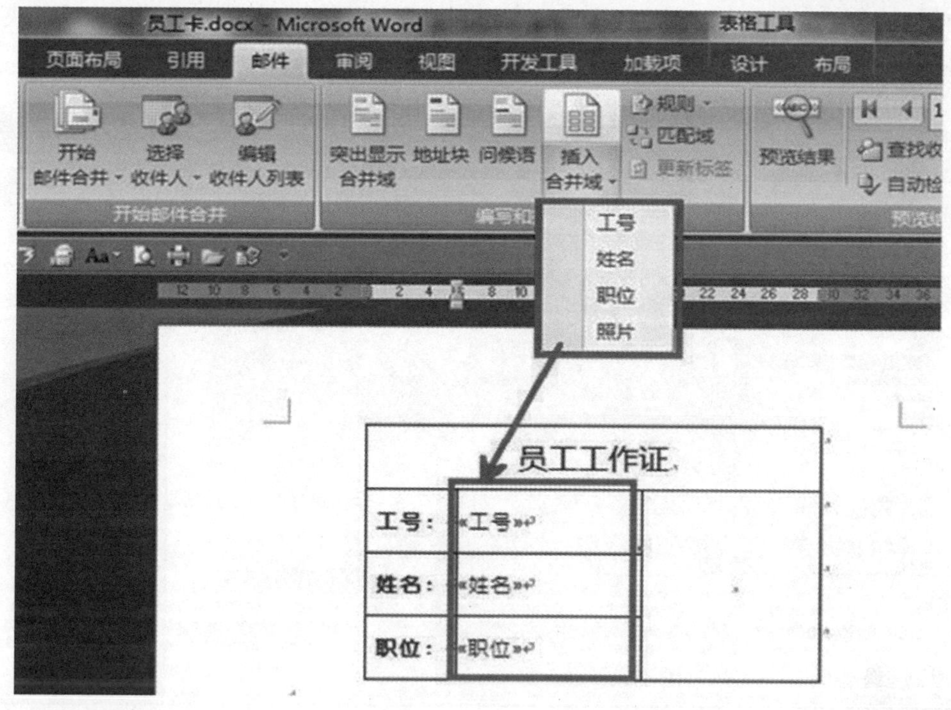

图 2-102　插入合并域

9） 然后导入照片，单击 WORD 文档中照片位置，打开[插入]工具栏，选择[文档部件]中的[域]。如图 2-103 所示。

图 2-103　选择域

10）　在[域]对话框中选择“IncludePicture”域，域属性中可填入照片所在文件夹，单击“确定”按钮。如图 2-104 所示。

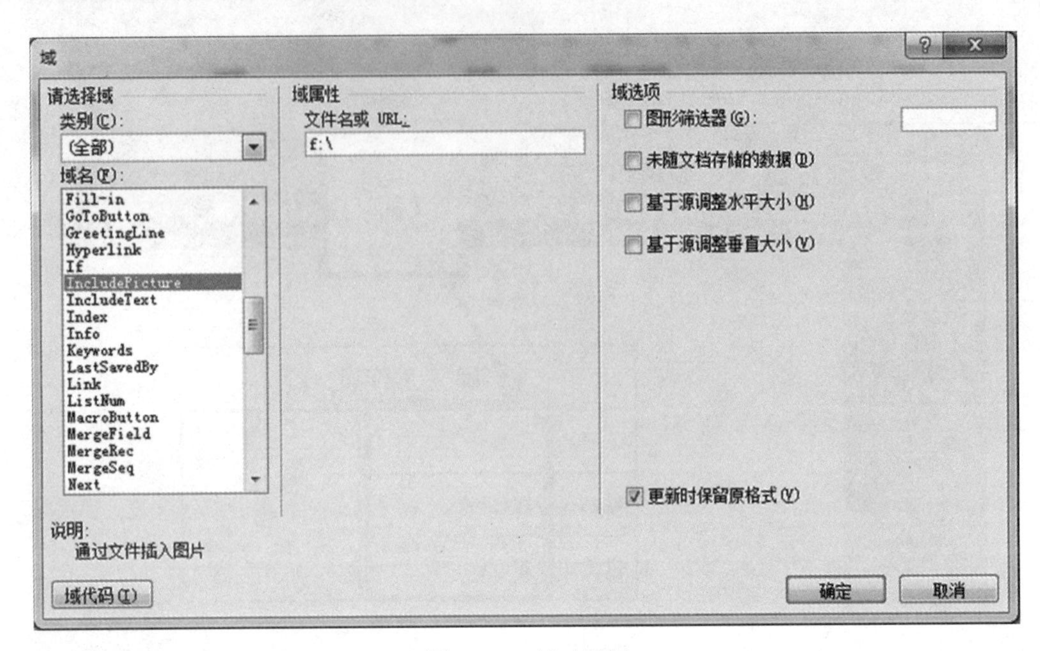

图 2-104　域对话框

11）　此时，照片控件与 EXCEL 表格中的照片列并没有建立关联，我们需要修改域代码，按 ALT+F9 组合键切换。如图 2-105、2-106 所示。

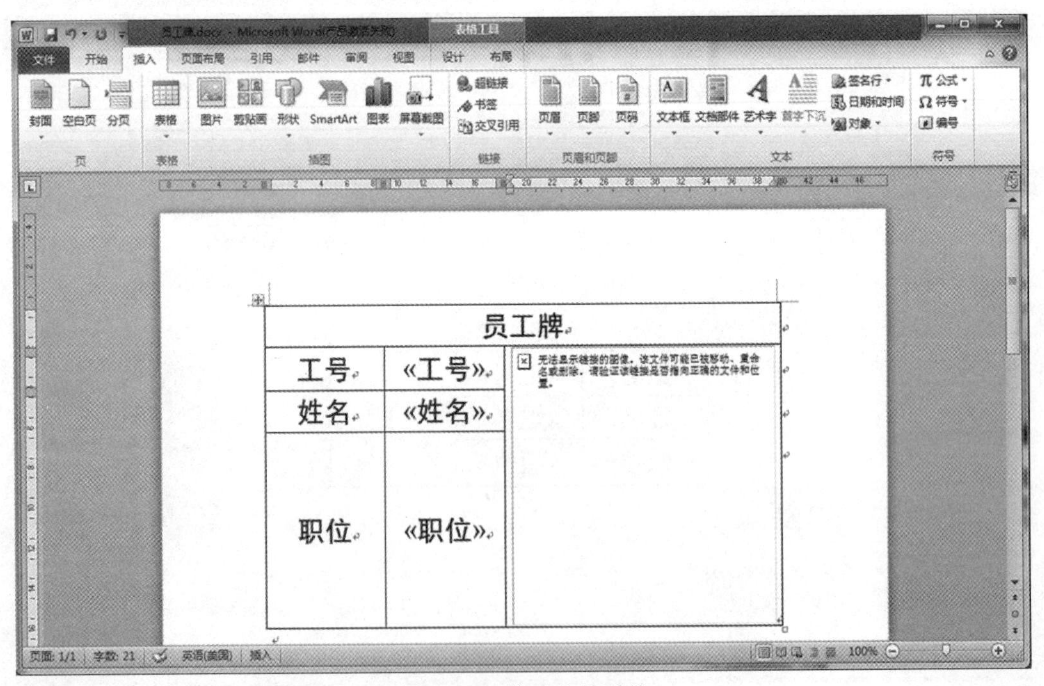

图 2-105　未建立关联前

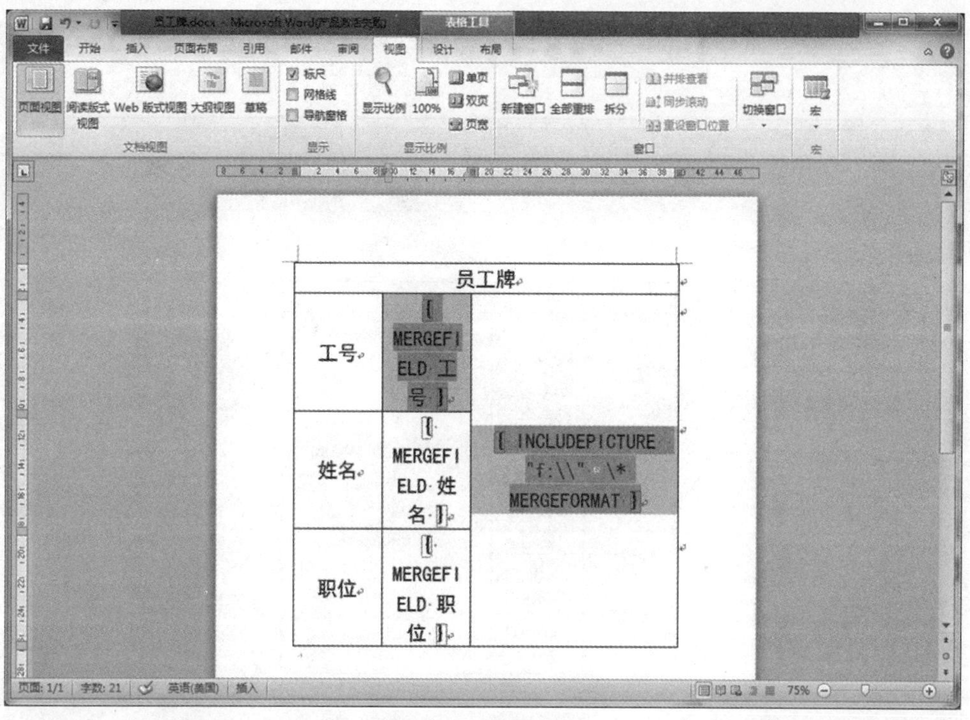

图 2-106　插入代码

12） 将[插入合并域]中的照片插入到光标所示位置。如图 2-107、2-108 所示。

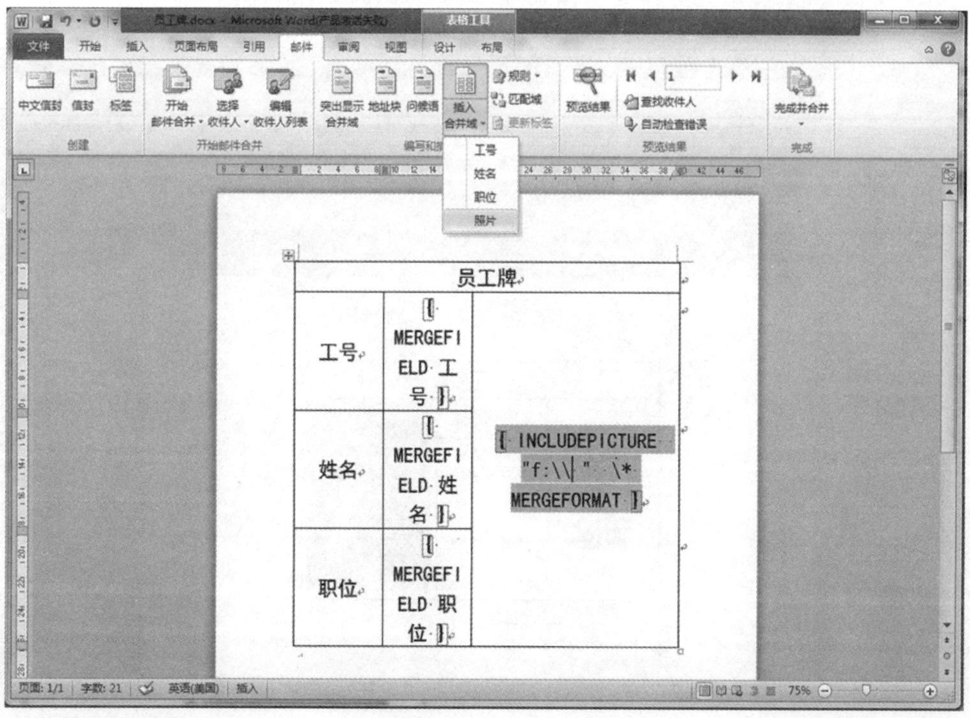

图 2-107　设定照片位置前

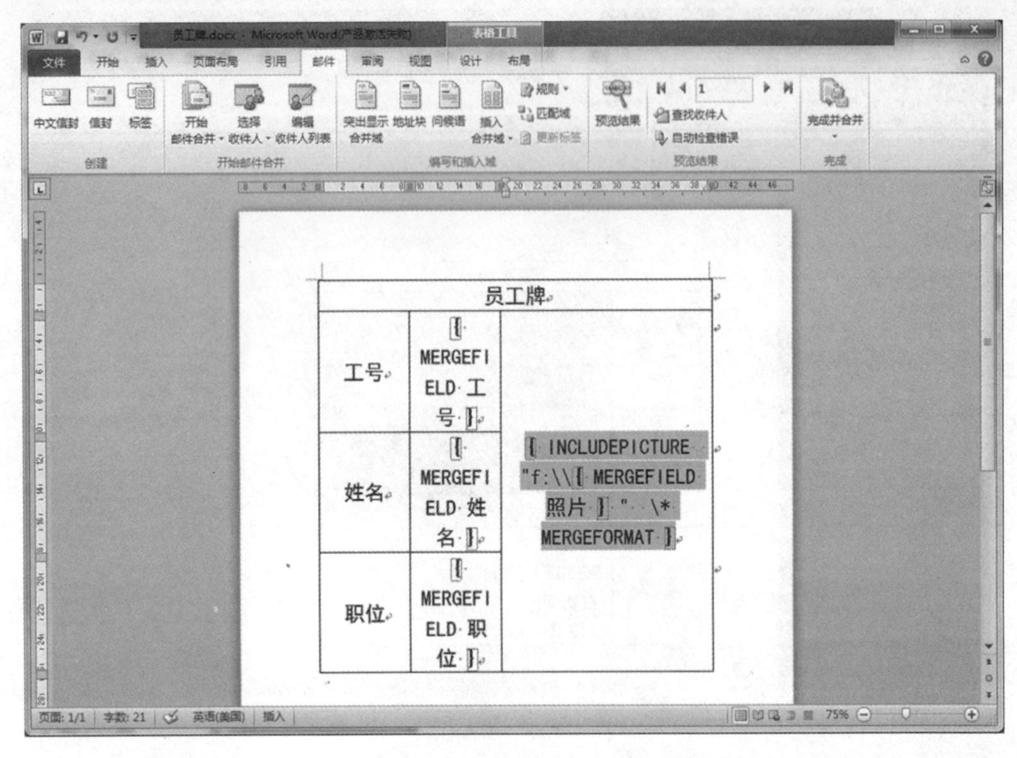

图 2-108　设定照片位置后

13） 再按 Alt+F9 组合键切换，按 F9 键刷新。如图 2-109 所示。

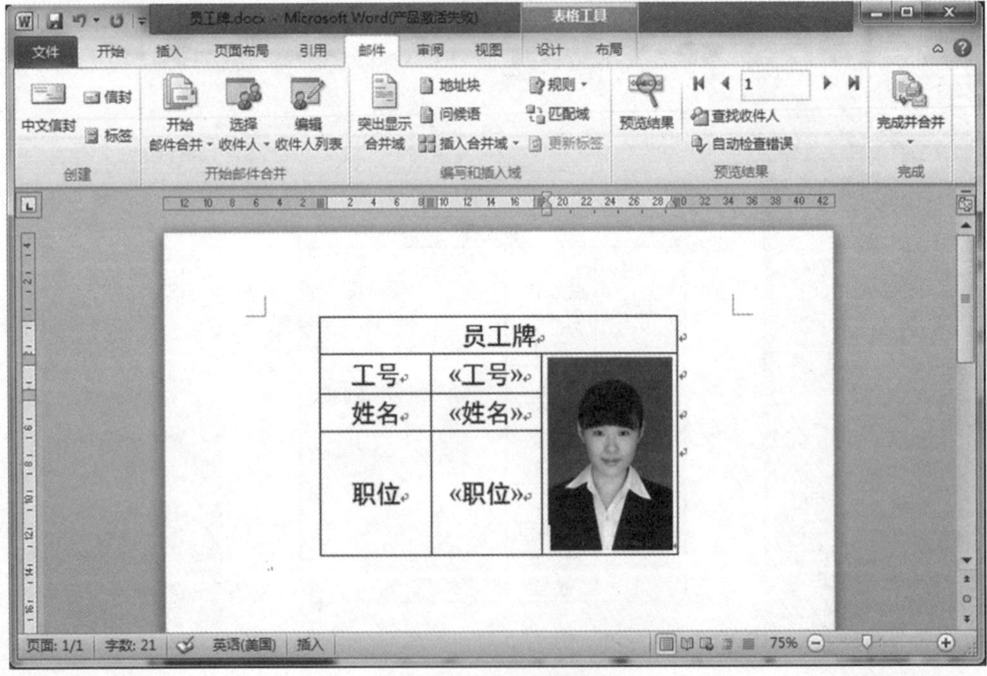

图 2-109　刷新数据后

14）最后，选择[邮件合并]－[完成并合并]－[编辑整个文档]，查看合并效果。按 Ctrl+A 组合键，按 F9 键刷新即可。如图 2-110 所示。

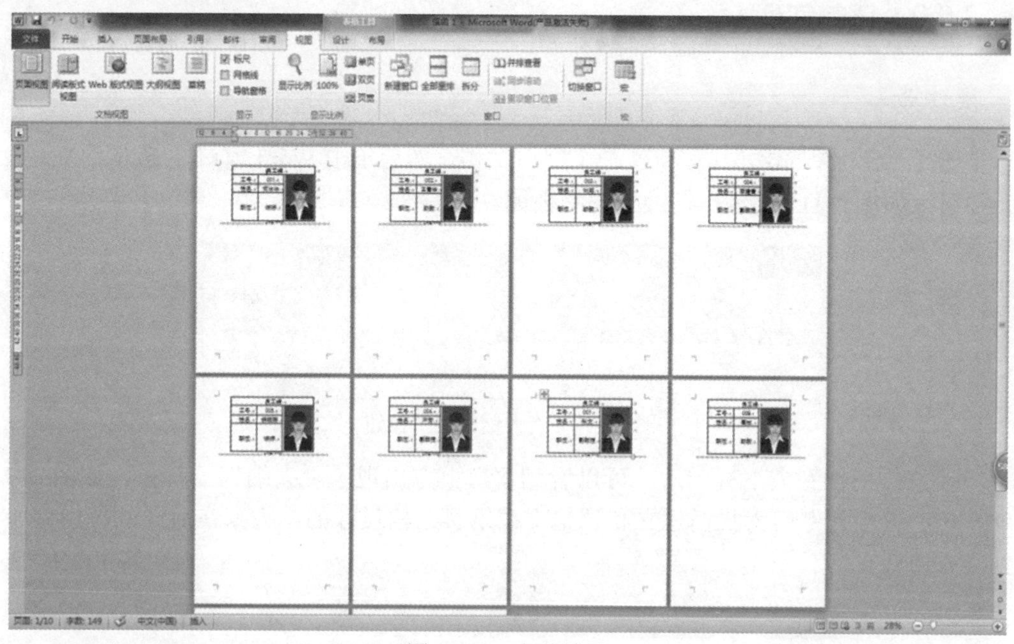

图 2-110　合并效果

2.5　任务 4“毕业论文排版”

2.5.1　任务背景

文字、表格、图形、图片、段落等文档的元素都可以使用样式来进行编辑。使用样式，而不是直接使用格式，可以轻松地在整个文档中一致应用一组格式选项。文字与段落是一篇文档的主题，表格和列表也是由文字和段落组成的。文字和段落样式的设定能够让文档内容更为整齐规范，而且内容编排更为便利。文字和段落的样式主要是规范字体、段落格式等。文字与段落样式允许保存样式信息以备下次使用，而且每种样式都有唯一的样式名加以区分，同时可以设定快捷键。

利用样式对格式杂乱的毕业论文进行编辑，以达到文章内容格式统一、规范、美观的效果。

2.5.2　任务分析

论文原文是没有任何格式的文章，需要用各种样式对文章进行设置。使用样式的好处是，当论文中某些部分格式需要修改时，不需要对每个部分进行格式的设置，只要修改相应的样式就会将应用该样式的部分格式统一修改好。

此次对文章的主要设置是分别设置并应用标题 1、标题 2、标题 3 样式，完成论文格式的设置，在论文前面插入目录等操作。

▶▶ 2.5.3　任务实现

一、操作步骤

步骤 1：启动 Word 2010，新建一个空白文档，然后单击 Word 窗口左下方的“大纲视图”按钮，如图 2-111 所示，切换到大纲视图。

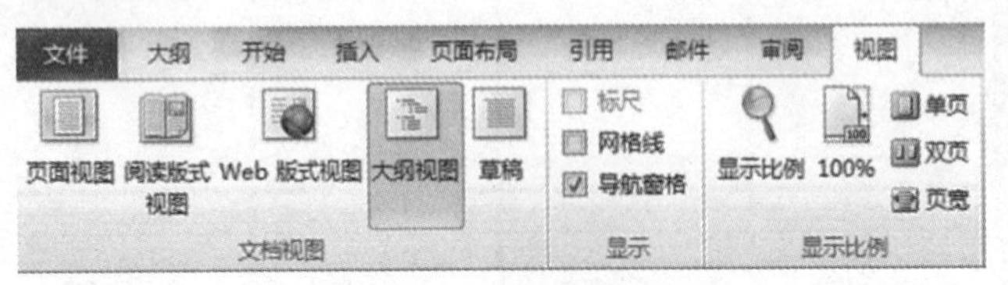

图 2-111　“大纲视图”按钮

步骤 2：切换到大纲视图后，可以看到窗口上方出现了“大纲”工具栏，如图 2-112 所示。该工具栏是专门为我们建立和调整文档纲目结构设计的，大家在后面的使用中将体会到其方便性。

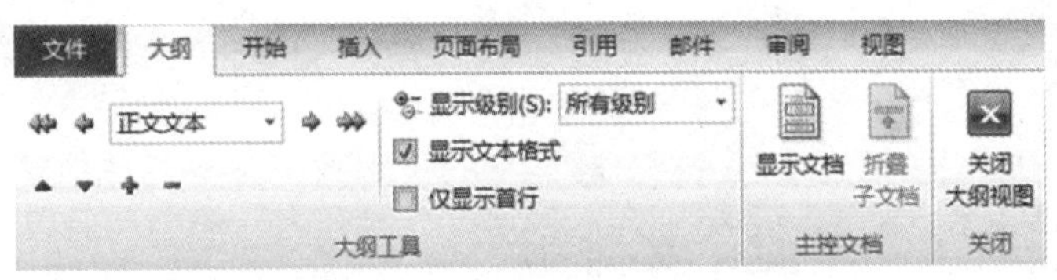

图 2-112　“大纲”工具栏

步骤 3：接下来我们输入一级标题，可以看到输入的标题段落被 Word 自动赋予“标题 1”样式，如图 2-113 所示，Word 为什么会这样做呢？原因在于，这节省了我们用常规方法处理文档时手动设置标题样式的时间。假设我们文档很长，标题段落很多的时候，就很容易体会到 Word 这个自动化的好处了。

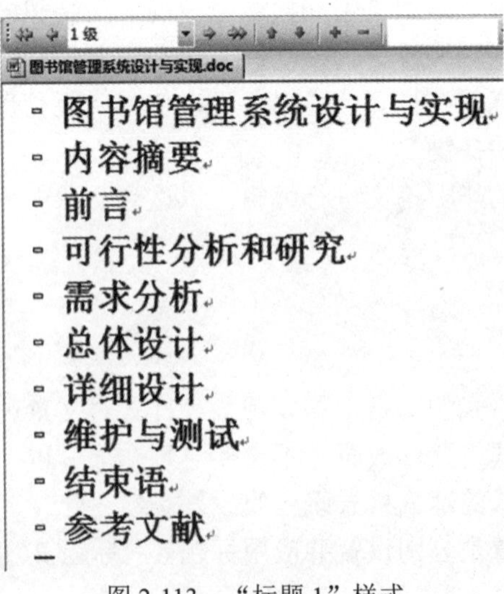

图 2-113　“标题 1”样式

步骤 4：接下来我们输入文档的二级标题，将插入点定位于“前言”段落末尾，按下回车后得到新的一段，如果直接输入你会发现 Word 仍然把它当成一级标题。用什么方法告诉 Word 现在输入的是二级标题呢？方法一是按下键盘“Tab”键，方法二是单击“大纲”工具栏的“降低”按钮，如图 2-114 所示。执行其中任何一个操作后可以看到段落控制符（就是段落前面的小矩形）向右移动一格，表示该标题段落降了一级，如图 2-115 所示。

图 2-114　“大纲”工具栏的“降低”按钮

图书馆管理系统设计与实现
内容摘要
前言
可行性分析和研究

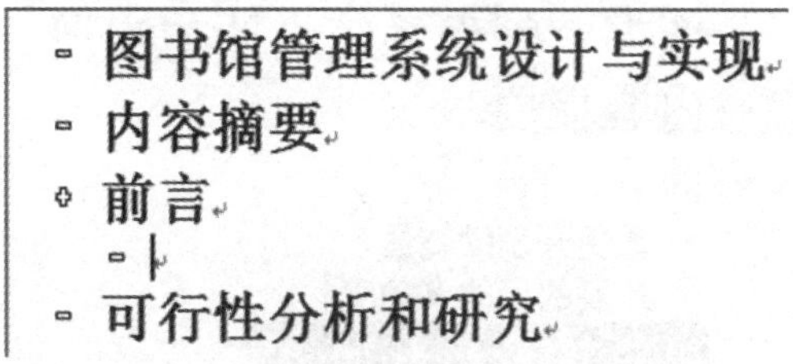

图 2-115　降了一级后的标题段落

步骤 5：接着输入“前言”的下属二级标题段落“课题开发的背景”，回车后 Word 默认新得到的一段为“二级标题”段落，因此我们可以直接输入“开发的目的和意义”，用同样的方法输入下面的其他章节。

步骤 6：进行到这里，相信大家可以用相同的方法输入“可行性分析和研究”“需求分析”等一级标题段落的下属段落了。请大家参照提供的最终效果文件，把剩余的二级标题段落输入。当然，你会发现 Word 也自动为二级标题段落赋予“标题 2”样式。在实际工作中，你也许有更多的标题等级，后面标题等级的处理以此类推，Word 内置了“标题 1”到“标题 9”9 个标题样式，可以处理大纲中出现的一级标题到九级标题，已足够使用。

步骤 7：当你把所有的二级标题输入完成后，可以发现凡是含有下属标题的一级标题段落前面的段落控制符有由原来的小矩形变成十字形，如图 2-116 所示。

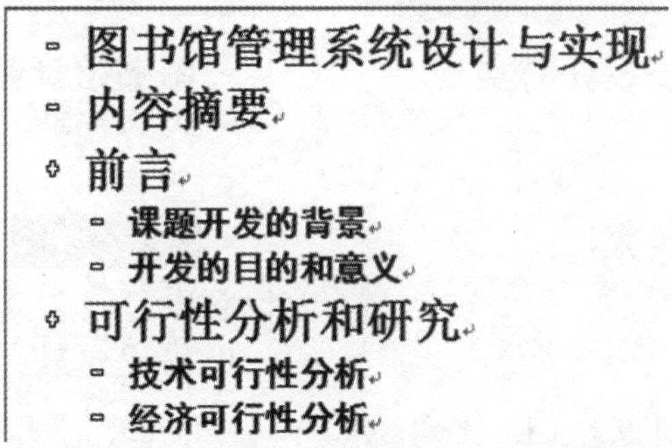

图书馆管理系统设计与实现
内容摘要
前言
课题开发的背景
开发的目的和意义
可行性分析和研究
技术可行性分析
经济可行性分析

图 2-116　所有二级标题输入完成后的标题段落

步骤 8：为什么让这些符号成为段落控制符呢？现在用鼠标指针单击一下“前言”前面的段落控制符，可以发现该段落它的下属段落被选中；双击“可行性分析和研究”前面的段落控制符，可以看到它的下属段落被折叠，如图 2-117 所示。再双击一下又可将其展开。可见这个小小的符号，在我们需要进行相关的操作控制时，为我们带来了不少方便。

步骤 9：前面提到的“折叠”的一个用途为，将所有含有下属标题的一级标题段落折叠，我们更容易观看整个文档的一级标题纲要。当然，更方便的方法是使用“大纲”工具栏上的“显示级别”命令，比如我们想看看文档的一级标题，则单击“显示级别”下拉按钮，在弹出的列表中选择“显示级别 1”即可，如图 2-118 所示。

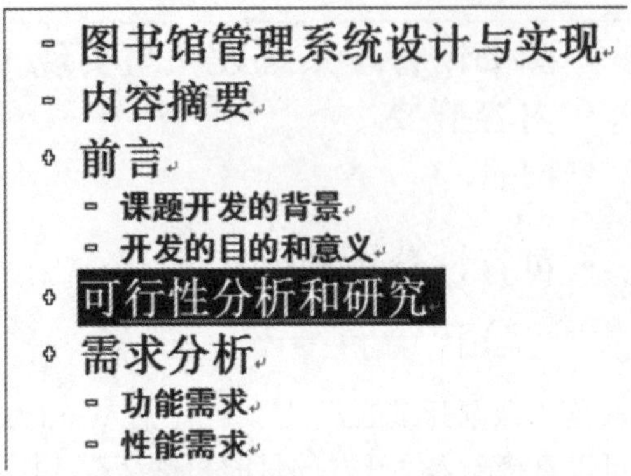

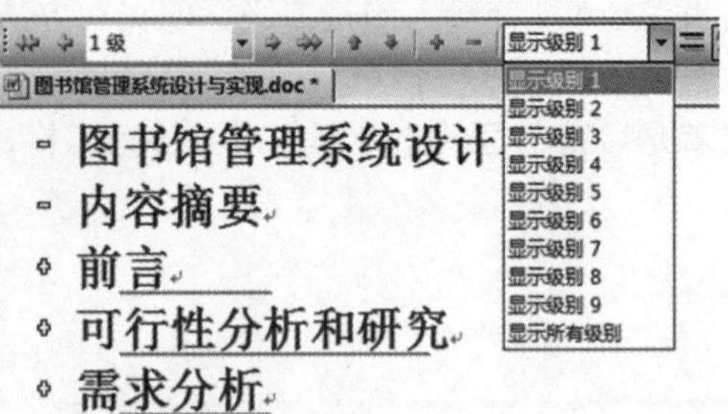

图 2-117　部分下属段落被折叠的标题段落

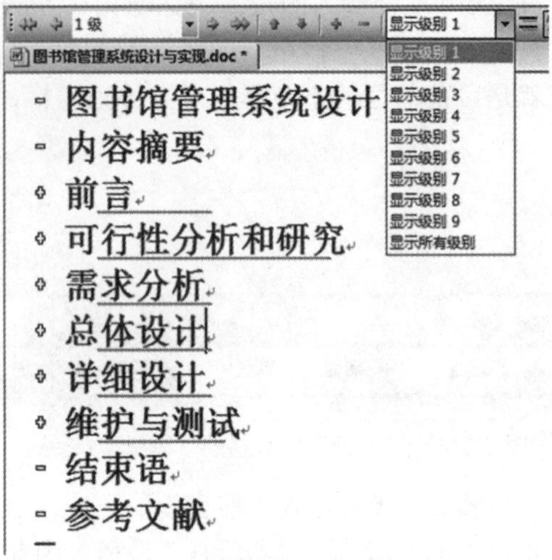

图 2-118　“显示级别 1”的标题段落

在上面的任务文件中，假设我们想把“需求分析”及其下属段落移动到“可行性分析和研究”段落之前。为了让“需求分析”及其下属段落能够被整体移动，于是先双击一下它前面的段落控制符，把它折叠起来。同时，也把“可行性分析和研究”段落折叠，这样可以直接把“需求分析”整体段落移动到“可行性分析和研究”一级标题之前。

把它们都折叠好后，单击“大纲”工具栏的“上移”按钮如图 2-119 所示，即可完成移动，如图 2-120 所示。

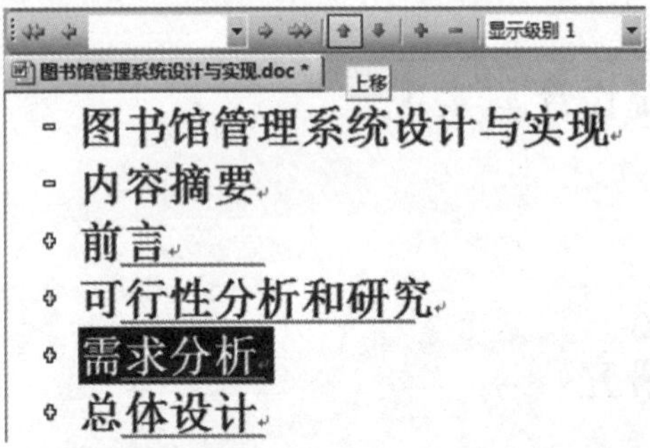

图 2-119　“大纲”工具栏的“上移”按钮

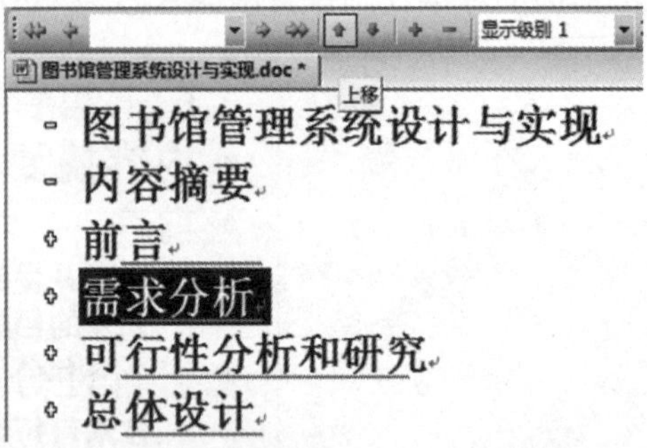

图 2-120　“上移”操作后的标题段落

通过这个操作大家可以体会一下折叠的好处，同时类似的移动操作，都可以仿照进行。

下面来练习更改级别的操作。基本方法为：先选中需要更改级别的段落，然后通过“大纲”工具栏的按钮操作。

假设我们想把“图书馆管理系统设计与实现”段落的级别改为“正文文本”，以便让它作为文档名称，这样在后面的多级标题编号时，它就不会被编号。先选中“图书馆管理系统设计与实现”段落，然后单击“大纲”工具栏上的“降为‘正文文本’”按钮即可，如图 2-121 所示。

前言

可行性分析和研究

需求分析

图 2-121 “降为正文文本”按钮

其他类似的标题的升或降可以仿照操作。

到这里为止，我们初步学习了在大纲视图中建立和调整文档纲目框架的基本方法，练习了各种常见的操作。这部分内容的特点是，只要了解了基本操作原理，其他类似的操作均可仿照进行。当文档的纲目框架建立和修改好后，我们就可以切换到页面视图进行具体内容的填写工作了。

但是下面我们还要进行一个练习，那就是多级标题编号。我们在样式课程的最后进行过相关练习，这里还想提醒大家的是，当在大纲视图中建立好文档的纲目框架后，由于 Word 自动把标题样式套用于相应的标题段落中，所以已经可以直接为文档的标题编号了，下面我们介绍一下具体的操作方法。

二、多级标题编号

假设我们的多级标题编号的目标效果如图 2-122 所示。

图书馆管理系统设计与实现

一、前言

1.1 课题开发的背景

1.2 开发的目的和意义

二、可行性分析和研究

2.1 技术可行性分析

2.2 经济可行性分析

三、需求分析

3.1 功能需求

3.2 性能需求

四、总体设计

4.1 系统模块设计概述

4.2 模块 E-R 图和流程图

4.3 系统数据库设计

图 2-122 多级标题编号的目标效果

步骤 1：还是在上面的任务文档中，选择“开始”|“段落”|“多级列表”命令，打开多级列表下拉菜单，如图 2-123 所示，选择“定义新的多级列表”。

步骤 2：在“定义新多级列表”对话框中选中“级别”列表框内的“1”，然后选择编号样式为“一、二、三”，在编号格式框内“一”字符之后输入“、”如图 2-124 所示。上面的设置表示文档中一级标题段落按自定义格式编号。

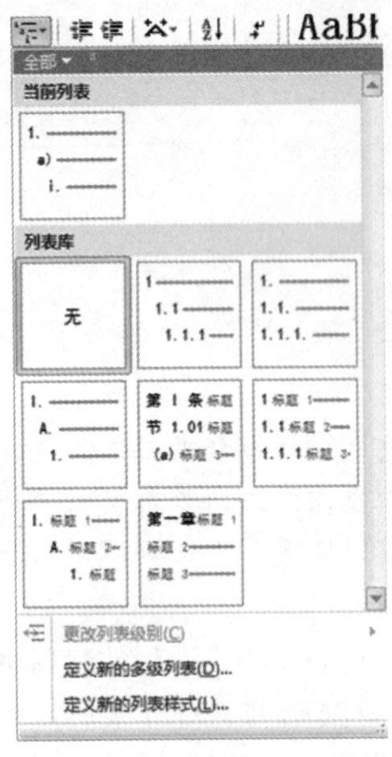

图 2-123　多级列表下拉菜单

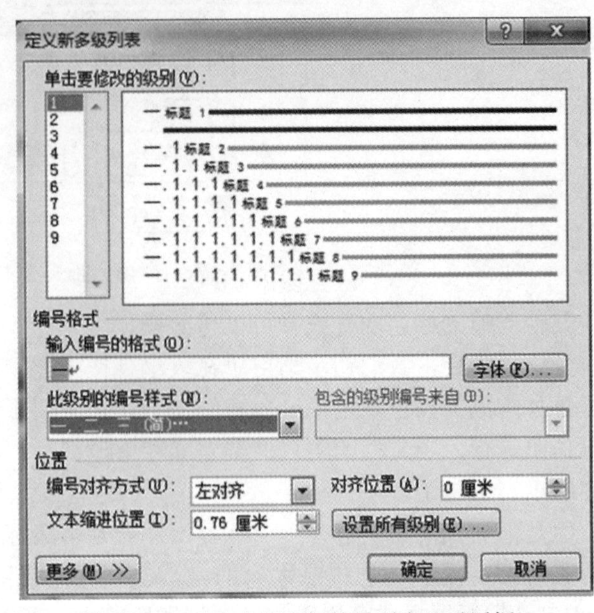

图 2-124　“定义新多级符号列表”对话框 1

步骤 3：接着选中级别列表框内的“2”，按下图设置文档中二级标题段落的标号格式如图 2-125 所示。

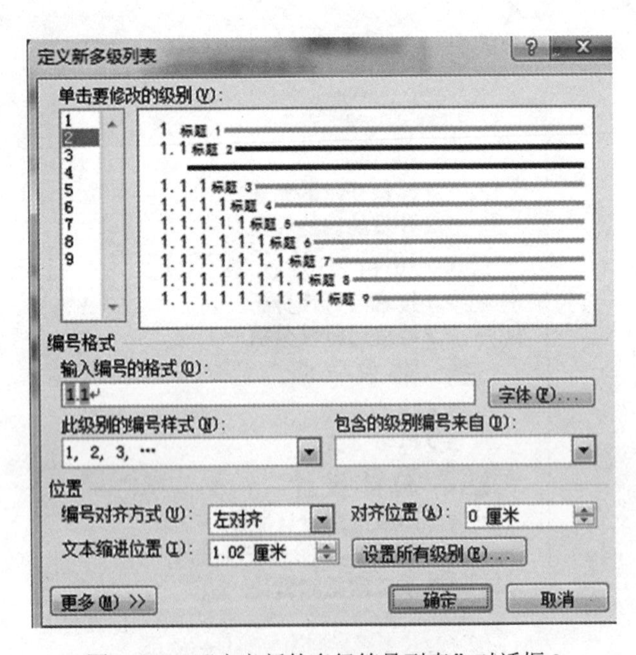

图 2-125　“定义新的多级符号列表”对话框 2

设置完成后单击“确定”按钮，返回文档编辑窗口，可以看到文档已经根据我们的自定义格式对标题进行编号，实际外观效果和前面的目标外观效果是一致的。

编号完成后，就可以切换到“页面视图”，进行文档正文内容的填充工作了。

通过这个编号练习，相信大家能够体会到使用 Word 的编号功能的高效和快捷。由于自定义的操作也比较方便，因此我们可以轻松地制作符合自己个性的编号外观，从而高效地完成工作。值得一提的是，当制作的长文档是页数过百的产品手册、文化出版物等时，就更能体会 Word 编号功能的高效率了。

三、插图的编号和交叉引用题注

文档的纲目框架和多级标题编号都完成后，就进入了正文内容的填充工作。在这个过程中，为了让文档更具表达力，我们可能需要插入很多图片，比如你正在阅读的本文，笔者为了让大家更容易理解和操作，就插入了很多图片。

插入图片之后，随之而来的工作就是为插图编号，用 Word 的术语讲，针对图片、表格、公式一类的对象，为它们建立的带有编号的说明段落，即称为“题注”。你在本文中看到的每幅图片下方的“图 1-1、图 1-2”等文字就称为题注，通俗的说法就是插图的编号。

为插图编号后，还要在正文中设置引用说明，比如本文中用括号括起来的“(图 1-1)、(图 1-2)”等文字，就是插图的引用说明。很显然，引用说明文字和图片是相互对应的，我们称这一引用关系为“交叉引用”。

明白概念以后，下面我们将学习如何让 Word 自动为插图编号，以及使用 Word 的“交叉引用”功能，在文档正文中为插图设置引用的说明文字，即“交叉引用题注”。

在进行具体的练习之前，请大家准备一篇长文档，以及数幅图片，然后跟随下面的操作步骤一同练习，这样可以获得较好的学习效果。

步骤 1：在 Word 2010 中打开你准备的长文档，插入点定位于第一张图片的插入位置，选择菜单“插入→图片”命令，找到图片的存放位置，把第 1 张图片插入文档。

步骤 2：选中这张图片，再单击鼠标右键，在弹出的快捷菜单中选择“题注”命令，打开“题注”对话框。假设我们需要的编号格式为“图 1、图 2”等，于是单击“新建标签”按钮，在弹出的“新建标签”对话框中输入“图”，注意不要输入任何数字，实际编号的数字 Word 会自动处理的。输入完成后单击“确定”按钮返回“题注”对话框，如图 2-126 所示。

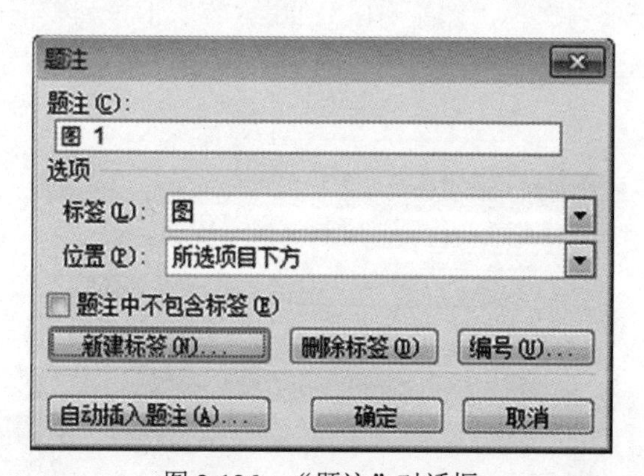

图 2-126 “题注”对话框

步骤 3：由于我们希望每次插入图片后 Word 能够自动为插图编号，所以单击“自动插入题注”按钮，在打开的对话框中进行设置。

步骤 4：打开“自动插入题注”对话框，如图 2-127 所示。在插入时添加题注列表框中勾选“Microsoft Word 图片”复选框，然后选择使用标签为“图”，默认的编号输入为“1、2、3”，如果你要更改编号数字，可以单击“编号”按钮，在弹出的对话框中进行设置。设置完成，单击“确定”按钮后返回 Word 编辑窗口。以后插入图片时，Word 就会自动为它们添加编号了。同样的，如果文档中的表格、公式需要自动编号，这里勾选对应复选框即可。

图 2-127　“自动插入题注”对话框

步骤 5：为了便于测试，先把插入的第 1 张图片删去，然后再把它插入进来，可以看到 Word 自动在它下方添加了题注“图 1”。

步骤 6：接下来把光标定位到第 2 张图片的插入位置，插入第 2 张图片，也可以看到 Word 自动在它下方添加了题注“图 2”。

步骤 7：把准备好的其余图片都插入文档中，下面我们将练习使用 Word“交叉引用”功能为插图设置引用说明。

步骤 8：在正文中需要添加插图 1 引用说明的位置输入“()”，然后将光标定位于其中，选择菜单命令“引用→交叉引用”命令，打开“交叉引用”对话框，如图 2-128 所示。在“引用类型”下拉列表框内选择“图”，在“引用内容”下拉列表框内选择“整项题注”，然后在“引用哪一个题注”列表框内选中“图 1”，单击“确定”按钮，就设置好了图 1 的引用说明。

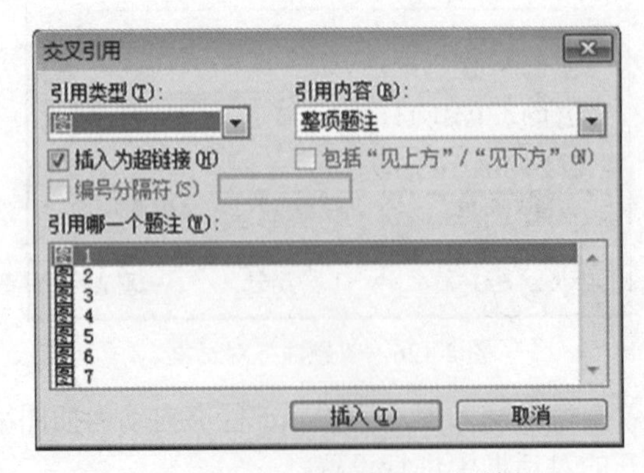

图 2-128　“交叉引用”对话框

步骤 9：这时“交叉引用”对话框并没关闭，我们可以把插入点定位于需要添加图 2 的引用说明的位置，然后选中“引用哪一个题注”列表框内的“图 2”，单击“插入”按钮即可为图 2 添加引用说明。

步骤 10：用同样的方法为其他插图在正文中添加引用说明。

步骤 11：文档中所有插图的引用说明添加完成后，我们来测试一下使用 Word“交叉引用”功能的好处。

步骤 12：先故意删除文档中间的某幅图片，包括它的题注和引用说明。如果我们先前是用常规方法手动为插图输入题注和引用说明，那么现在被删除的这幅图片后面的所有插图的题注和引用说明的编号就都不对了，需要重新手动修改。

步骤 13：不过由于前面我们使用的是 Word 自动添加题注和“交叉引用”功能为插图添加的引用说明，所以现在就只需全选中文档，按下键盘“F9”键，Word 就可以自动更新域，让后面的题注和引用说明中的序号自动更新为正确状态。

如果你对 Word 域概念比较了解，那么可以很自然地理解 Word 这个聪明的功能。如果你是域的初学者，也许觉得这个功能比较奇妙，不过恰好可以把这里作为了解 Word 域的开端，同时可以初步地把 Word 的域理解为一种变量，它会聪明地根据实际情况的改变而变化。域是 Word 的精髓之一，它有着广泛的应用，比如后面将介绍目录、索引等，它们的本质都是域。

四、目录和索引的制作

通常，长文档的正文内容完成之后，我们还需要制作目录和索引。

所谓“目录”，就是文档中各级标题的列表，它通常位于文章扉页之后。目录的作用在于方便阅读者可以快速地检阅或定位到感兴趣的内容，同时比较容易了解文章的纲目结构。

所谓“索引”，就是以关键词为检索对象的列表，它通常位于文章封底页之前。索引的作用在于，阅读者可以根据相应的关键词，比如人名、地名、概念、术语等，快速定位到正文的相关位置，获得这些关键词的更详细的信息。在我们使用过的中学数理化课本中，最后通常都有索引，列出了重要的概念、定义、定理等，方便我们快速查找这些关键词详细信息。

很显然，如果手动为长文档制作目录或索引，工作量都是相当大的。而且弊端很多，比如当我们更改了文档的标题内容后，又得再次更改目录或索引。所以学习一下 Word 的“目录和索引”功能，掌握自动生成目录和索引的方法，是提高长文档制作效率的有效途径之一。

使用 Word 2010 为文档创建目录，最好的方法是根据标题样式。具体地说，就是先为文档的各级标题指定恰当的标题样式，然后 Word 就会识别相应的标题样式，从而完成目录的制作。通过前面“在大纲视图中工作”部分的学习，我们已经知道，在大纲视图中创建好文档的纲目框架时，Word 自动为各级标题赋予了样式。在这种情况下，我们完成正文的输入后，就可以直接制作文档目录了。

下面的练习我们依旧使用“图书馆管理系统设计与实现”为任务文档，读者要对学习目标有个初步了解之后再进行操作，这样更利于学习掌握的效果。

步骤 1：打开“图书馆管理系统设计与实现”任务文档，由于各级标题运用了恰当的标题样式，所以可以直接进入创建目录的步骤了。

步骤 2：文档目录通常位于文档名称之后，于是将插入点定位于“图书馆管理系统设计与实现”文字下一段，按下键盘“Ctrl+Enter”组合键插入了一个分页符，然后输入“目录”，设置为“居中对齐”。

步骤 3：将插入点放在“目录”下方恰当位置，选择菜单“引用→目录”命令，打开“目录”对话框，如图 2-129 所示，然后选择“目录”选项卡。

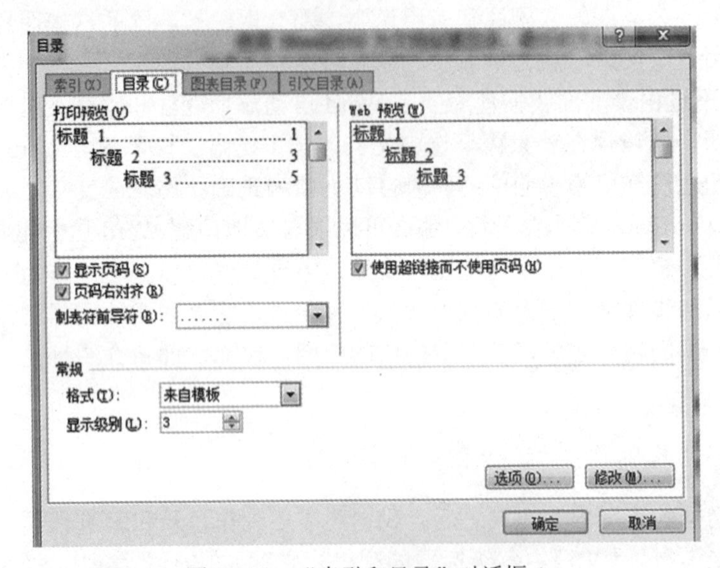

图 2-129　“索引和目录”对话框-1

步骤 4：在这里我们将设置与创建目录相关的内容。比如可以单击“格式”框的下拉箭头，在弹出的下拉列表中选择 Word 预设置的若干种目录格式，通过预览区可以查看相关格式的生成效果，这里我们选择“正式”。如图 2-130 所示。

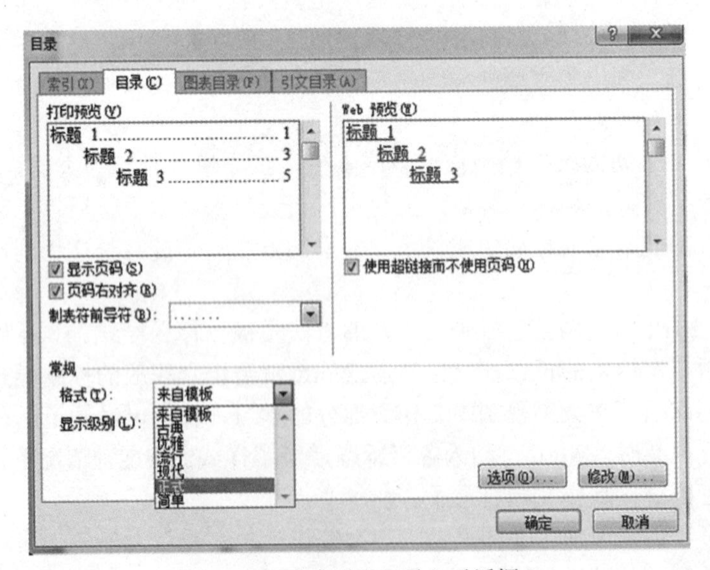

图 2-130　“索引和目录”对话框-2

步骤 5：单击“显示级别”框的选择按钮，可以设置生成目录的标题级数，Word 默认使用三级标题生成目录，这也是通常情况，如果你需要调整，在此设置即可。

步骤 6：单击“制表前导符”框的下拉箭头，可以在弹出的列表中选择一种选项，设置目录内容与页号之间的连接符号格式，这里默认的格式为点线。

步骤 7：完成与目录格式相关的选项设置之后，单击“确定”按钮，Word 即可自动生成目录。如图 2-131 所示。

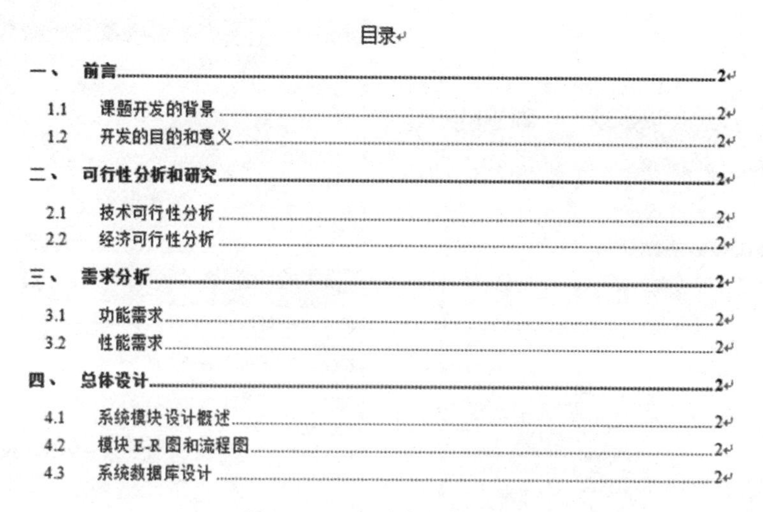

目录

一、 前言……2
1.1 课题开发的背景……2
1.2 开发的目的和意义……2
二、 可行性分析和研究……2
2.1 技术可行性分析……2
2.2 经济可行性分析……2
三、 需求分析……2
3.1 功能需求……2
3.2 性能需求……2
四、 总体设计……2
4.1 系统模块设计概述……2
4.2 模块 E-R 图和流程图……2
4.3 系统数据库设计……2

图 2-131　自动生成的目录

步骤 8：目录生成后，也许外观并不符合我们的要求。在这种情况下，我们可以方便地根据自己的要求进行更改。

步骤 9：假设我们想把目录中一级标题文字改为“蓝色”，则进行如下操作：用和前面相同的方法进入“索引和目录”对话框，并选择“目录”选项卡，单击“修改”按钮。如果你的“修改”按钮是灰色的，则单击“格式”框的下拉箭头，在弹出的下拉列表中选择“来自模板”选项。如图 2-132 所示。

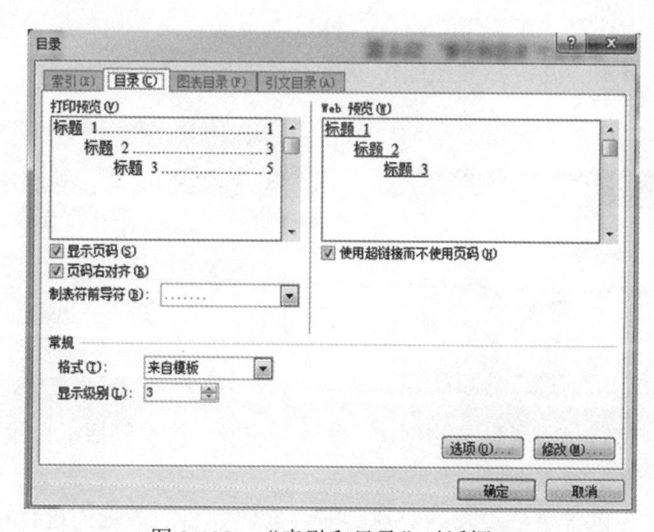

图 2-132　“索引和目录”对话框-3

步骤 10：打开“样式”对话框，由于我们要对目录中一级标题文字进行修改，故选中样式列表框中的“目录 1”，然后单击“修改”按钮，如图 2-133 所示，修改目录样式。

步骤 11：单击“修改样式”对话框中的“格式”按钮，在弹出的菜单中选择“字体”命令，如图 2-134 所示。显示“字体”对话框。通过对话框把字体颜色改为蓝色即可，然后依次单击“确定”按钮，最后会弹出是否替换所选目录的询问，单击“确定”按钮后，如图 2-135 所示。目录中一级标题根据我们的修改变为蓝色。

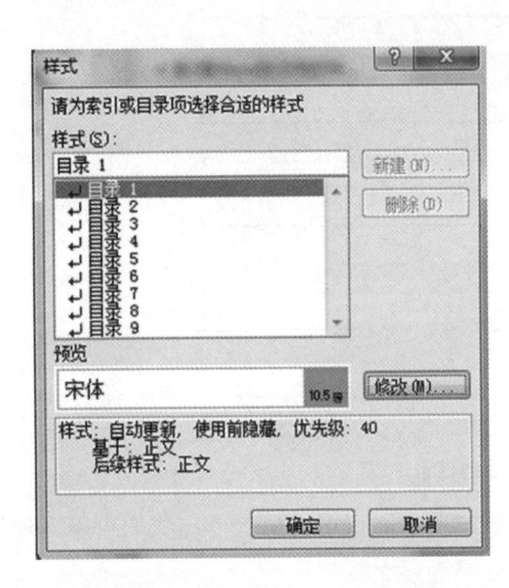

图 2-133　“样式”对话框

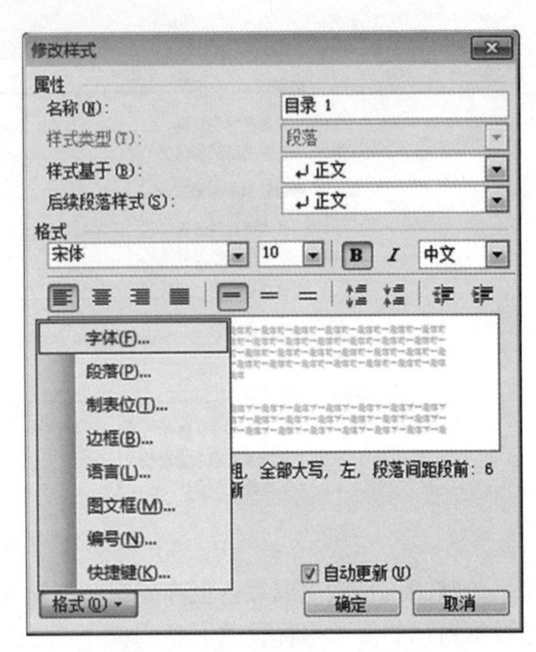

图 2-134　“修改样式”对话框

步骤 12：如果有其他的修改要求，可以参照上面的操作方法进行。最后，值得注意的是，如果当目录制作完成后又对文档进行了修改，不管是修改了标题还是正文内容，为了保证目录的绝对正确，要对目录进行更新。操作方法为：将鼠标移至目录区域单击右键，在弹出的快捷菜单中选择“更新域”命令，打开“更新目录”对话框，选择“更新整个目录”单选框，然后单击“确定”按钮即可更新目录。如图 2-136 所示。

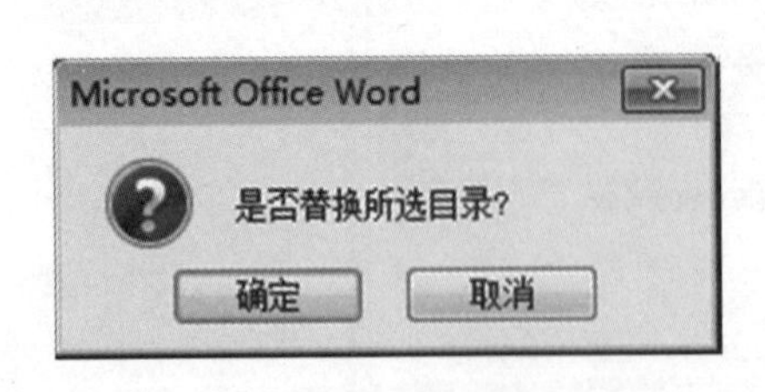

图 2-135　“是否替换所选目录”询问对话框

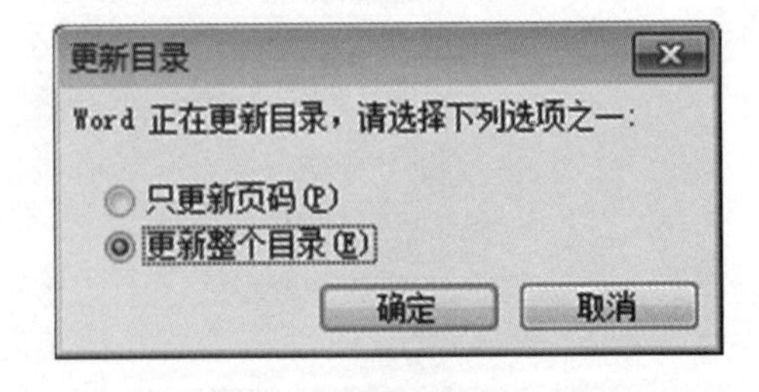

图 2-136　“更新目录”对话框

上面的练习中我们介绍了目录的创建、修改与更新，基本包括了目录制作的常见任务，接下来我们来进行索引的制作。

索引的制作主要包含两个步骤：一是对需要创建索引的关键词进行标记，用 Word 术语讲就是标记索引项，这个步骤我们将告诉 Word，我们希望哪些关键词参与索引的创建；二是调出“索引和目录”对话框，通过相应的命令创建索引。

五、脚注和尾注功能

脚注和尾注用于在打印文档中为文档中的文本提供解释、批注，以及相关的参考资料的一种标记。脚注位于每页底部，作为对文档某处内容的解释、说明，一般使用“①、②、③……”进行标注。尾注位于全文末尾，用于列出引用内容的出处等，一般使用“[1]、[2]、[3] ……”进行标注。

1）怎样添加脚注

步骤 1：将光标移至需要加脚注的文本后面，在菜单栏选择 “引用”→“插入脚注”；

步骤 2：打开“脚注和尾注”对话框，选择“脚注”并进行设置（一般选择“页面底端”），对“格式”进行定义（一般选择标号格式为“①、②、③……”，起始编号为“1”，编号方式“每页重新编号”，其他的不改动）。如图 2-137 所示。

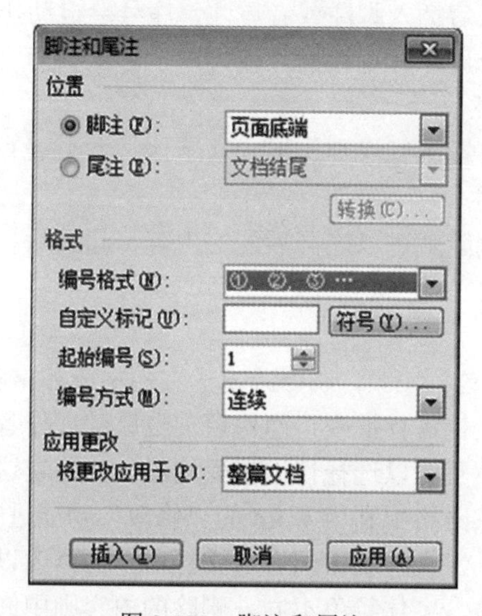

图 2-137 脚注和尾注

步骤 3：上一步完成后，序号生成，光标会自动移至该页文本的下方，输入脚注内容，完成插入；

步骤 4：光标移至正文的序号处，脚注内容即可显示出来（该内容的编辑和修改在文档下方，并能打印出来）。

2） 怎样添加尾注

步骤 1：将光标移至需要加尾注的文本后面，在菜单栏选择→“引用”→“插入尾注”；

步骤 2：打开“脚注和尾注”对话框，选择“尾注”并进行设置（一般选择“文档结尾”），对“格式”进行定义（按顺序从上到下设置，一般选择标号格式为“1、2、3……”，自定义标记为“[1]”，起始编号为“1”，编号方式“连续”，其他的不改动）；

步骤 3：上一步完成后，序号生成，光标会自动移至全文末尾，输入尾注内容，完成插入；

步骤 4：光标移至正文的序号处，尾注内容即可显示出来（该内容的编辑和修改在全文末尾，并能打印出来）。

六、相关操作

1. 分节就是将一个文档分为多个小节（每个小节可以独立设置各种格式，如页面的方向等），所以无论是脚注还是尾注都可以进行“每一节重新编号”等操作。

对文档进行分节的操作方法是：

1） 将光标需要分节的位置（建议前面几个空段落，便于操作）；

2） 在菜单栏选择“插入”→“分隔符”→“分节符类型-下一页”；

3） 分节完成。

2. 如何连续添加脚注和尾注

在同一个区间内（如脚注设置每一页重新编号，则区间就是一页；如有分节以及尾注设置，以此类推），脚注和尾注的生成都是自动的。也就是说，如果编号方式采用“连续”，那么第一次设置完成后，以后插入脚注或者尾注，序号会自动排列顺序，无需进行编号的设置。如果要添加脚注或者尾注，直接插入就可以了。

3. 如何编辑脚注和尾注

在脚注和尾注内容区可以进行内容、格式（字体、大小等）编辑。

4. 如何删除脚注和尾注

选中正文中的序号，删除就可以连同后面的内容一起删除。

七、修订和审阅功能

Word 2010 的“修订”这一工具，在修改电子文档中就非常实用。利用“修订”功能，审阅者可以在 word 中对文档进行批改，而保留文档原貌；作者收到修改好的文档后，对所作过的修改一目了然，而且可以选择性地接受修改。应该说这比传统的纸质批改作业更胜一筹，而这一切都只需在网络中利用 word 的“修改”功能进行。

Word 2010 的“修订”工具能使审阅者对文档所作的修改以不同的格式显示出来，如添加的内容显示带有下画线，字体颜色不同，删除的内容则中间有一删除线，与传统的批改作业格式相似，且更清晰。作者则只须把鼠标放在修订的内容上便可以显示出修订者和修订时间等基本信息。

1. 如何打开和取消修订功能

通过菜单，单击“审阅”—“修订”，在修订与取消修订间进行切换，如图 2-138 所示。

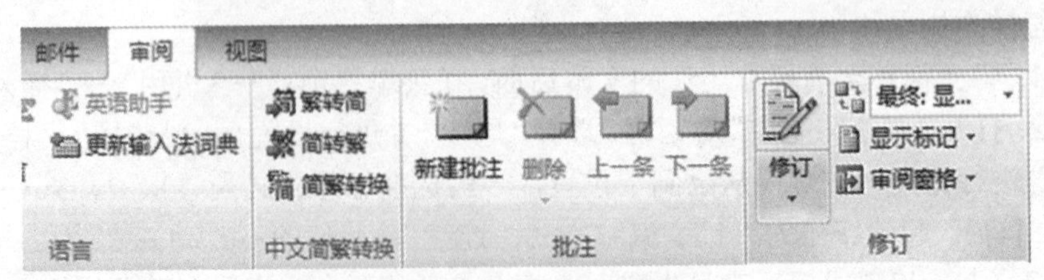

图 2-138 打开修订功能

2. Word 2010 中“修订”功能操作

1）打开需要审阅或修改的 word 文件，依次单击 word 中的“审阅”－“修订”－“修订选项”项目，此时弹出“修订选项”对话框，如图 2-139 所示。

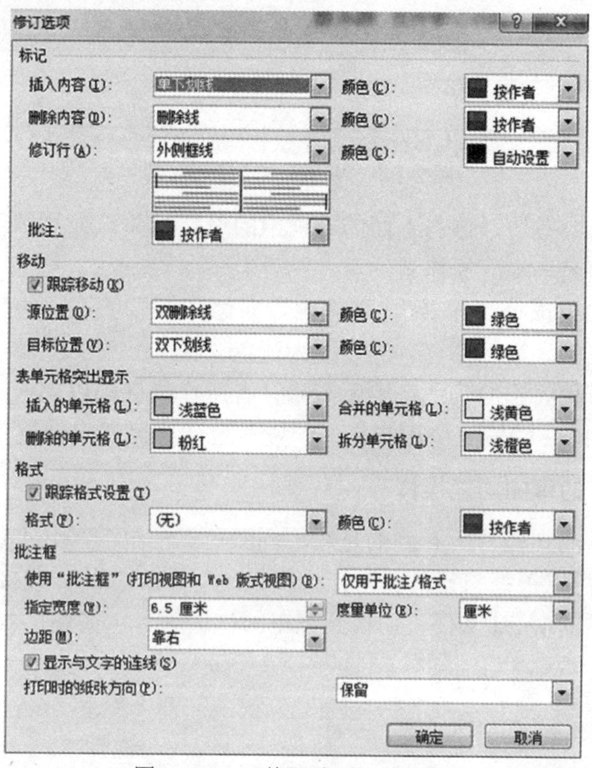

图 2-139　“修订选项”对话框

2）在弹出的“选项”修订对话框中，选择“修订”栏目中的“标记”“批注框”“打印”等选项进行设置。设置完毕，单击“确定”按钮即可开始对已经打开的 word 文件进行修改或审阅。

如果是多人对同一作业进行修订或审阅，为区别不同审阅者的标记，还需要对“修订”的格式进行设置（如同不同的修订者持不同颜色的笔对同一作业进行修改）。此时，在上面的对话框中进入“修订”格式设定相应栏目对话框。

审阅者可以根据自己的风格，设置不同类型的“删除”标记线和标记颜色；设置不同类型的“插入文字”标记线和文字颜色等。

“修订”格式的默认风格是：删除线和插入文字的标记线都是单下画线，红色；删除的文字和新插入的文字都已被红色标记。

3）例如将“春风又过江南岸，明月何时照我还”修改成“春风又绿江南岸，明月何时照我还？”在文档中，要将“过”改成“绿”，并在句末加上标点符号“？”。修改过程与普通的 word 文件编辑没有任何区别，只是计算机自动将修订者删除的内容以不同于原文字体颜色的删除线显示，增加的内容以和不同于原文的字体颜色和下画线显示。若将鼠标移到所作修改的文字上，计算机还会显示修订者的相关信息，包括修订者（计算机用户名）、修订时间及修订内容，如图 2-140 所示。

图 2-140 Word 中的修订效果

修改行的左边（或右边，这与上面的选项中的设置相关）会显示一条醒目的竖线，即用“修改过的行”标记来提醒原作者注意。

在颜色选择时如果选择“作者”，则按照不同修订者显示不同的颜色，一般第一修订者所作修订显示为红色，第二修订者的修改为蓝色。

如果选择了某一种固定的颜色，则所有修订者所作修订都以同一颜色显示。这里所指的修订者是指安装 office 时输入的用户名，一般一台计算机对应一位修订者。

3. Word 2010 的审阅功能操作

作者收到审阅后的文档，所看到的是用不同颜色批注过的 word 文件（如同教师批改过的作业本）。作者可以根据自己的见解，选择性地对审阅者的修改接受或拒绝。

1） 打开审阅过的 word 文件，切换到“审阅”选项卡，如图 2-141 所示。

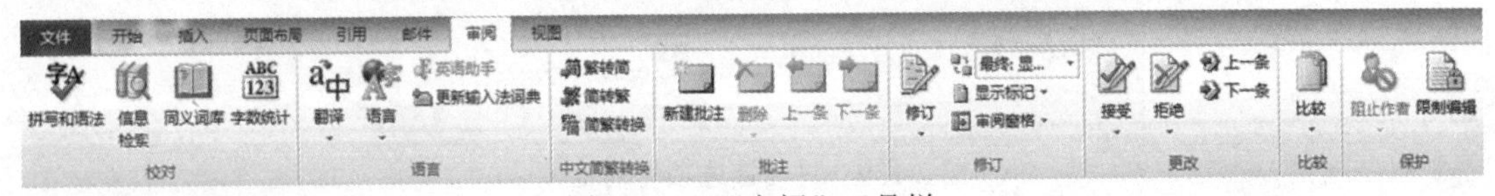

图 2-141 “审阅”工具栏

2） 单击“审阅”工具栏中的“接受所选修订”或“拒绝所选修订”按钮。

在文件格式上，有两种方案可供选择：

选择“突出显示”按钮，然后选择要突出显示的修订内容，则所作修订与原文不同格式显示；

选择“原始状态”，则保持原文，所做的修改都不显示。

在文件内容方面，也有三种方案可供选择：

如果想逐一查看，则单击第一处修改：删除“过”字，单击“接受所选修订”按钮，则“过”字消失。光标自动查找到下一修订处，即“绿”字，单击“接受所选修订”，则“绿”字显示格式与原文相同。可以用“←”或“→”逐一进行向上查找和向下查找至全文结束。

如果作者对修改很满意，可以直接单击“接受文档所做的所有修订”，则全文格式不变，内容是修改过后的内容。

如果感觉全文修改得不好，想全部保留自己原来的观点，可以选择“拒绝对文档所做的所有修订”，则全文不做任何修改。

单击“审阅”工具栏中的“审阅窗格”按钮，将文档所做的修改全部列于页面下方。“插入批注”使得修改者可以在文章中加入批注，“插入声音”则是在文档中录入修订者的语音批注等。

审阅功能一：除去修订。

① 在“视图”菜单上，指向“工具栏”，然后单击“审阅”。

② 在“审阅”工具栏上，单击“后一处修订或批注”从一处修订或批注前进到下一处。

③ 在“审阅”工具栏上，对每处修订或批注单击“接受修订”或“拒绝修订/删除批注”。

重复步骤 2 和 3，直至接受或拒绝文档中所有修改并删除所有批注。

注：如果您知道要接受所有更改，则单击“接受修订”旁边的箭头，然后单击“接受对文档所做的所有修订”，如图 2-142。如果您知道要拒绝所有更改，则单击“拒绝修订/删除批注”旁边的箭头，然后单击“拒绝对文档所做的所有修订”。要除去所有批注，您必须删除它们。单击“拒绝修订/删除批注”旁边的箭头，然后单击“删除文档中的所有批注”，如图 2-142 所示。

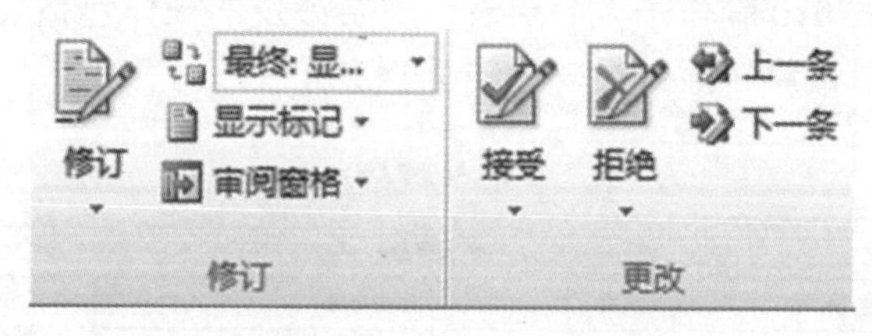

图 2-142　接受或拒绝对文档所做的所有修订

审阅功能二：添加、删除及查找批注。

① 如果对文档中的某一部分有不同看法，先单击“审阅”工具栏上的[突出显示]按钮，光标变为笔的形状，然后用“笔”画过要突出显示的文字，完成后，再单击[突出显示]按钮，光标还原。突出显示某些字后，这些字就有了背景颜色，默认的背景颜色为黄色，当然也可以自己设定。

② 将有问题的文字突出显示后，可以插入“批注”进行说明，将光标定位于要插入批注的地方，单击[插入批注]按钮，在文档下方打开一个插入批注窗口，输入需要批注的内容后单击[关闭]按钮后完成。

Word 修订文稿时，如果不慎删除了文中的段落，并且存盘退出，要想把这段文字找回来，“恢复”命令已无效，但可以巧妙地使用拒绝修订功能恢复文档。

其修订内容的调整可单击修订→修订选项，在选项对话框内选择[修订]标签，再依需要调整各选项内容。

2.5.4 任务小结

本任务主要是以设置文档文字段落格式为主，先后讲解了修改并应用样式；创建并应用样式；样式库；样式的级别与大纲级别的对应关系；自动生成目录；一系列快速设置长文档文字格式的方法，使得长文档的编辑更为快速便捷。

▶▶ 2.5.5　课后练习

根据所学内容和素材，结合自己专业完成一篇毕业论文的排版设计操作。

2.6　任务 5“制作个人简历表”

▶▶ 2.6.1　任务背景

在日常的工作和生活中人们常常使用表格来显示信息，如个人简历、通讯录、课程表等，因此表格的设计和制作也是非常重要的。

▶▶ 2.6.2　任务分析

本任务是用 Word 2010 制作个人简历表，主要涉及的操作包括表格的建立、表格的编辑和表格的格式化等。最终排版效果，如图 2-143 所示。

个人简历

个人信息						
姓名		籍贯		出生年月		照片
性别		婚否		身份证号		
学历		专业		学校		
现住地址		工作经验		联系电话		
身高		体重		Email		
应聘职位				薪金要求		
特长技能						

教育经历		
时间	学校/专业	学习内容/获奖情况

工作经历		
时间	工作单位/部门	工作内容/职位

自我评价

图 2-143　“个人简历”效果图

2.6.3 任务实现

1. 创建新文档

启动 Word 2010 应用程序，创建一个新文档，将文件保存为“个人简历.docx”。

2. 页面设置

在“页面布局”选项卡的“页面设置”选项组中选择“纸张大小”按钮，在其下拉列表中选择 A4 大小的纸张类型；在“页面布局”选项卡的“页面设置”选项组中选择“页边距”命令按钮，在其下拉列表中选择“自定义边距”命令，在弹出的“页面设置”对话框的“页边距”标签中设置文档的页边距，上边距为“2.5 厘米”，下边距为“2 厘米”，左右边距均为“1.5 厘米”，单击“确定”按钮即可。

3. 输入标题

在文档的第一行输入标题文字“个人简历”，并设置其字体格式和段落格式为隶书、二号、居中。

4. 创建表格

在“插入”选项卡的“表格”选项组中单击“表格”按钮，在如图 2-144 所示的下拉列表中选择“插入表格”命令按钮，在弹出的“插入表格”对话框中输入列数为 8，行数为 22，“自动调整”操作设置为“固定列宽”“自动”，如图 2-145 所示。

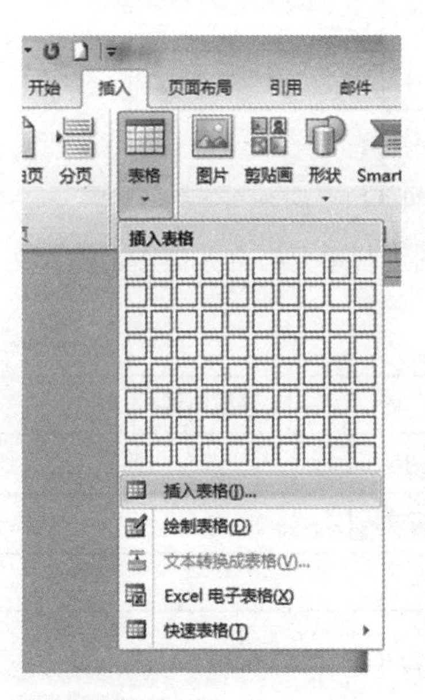

图 2-144　插入表格列表

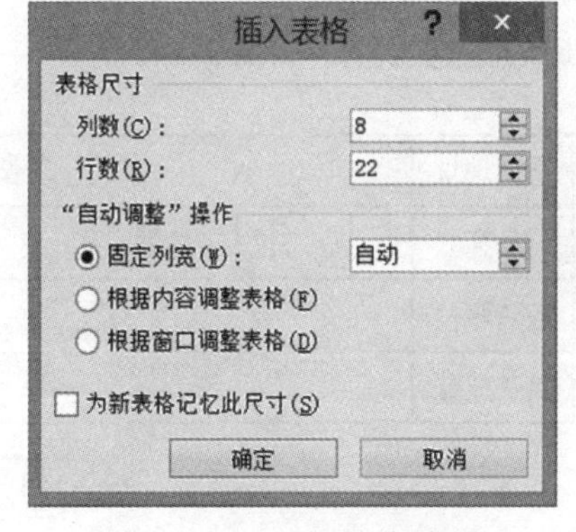

图 2-145　插入表格对话框

5. 编辑表格

1）选中表格的第 1 行所有单元格，单击鼠标右键，在弹出的快捷菜单中单击“合并单元格”命令，如图 2-146 所示，将选中的多个单元格合并为一个单元格。

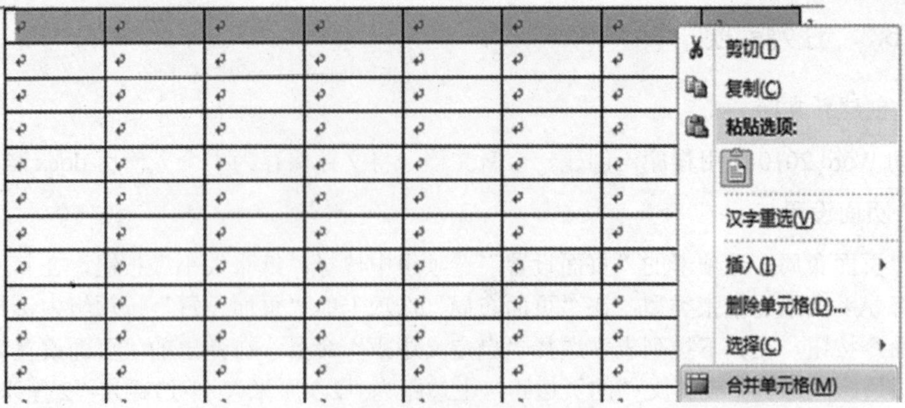

图 2-146　合并单元格操作

2）在合并后的单元格输入文字“个人信息”，并设置文本字体格式为楷体、小四号、调整宽度为 10 个字符；段落对齐方式为居中。重复上述步骤，参照任务效果图对表格中第 9 行，第 15 行，第 22 行分别进行合并操作，输入相对应的文字：“教育经历”“实践经历”“个人评价”，并设置文本格式（与第一行文本格式相同）。

3）对表格的第 2、3、4 行按任务效果图进行单元格合并操作：分别将各行中的第 6、7 列合并，将第 2、3、4 行的第 8 列合并为一个单元格。如图 2-147 所示。并在相对应的单元格中输入文字信息，所有单元格的对齐方式均为“水平居中”。

姓名		籍贯		出生年月		照片
性别		婚否		身份证号		
学历		专业		学校		

图 2-147　表格中文本编辑（1）

4）对表格的第 5、6、7、8、9 行按任务效果图进行单元格合并操作、输入文字并进行相应的格式设置。如图 2-148 所示。

现住地址		工作经验		联系电话	
身高		体重		Email	
应聘职位		薪金要求			
特长技能					

图 2-148　表格中文本编辑（2）

5）对表格的第 10 至 14 行按任务效果图进行单元格合并操作，输入文字并设置文本格式为隶书、小四号、居中。如图 2-149 所示。

时间	学校/专业	学习内容/获奖情况

图 2-149　表格中文本编辑（3）

6）选中表格第 11 行至 14 行，在“表格工具”选项卡“布局”标签中，单击“表”功能组中的“属性”命令按钮，弹出“表格属性”对话框，在对话框中单击“行”标签，设置行高尺寸为指定高度“10 毫米”、行高值“最小值”。如图 2-150 所示。

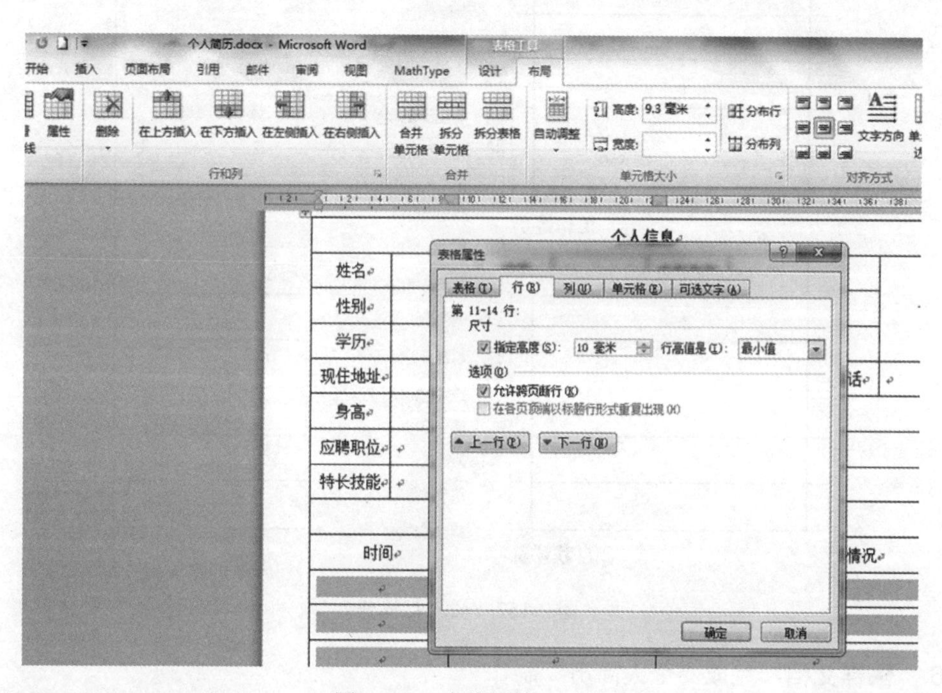

图 2-150　表格属性对话框

7）对表格的第 16 至 21 行按任务效果图进行单元格合并操作，输入文字并设置文本格式为隶书、小四号、居中。如图 2-151 所示。

时间	工作单位/部门	工作内容/职位

图 2-151　表格中文本编辑（4）

8） 选中表格第 17 行至 21 行，在“表格工具”选项卡“布局”标签中，单击“表”功能组中的“属性”命令按钮，弹出“表格属性”对话框，在对话框中单击“行”标签，设置行高尺寸为指定高度“10 毫米”、行高值“最小值”，如图 2-150 表格属性对话框所示。

9） 插入新行，将光标移至表格最后一行，单击鼠标右键，在弹出的快捷菜单中选择“插入”—>”在下方插入行”命令，为表格增加一行，并设置该行的行高为 4 厘米，如图 2-152 所示。

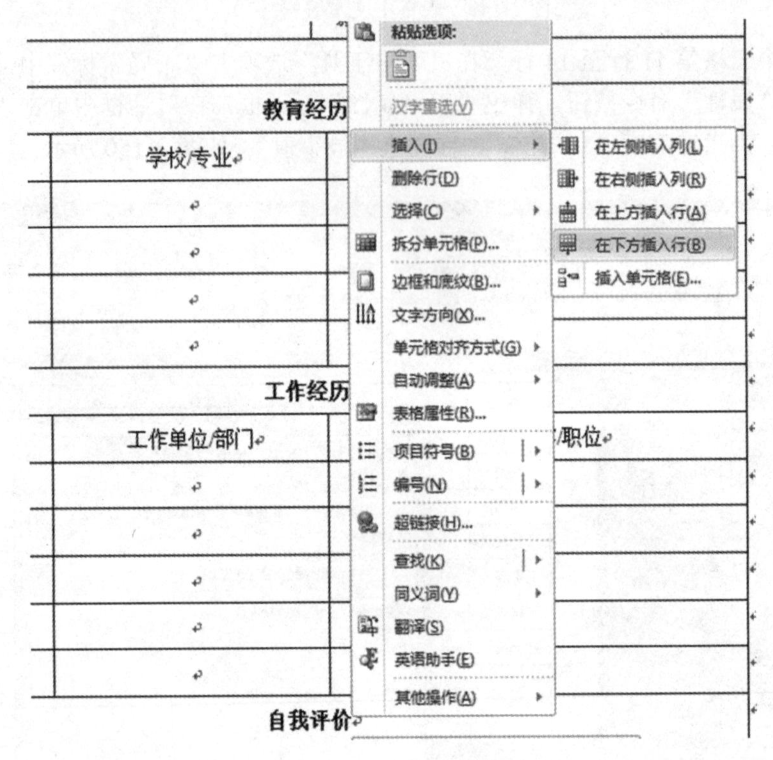

图 2-152　插入行操作

6. 保存文档，完成“个人简历”制作

▶▶ 2.6.4　任务小结

本任务主要从包括表格的建立、表格的编辑和表格的格式化等方面介绍如何制作个人简历表。

▶▶ 2.6.5　课后练习

1. 创建一个新文档，制作并编辑一个表格，保存为“Word 操作 2.docx”，完成后效果图如图 2-153 所示，页面设置要求：页面为 A4 纸，页边距：上、下、左、右均为 2 厘米，纸张方向为横向。

学院专业第一学期课程表

时间		星期一	星期二	星期三	星期四	星期五	星期六	星期日
上午	第1-2节							
	第3-4节							
下午	第5-6节							
	第7-8节							
晚上	第9-11节							

图 2-153　课表效果图

2. 创建一个新文档，制作并编辑一个表格，保存为“Word 操作 3.docx”，完成后效果图如图 2-154 所示，具体设置要求如下：

2016—2017 学年第一学期期末成绩表

表 1 高一（1）成绩表

课程 成绩 姓名	语文	数学	英语	总分
周小云	95	98	80	
李可	87	80	79	
王斌	77	65	82	
陈红宇	60	92	83	
刘青浩	82	78	65	
平均分				

图 2-154　成绩表效果图

1）　输入标题“2016-2017-1 学年第一学期期末成绩表”，格式为黑体、3 号。

2）　建立如图所示的表格，输入除第一个单元格外的内容，名字、成绩任意。

3）　设置表格样式为“中等深线网格 3-强调文字颜色 1”，“表格样式选项”复选“标题行”“第一列”“汇总行”“最后一列”和“镶边行”。

4）　将左上角第一个单元格按效果图输入文字，绘制斜线。

5）　用公式计算总分和平均分单元格，并将各同学成绩按总分降序排序。

6）　设置单元格对齐方式：水平居中、垂直居中。

7）　在表格上方插入题注：“表 1 高一（1）班成绩表”。

第 3 篇　Excel 2010 知识概要及高级应用

在现实生活中，人们需要处理的数据除文字信息外，还有表格。表格处理包括统计、运算并分析其中的数据等。这类工作通常具有繁琐性和重复性，而专用于管理及数据处理的 Excel 电子表格软件可提高数据管理和处理的效率。Excel 电子表格软件能对表格中的数据进行管理、运算和分析，并制作出图文并茂的图表。它被广泛地应用于管理、统计、财经和金融等众多领域。本篇主要介绍 Excel 2010 的基本操作和使用方法，使读者初步认识并掌握 Excel 电子表格软件的使用。

3.1　基本知识要点

3.1.1　Excel 基本概念

在使用 Excel 2010 之前，有必要先明确几个相关的概念。

1. 工作簿

1） 通常我们将 Word 软件创建的文件称为 Word 文档，类似的，我们也将 Excel 软件创建的文件称为工作簿文件。简言之，工作簿就是用 Excel 软件创建的文件（扩展名为.xlsx），它主要用来存储和管理表格数据。在 Excel 中，每个工作簿默认有 3 张工作表，分别以 sheet1、sheet2、sheet3 命名，可以根据需要随时插入或删除工作表，一个工作簿最多可以有 255 张工作表。每张工作表可以存储不同类型的数据，因此用户可以在一个工作簿文件中管理多种类型的数据。

在启动 Excel 时，系统会自动创建一个空白的工作簿文件，默认文件名为“工作簿 1.xlsx”，以后创建的文件名依次默认为：“工作簿 2.xlsx”、“工作簿 3.xlsx”……。

2. 工作表

2） 工作表是组成工作簿的基本单位。工作表本身是由若干行和若干列组成的。从外观看，工作表是由排列在一起的行和列，即单元格构成的。列是垂直的，由字母标识；行是水平的，由数字标识。在工作表界面上分别移动水平滚动条和垂直滚动条，可以看到行的编号由上而下从 1 到 1048576，列的编号从左到右从 A 到 XFD。因此，一张工作表最多由1048576行和16384列组成。在默认情况下，每张工作表都有相对应的标签，如sheet1、sheet2、sheet3等，数字依次递增。

3. 单元格

工作表是由行（用数字编号）和列（用字母编号）交汇形成的，其中行和列交汇处的区域称为单元格。工作表中的数据都是存放在单元格中的，而且可以存放多种数据格式。

在Excel中通过单元格名称（又称为单元格地址）来区分单元格，其中单元格名称由列序号字母和行序号数字组成，如A5就表示第A列和第5行交汇处的单元格。

3.1.2 Excel基本操作

1. Excel 2010的启动和退出

启动Excel 2010的方式有很多，通常我们使用以下几种：

1） 从“开始”菜单启动

单击桌面左下角的“开始”按钮，在弹出的“开始”菜单中执行“所有程序”→“Microsoft Office”→“Microsoft Office Excel 2010”命令。

2） 通过打开工作薄文件启动

在计算机中找到一个已经存在的工作簿文件（扩展名为.xlsx），双击该文件图标。

如果在桌面上已经有创建好的Excel 2010快捷方式也可通过双击该桌面快捷方式图标来启动Excel 2010。

3） 通过Excel 2010快捷方式启动。

在使用完Excel 2010后，需要退出该软件，常见的退出方法如下：

1） 单击启动窗口右上角的“关闭”按钮。

2） 双击启动窗口左上角的控制菜单图标。

3） 选择启动窗口左上角的“文件”按钮，选择弹出菜单中的“退出”选项。

2. Excel 2010的工作界面介绍

启动Excel 2010后，即可打开Excel 2010的工作界面，如图3-1所示。Excel 2010的工作界面主要由标题栏、“文件”按钮、功能选项卡、功能区、名称框、编辑栏、全选按钮、数据编辑区、工作表标签区、视图切换区、缩放比例区等组成。

1） 标题栏：标题栏位于窗口的上方，由快速访问工具栏、工作簿名称和窗口控制按钮组成。

2） 快速访问工具栏：快速访问工具栏位于标题栏的左侧，包含一组用于Excel工作表操作的最常用命令，如“保存”、“撤消”和“恢复”等。

3） “文件”选项卡：单击“文件”按钮，显示一些与文件相关的常见命令项，可以在打开的页面中进行工作簿的保存、打开、关闭、新建、打印及设置Excel选项等操作。

4） 功能区：功能区旨在帮助用户快速找到完成某一任务所需的命令。命令被组织在工具组中，工具组集中在选项卡下。用户可以切换到相应的选项卡中，然后单击相应组中的命令按钮即可完成所需要的操作。功能区中除了“文件”选项卡外，默认状态下还包括“开始”“插入”“页面布局”“公式”“数据”“审阅”“视图”和“加载项”8个选项卡。

其中默认选择的为“开始”选项卡，可以通过单击选项卡名称在各选项卡之间进行切换。

图 3-1　Excel 2010 工作界面

5）名称框：用于显示选择单元格的名称。当用户选择某一单元格后，即可在名称框中显示出该单元格的列标和行号。

6）编辑栏：编辑栏用来显示或编辑当前活动单元格的数据和公式。用户可以在编辑栏中输入或编辑数据及公式，编辑完后按 Enter 键或者单击“输入”按钮✓接受所做的输入或编辑。

7）数据编辑区：窗口中最大的一块区域，主要用来编辑或显示工作表内容的区域。

8）工作表标签：用来显示工作表名称。工作表可以添加、删除、移动，还可以重命名。单击工作表标签将激活相应的工作表。当工作簿中含较多工作表时，单击标签左侧的滚动按钮进行选择。

9）状态栏：是用来显示活动单元格的编辑状态、选定区域的数据统计结果、工作表的显示方式和工作表显示比例等信息的窗口。在 Excel 2010 中，状态栏可显示 3 种状态，分别为默认时的“就绪”状态、输入数据时的“输入”状态和编辑数据时的“编辑”状态。视图切换区位于状态栏右侧，依次为“普通”、“页面布局”和“分布预览”3 个视图切换按钮，方便用户在不同的视图方式间切换。缩放比例区位于视图切换区右侧，用来设置数据区的显示比例。

3. 工作簿的基本操作

1）创建工作簿

启动 Excel 2010，程序会自动创建一个工作簿。除了在启动 Excel 时可新建工作簿之外，还可以使用以下方法来创建工作簿。

① 新建空白工作簿

选择“文件”选项卡，从弹出的菜单中选择“新建”命令，双击“可用模板”选项组中的“空白工作簿”图标，如图 3-2 所示，或者按 Ctrl+N 键，即可快速新建一个工作簿。

创建新工作簿后，Excel 将自动按工作簿 1、工作簿 2、工作簿 3……的默认顺序为新工作簿命名。

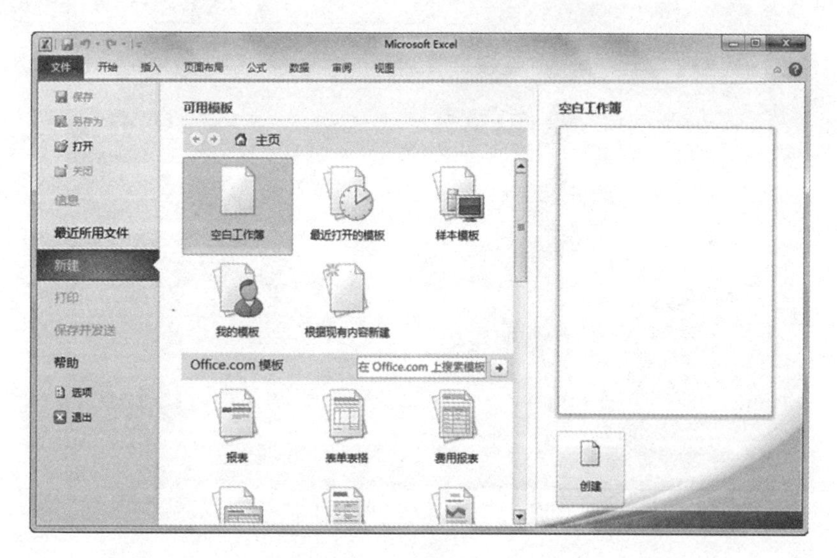

图 3-2　使用“文件”选项卡创建空白工作簿

在“可用模板”选项组中单击“样本模板”图标，可在下方列表框中选择所需模板创建基于该模板带有相关文字和格式的工作簿。

② 根据现有内容新建工作簿

单击“可用模板”选项组中的“根据现有内容新建”图标，打开“根据现有工作簿新建”对话框，从中选择已有的 Excel 文件来新建工作簿。

2） 打开工作簿

在实际工作中，常对已有的工作簿文件重新进行编辑，此时就需要先打开该工作簿文件。打开工作簿文件的方法如下：

① 使用文件图标打开

先在资源管理器中找到要打开的工作簿文件，双击该文件图标即可。

② 使用“文件”选项卡打开

先启动 Excel 2010，打开“文件”选项卡，在弹出的菜单中选择“打开”选项，再在弹出的“打开”对话框中通过地址导航栏找到并选中该文件，单击“打开”按钮完成操作。

如果要打开最近打开过的工作簿，可以单击“文件”→“最近所用文件”，选择需要打开的工作簿即可。

3） 保存工作簿

① 手动保存工作簿

选择“文件”选项卡，从弹出的菜单中选择“保存”命令或单击快速访问工具栏中的“保存”按钮，即可保存工作簿。如果是首次保存，则会弹出如图 3-3 所示的“另存为”对话框，选择要保存的路径，然后在“文件名”文本框中输入要保存的工作簿的名称，单击“保存”按钮即可。

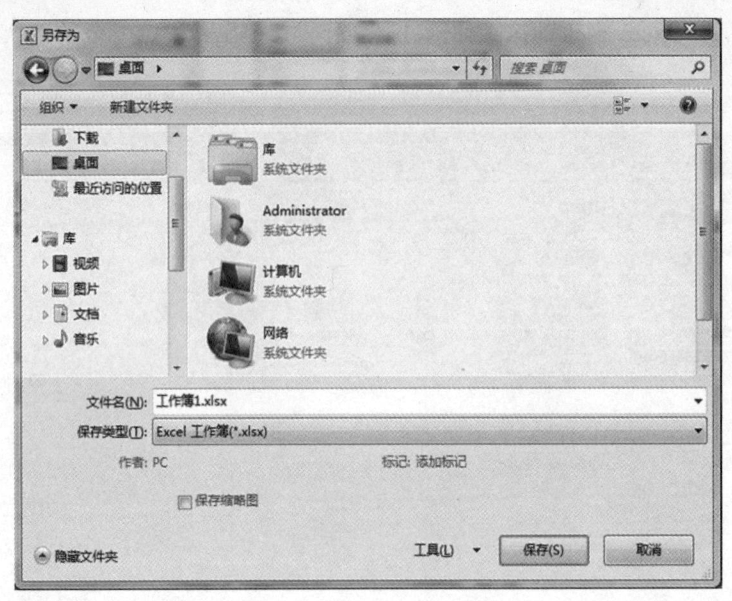

图 3-3　“另存为”对话框

② 自动保存工作簿

选择“文件”选项卡，从弹出的菜单中选择“选项”命令，弹出“Excel 选项”对话框。选择左侧的“保存”选项，在右侧的“保存工作簿”选项组中选中“保存自动恢复信息时间间隔”复选框，并设置间隔时间，然后再单击“确定”按钮即可，如图 3-4 所示。

图 3-4　“Excel 选项”对话框

③ 带密码保存工作簿

如果不想让其他人打开工作簿，可为工作簿加密。

方法一： 选择“文件”选项卡，从弹出的菜单中选择“保存”命令或单击快速访问工具栏中的“保存”按钮。在弹出的“另存为”对话框中单击“工具”按钮，在“工具”按钮的下拉列表中选择“常规选项”命令，如图 3-5 所示。在弹出的“常规选项”对话框中设置“打开权限密码”和“修改权限密码”，单击“确定”按钮即可，如图 3-6 所示。若要取消工作簿的密码，其操作为：再次打开“常规选项”对话框，然后删除之前所设置的密码即可。

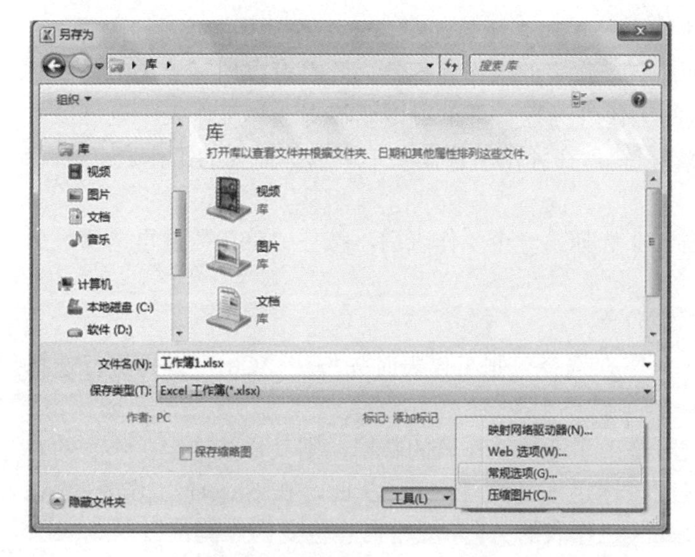

图 3-5 “另存为”对话框图

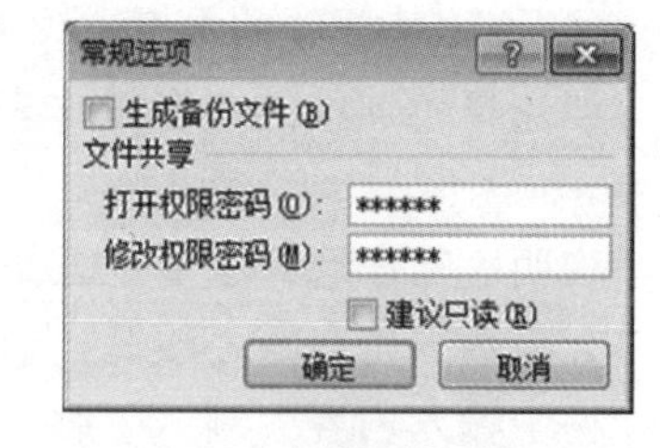

图 3-6 “常规选项”对话框

方法二：选择“文件”选项卡，从弹出的菜单中选择“信息”命令，单击“保护工作簿”按钮，从弹出的列表中选择“用密码进行加密”选项，如图 3-7 选择“用密码进行加密”选项所示。

在弹出的“加密文档”对话框中设置密码，然后再单击“确定”按钮即可，如图 3-8 “加密文档”对话框所示。

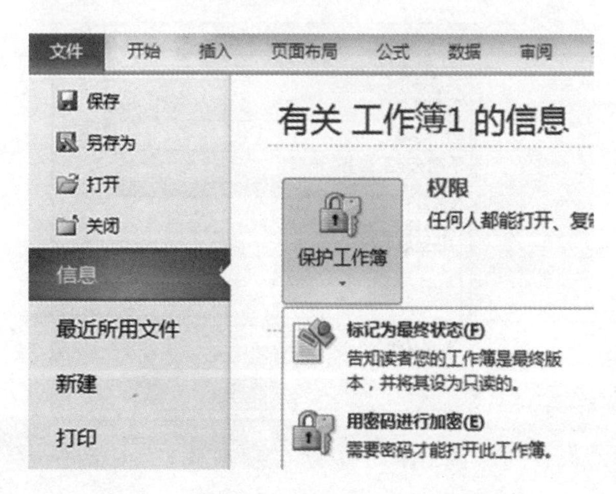

图 3-7 选择“用密码进行加密”选项

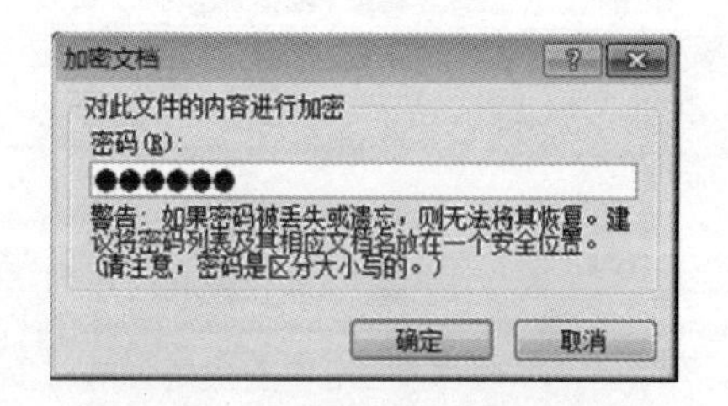

图 3-8 “加密文档”对话框

4. 工作表的基本操作

1） 工作表的选择

在处理表格数据时，常需要选择某个工作表以便进一步对其进行编辑等操作，在 Excel 中工作表的选择操作分以下几种情况。

① 选择单个工作表

要选择单个工作表，只需单击该表的工作表标签即可，当工作簿中有多个工作表时，可能会出现当前窗口无法全部显示所有工作表的工作表标签，此时可以通过“工作表导航栏”中的按钮先显示出隐藏的工作表标签，再单击该标签来选择工作表，也可以右健单击“工作表导航栏”中的按钮，在弹出的快捷菜单中选择需要的工作表。

② 选择连续的多个工作表

要选择连续的多个工作表，需要在选择第一个工作表后，按住“Shift”键再选择最后一个工作表完成操作。

③ 选择不连续的多个工作表

要选择不连续的多个工作表，只需在选择每张工作表时先按住“Ctrl”键再进行选择即可。

说明：若在选择了多个工作表时修改了活动工作表的数据，则其他被选定工作表的对应单元格数据也会随之改变。如在同时选定 Sheet1 和 Sheet3 时，在 Sheet1 工作表的 A1 单元格中输入内容“测试”后，Sheet3 工作表的 A1 单元格内容也变为“测试”。

2） 工作表的复制与移动

① 使用快捷菜单方式

右击要复制或移动的工作表标签，弹出快捷菜单，如图 3-9 工作表快捷菜单所示。单击其中的“移动或复制”命令，弹出“移动或复制工作表”对话框，如图 3-10“移动或复制工作表”对话框所示。在“移动或复制工作表”对话框中选择目标工作簿和位置即可。如需复制工作表，需要选中“建立副本”复选框。

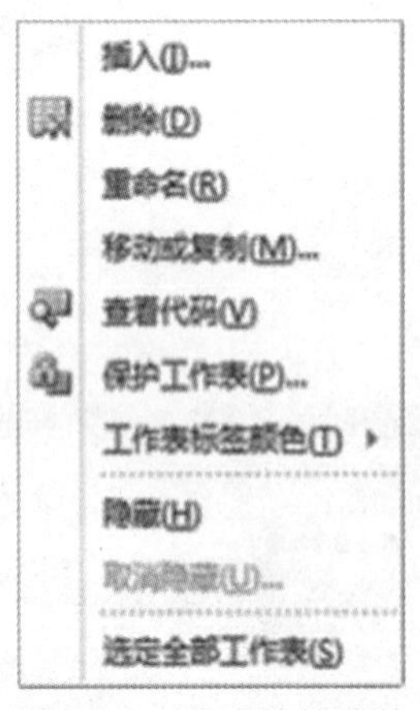

图 3-9　工作表快捷菜单

图 3-10　“移动或复制工作表”对话框

② 拖动工作表方式

拖动工作表标签到目标位置放开鼠标可以快速移动工作表，按住 Ctrl 键拖动工作表标签到目标位置可以快速复制工作表。

3） 重命名工作表

右击目标工作表标签，在弹出的如图 3-9 所示工作表快捷菜单中单击“重命名”命令或者双击工作表标签，都可以重命名工作表。

4） 插入工作表

方法一：单击“开始”选项卡“单元格”选项组中“插入”按钮下方（或右侧）的按钮，在弹出的如图 3-11 所示的菜单中选择“插入工作表”选项完成操作。

方法二：右键单击工作表标签，将弹出如图 3-9 所示工作表快捷菜单中选择图 3-10“移动或复制工作表”对话框所示的右键快捷菜单，选择“插入”选项后在弹出的“插入”对话框中选择想要的工作表模板（如图 3-12 所示，默认为“工作表”模板），单击“确定”按钮完成操作。

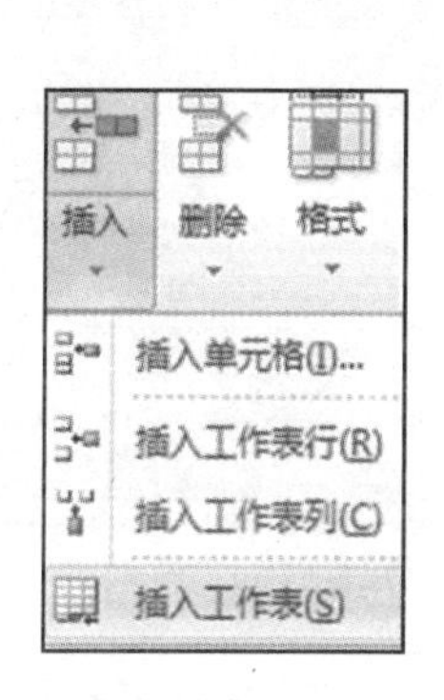

图 3-11 插入工作表列表

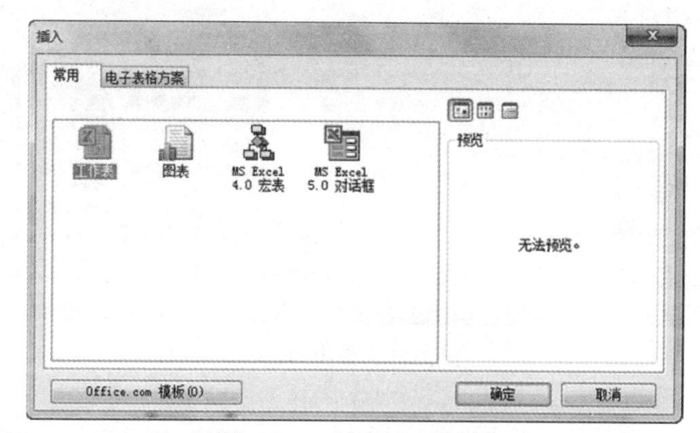

图 3-12 “插入”对话框

5） 删除工作表

方法一：单击要删除的工作表的工作表标签以选择该工作表，单击“开始”选项卡“单元格”选项组中“删除”按钮下方（或右侧）的按钮，在弹出菜单列表中选择“删除工作表”选项完成操作。

方法二：右键单击要删除的工作表标签，在弹出的快捷菜单中选择“删除”选项即可。

6） 工作表的隐藏

右击目标工作表标签，在弹出的快捷菜单中单击“隐藏”命令，可以将当前工作表隐藏。相反，右击工作表标签区域的任一工作表标签，在弹出的快捷菜单中单击“取消隐藏”命令，弹出“取消隐藏”对话框，选中需要取消隐藏的工作表，可以取消隐藏全部或部分工作表。

5. 单元格的基本操作

在 Excel 中，单元格是真正存储和用来编辑数据的区域，对单元格的操作包括单元格的选择、单元格的插入及单元格的删除等。

1） 单元格的选择

选择单元格是对单元格进行编辑的前提。选择单元格包括选择一个单元格、选择多个单元格和选择全部单元格等多种情况。

① 选择一个单元格

选择一个单元格有以下几种方法。

方法一：单击工作表中任意一个单元格，即可选中该单元格。默认状态下，单元格被选中后，单元格的地址会显示在名称框中，内容会显示在编辑栏中。

方法二：在名称框中输入需选中的单元格名称即可。

方法三：选择“开始”选项卡，在“编辑”选项组中单击“查找和选择”按钮，从弹出的下拉列表中选择“转到”命令，如图 3-13 所示。弹出“定位”对话框，在“引用位置”文本框中输入单元格引用，然后再单击“确定”按钮，如图 3-14 所示。

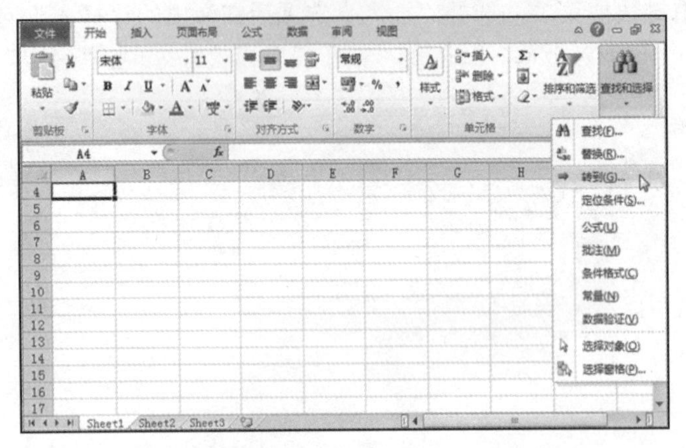

图 3-13　查找和选择

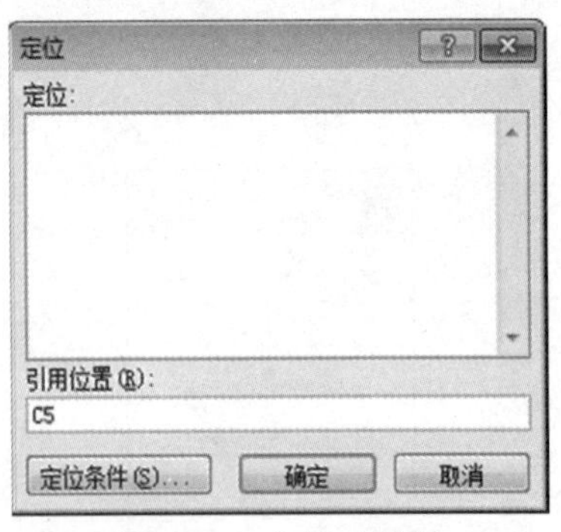

图 3-14　定位对话框

② 选择多个单元格

同时选择多个单元格，被称为选择单元格区域。选择多个单元格又可分为选择连续的多个单元格和选择不连续的多个单元格，具体操作方法如下。

选择连续的多个单元格：单击要选择的单元格区域左上角的单元格，按住鼠标拖动至单元格区域右下角的单元格，释放鼠标即可选择单元格区域。

选择不连续的多个单元格：先单击第一个要选择的单元格，再按住 Ctrl 键，依次单击其他要选择的单元格，完成后松开 Ctrl 键，即可选择不连续的多个单元格。

③ 选择全部单元格

选择工作表中的全部单元格，有以下两种方法。

方法一：单击工作表左上角行号和列标交叉处的“全选”按钮，即可选择工作表的全部单元格。

方法二：单击数据区域中的任意一个单元格，然后按 Ctrl+A 键，可以选择连续的数据区域；单击工作表中的空白单元格，再按 Ctrl+A 键，即可选择工作表的全部单元格。

2） 插入行、列或单元格

要在已建好的工作表的指定位置添加新的内容，就需要插入行、列或单元格，具体操作方法如下：

① 插入行的操作

要在工作表的某单元格上方插入一行，可选中该单元格，单击“开始”选项卡上“单元格”组中“插入”按钮右侧的小三角按钮，在展开的列表中选择“插入工作表行”选项即可在当前位置上方插入一个空行，原有的行自动下移。

② 插入列的操作

同样，要在工作表的某个单元格左侧插入一列，只需选中该单元格，单击“开始”选项卡上“单元格”组中“插入”按钮右侧的小三角按钮，在展开的列表中选择“插入工作表列”选项，此时原有的列自动右移。

如果同时选中多个行或列，然后单击“开始”选项卡上“单元格”组中“插入”按钮，在展开的下拉列表中选择“插入工作表行”或“插入工作表列”选项，可一次插入多个行或列。

③ 插入单元格

要插入单元格，可选中要插入单元格的位置，然后在“插入”列表中选择“插入单元格”项，弹出“插入”对话框。在打开的“插入”对话框中选择原单元格的移动方向即可，

3） 删除行、列或单元格

对于表格中不需要的单元格、行或列，我们可以将其删除，删除后空出的位置由周围的单元格补充。具体的操作方法如下：

选中要删除的单元格或单元格区域，然后单击“开始”选项卡上“单元格”组中“删除”按钮右侧的小三角按钮，在其展开的下拉列表中选择“删除单元格”选项，在打开的“删除”对话框中可选择由哪个方向的单元格补充空出来的位置，单击“确定”按钮即可

要删除行或列，只需选中要删除的行或列包含的任意单元格，然后单击“开始”选项卡上“单元格”组中“删除”下拉列表中的“删除工作表行”或“删除工作表列”，即可删除插入点所在行或列。如果同时选中多个单元格，则可同时删除多行或多列。

4） 复制和移动单元格区域

关于复制和移动单元格区域，分别以两种方式来介绍：

① 制单元格区域

方法一：先选中要复制的单元格区域，将光标移到该区域的外边框上，在光标形状变为十字形时，按住“Ctrl”键不放，单击鼠标并拖动鼠标到目标区域的左上角单元格再释放鼠标左键和“Ctrl”键完成复制操作。

方法二：先选中要复制的单元格区域，按下[Ctrl+C]组合键进行复制，将光标定位到目标区域的左上角单元格上，按下[Ctrl+V]组合键进行粘贴即可。

② 移动单元格区域

方法一：先选中要移动的单元格区域，将光标移到该区域的外边框上，在光标形状变为十字形时，单击鼠标并拖动鼠标到目标区域的左上角单元格完成移动操作。

说明：在通过方法一移动单元格式区域时，可在拖动鼠标过程中按住“Shift”键不放，从而起到移动并插入该单元格区域的特殊效果。

方法二：先选中要移动的单元格区域，按下[Ctrl+X]组合键进行剪切，将光标定位到目标区域的左上角单元格上，按下[Ctrl+V]组合键进行粘贴即可。

③ 选择性粘贴

在 Excel 中，复制或移动操作不仅会对当前单元格区域的数据起作用，还会影响到该区域中的格式、公式及批注等，可通过选择性粘贴来消除这种影响，通过选择性粘贴能对所复制的单元格区域进行有选择地粘贴，具体操作步骤如下。

（1） 先复制好要执行选择性粘贴的单元格区域，并将光标定位到要粘贴的位置。

（2） 单击“开始”选项卡中“粘贴”按钮下方的按钮，在弹出如图 3-15“粘贴”菜单所示的菜单中选择合适的按钮结束操作（或选择“选择性粘贴”选项，在弹出的如图 3-16“选择性粘贴”对话框的“选择性粘贴”对话框中选择相应的按钮后单击“确定”按钮结束操作）。

图 3-15 “粘贴”菜单

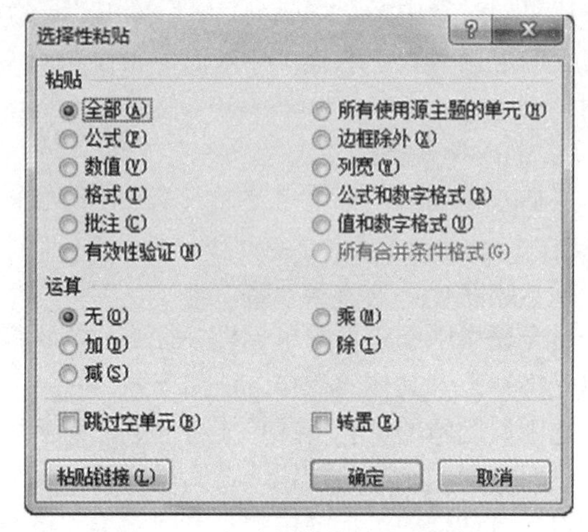

图 3-16 “选择性粘贴”对话框

▶▶ 3.1.3 输入和编辑工作表数据

1. 输入数据

在 Excel 2010 中，在单元格中可以输入多种类型的数据，包括：数字、文本、公式、函数、日期与时间等。

向单元格中输入数据可以有以下几种方法：

- 单击要输入数据的单元格，然后直接输入数据。
- 双击单元格，当单元格内出现光标闪烁时，可以输入或修改数据。
- 单击单元格，在编辑栏输入或修改单元格数据。

1） 输入数值型数据

数值型数据是 Excel 中使用较多的数据类型，它可以是整数、小数或用科学记数表示的数（如：3.12E+14）。在数值中又可以出现包括负号（-）、百分号（%）、分数符号（/）、指数符号（E）等。单元格的数字格式类型有数值、货币、会计专用、分数等，所有数值都自动右对齐。

下面介绍几种输入数值时的特殊情况。

① 输入较大的数

如果输入的数字整数部分长度超过 11 位时，将自动转换成科学计数法表示，如 123456789123，在单元格中显示 1.235E+11。如果单元格宽度不足以显示所有数值时，系统自动将数值转换为科学计数法表示；如果单元格宽度仍然不足，系统会将单元格区域填满“#”，此时需改变单元格的数字格式或列宽来显示所有数值。若输入的是常规数值（包含整数、小数）且输入的数值中包含 15 位以上的数字时，由于 Excel 的精度问题，超过 15 位的数字都会被舍入到 0（即从第 16 位起都变为 0）。

② 输入负数

一般情况下输入负数可通过添加负号“-”来进行标识，如可以直接输入“-8”，但在 Excel 中，还可以通过将数值置于小括号“()”中来表示负数，如输入“(8)”时，也表示-8。

③ 输入分数

输入分数时，为了和 Excel 中日期型数据的分隔符相区分，需要在输入分数之前先输入一个零和一个空格作为分数标志。如输入“0 1/5”时，则显示“1/5”，它的值为 0.2。

2） 输入文本

在 Excel 2010 中每个单元格最多可包含 32767 个字符，输入文本前要先选择存储文本的单元格，输入完成后按“Enter”键结束。Excel 会自动识别文本类型，并将文本内容默认设置为“左对齐”。

如果当前单元格的列宽不够容纳输入的全部文本内容时，超过列宽的部分会显示在该单元格右侧相邻的单元格位置上。如果该相邻单元格上已有数据，则超过列宽的部分将被隐藏。

如果在单元格中输入的是多行数据，可通过[Alt+Enter]组合键在单元格内进行换行，换行后的单元格中将显示多行文本，行的高度也会自动增大。

有些数字是无需计算的，如电话号码、邮政编码、学号等，系统往往把他们处理为由数字字符组成的文本。为了和数值区别，在这些数字之前加上半角的单引号，则系统会自动在数字所在单元格的左上角出现一个绿色的三角。

3） 输入日期与时间

Excel 中日期的格式是以斜线“/”或分隔符“-”来分隔年、月、日，如 2016-5-19 或 2016/5/19。与日常生活中相同，Excel 中的时间格式不仅要用“：”隔开，而且也分 12 小时制（默认状态）和 24 小时制。在输入 12 小时制的时间时，需要在时间的后面空一格再输入字母 am（或 AM）来表示上午，或输入 pm（或 PM）来表示下午。如果要输入 2016 年 12 月 8 日下午 3 点 10 分，可以使用的输入格式为：16-12-8 15:10 或 16-12-8 3:10 pm。

还可以通过组合键来输入日期和时间。例如：按“Ctrl+;”组合键，可输入当前日期；按“Ctrl+shift+;”组合键，可输入当前时间；按“Ctrl+#”组合键，可以使用默认的日期格式对单元格格式化；按“Ctrl+@”组合键可以使用默认的时间格式格式化单元格。

2. 填充数据

在表格中经常会出现一组重复的数字或文本，或者出现有规律的序列，逐个输入非常繁琐。此时就可以发挥 Excel 的优势，使用数据的填充功能会提高数据输入的效率。

1） 填充一组相同数据

在需要填充一组重复的数字或文本时，先选中被复制的单元格，将鼠标指针放在该单元外框的右下角，鼠标指针将变成黑色十字形“+”(称为填充柄)，此时拖动鼠标滑过要填充的区域，则该区域的单元格与被复制的单元格内容相同。

2） 填充一个序列

对于数字序列，先选中起始数字所在的单元格，按住 Ctrl 键不放，此时填充柄将变成两个黑色十字形，用鼠标拖动填充柄滑过要填充的区域，则该区域的单元格形成一个步长值为“1”的等差数列，如图 3-17 自动产生等差数列中的 A 列。也可以先输入数字序列中的两个数字，选中这两个数字所在的单元格后拖动填充柄即可。具体见图 3-17 自动产生等差数列所示的 B 列。

3）　通过自定义序列填充输入

在 Excel 中某些有规律的数据序列，如月份：一月、二月……；星期：星期一、星期二……等。这些数据序列，可通过输入其中一项后直接拖动填充柄在同行（或同列）填充出该组序列。如图 3-18 所示为在 C1 单元格中输入“星期一”后直接拖动填充柄到 C9 单元格的填充结果。

A	B
2	1
3	3
4	5
5	7
6	9
7	11
8	13
9	15
10	17
11	19
12	21
13	23

图 3-17　自动产生等差数列

	A	B	C	D	E
1			星期一		
2			星期二		
3			星期三		
4			星期四		
5			星期五		
6			星期六		
7			星期日		
8			星期一		
9			星期二		
10					

图 3-18　规律数据序列填充示例

Excel 系统内部已经定义过一些基本的序列，用户也可添加新的序列，具体操作方法是：打开“文件”选项卡，在弹出的下拉菜单中选择“选项”命令项，弹出“Excel 选项”对话框，在该对话框的左侧窗格中选择“高级”选项，将右侧窗格中的滚动条向下滚动直到当前显示的为“常规”栏为止，如图 3-19 所示，单击“常规”栏中的“编辑自定义列表”按钮，在弹出的“自定义序列”对话框中左侧列表选择“新序列”选项，右侧的“输入序列”编辑框中输入“周一”到“周日”的自定义序列并单击“添加”按钮，可以看到，该序列已经被添加到左侧的“自定义序列”列表底端（如图 3-20 所示），单击“确定”按钮即可完成添加。

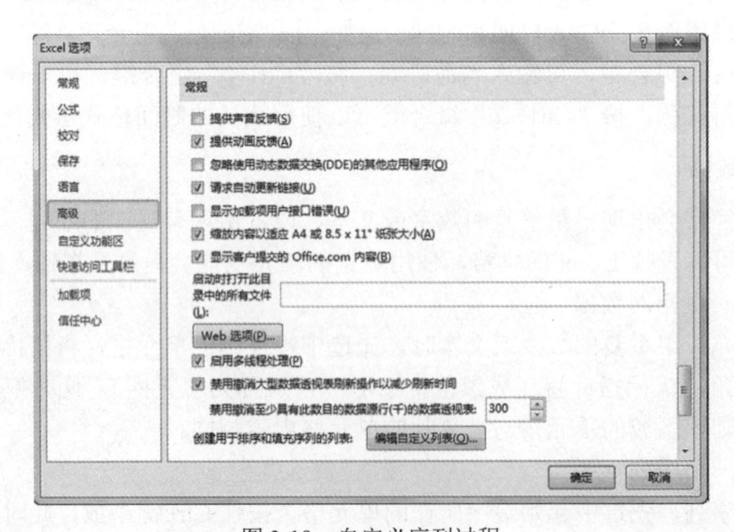

图 3-19　自定义序列过程

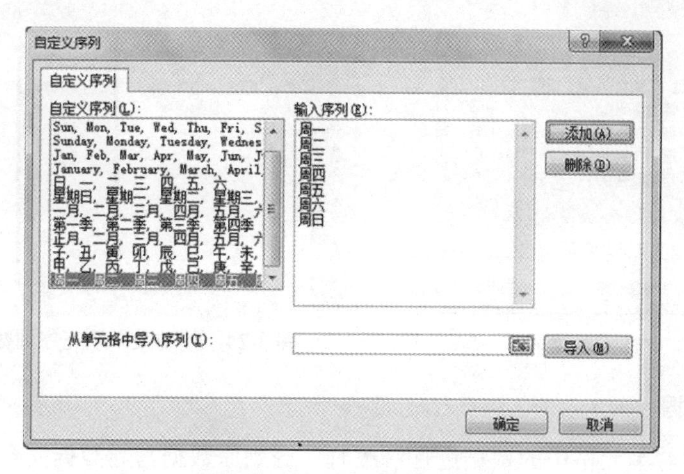

图 3-20　添加自定义序列

如果要删除自定义序列，可在“自定义序列”对话框左侧列表中选中要删除的自定义序列，再单击“删除”按钮，在弹出的提醒对话框中单击“确定”按钮即可。

从“自定义序列”对话框左侧列表中可以看出，之所以在默认情况下可以直接填充“星期一”到“星期日”等序列，是因为这些序列已经被 Excel 默认添加到自定义序列中了。

4）　使用菜单填充输入

数据填充操作也可以通过菜单的方式进行，而且通过菜单方式填充的数据序列类型更多，具体操作如下：

先在填充区域的起始单元格中输入要填充的起始数据，从该单元格开始（包括该单元格）选定要填充的行或列区域，单击“开始”选项卡中“填充”按钮右侧的按钮，在弹出的如图 3-21 所示的菜单中选择相应的填充方向完成填充。Excel 会从选定的单元格出发，根据选择的填充方向填充与输入数据相同的数据到选定的行或行区域。如在 C1 单元格中输入 2 再选定 C1 到 C9 区域，接着在图 3-21 所示的菜单中选择“向下”选项后的结果如图 3-22 所示。

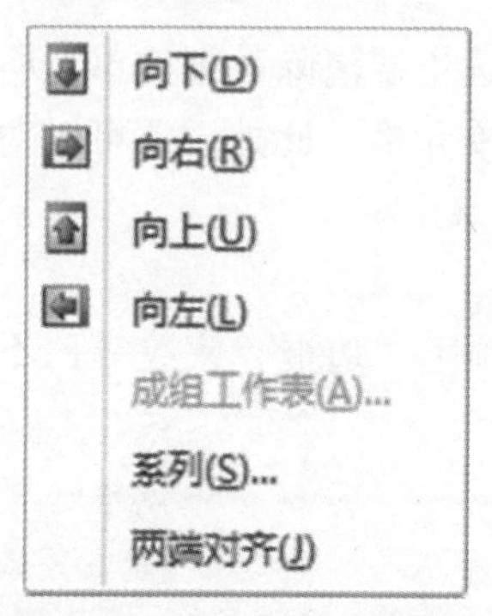

图 3-21　填充方式设置菜单

	A	B	C	D	E
1			2		
2			2		
3			2		
4			2		
5			2		
6			2		
7			2		
8			2		
9			2		
10					

图 3-22　使用菜单填充相同数据后的效果

如果要填充的是数据序列，也可在图 3-21 中的菜单中选择“系列”选项，在弹出的“序列”对话框（如图 3-23 所示）中选择相应的序列选项再单击“确定”按钮完成操作。如在 C1 单元格中输入 2 再选定 C1 到 C9 区域，接着按图 3-23 中所示的“序列”对话框进行设置后的结果如图 3-24 所示。

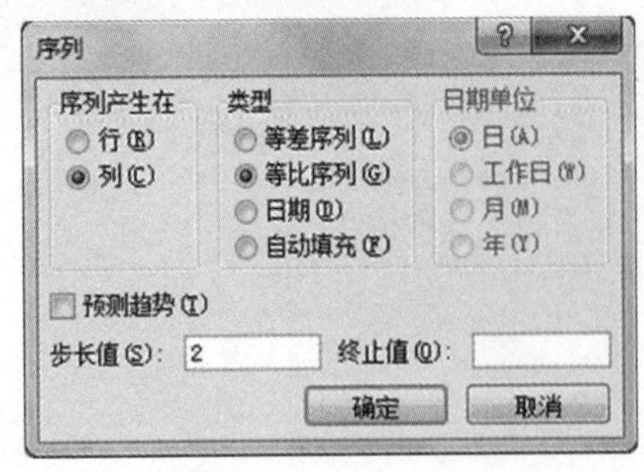

图 3-23　“序列”对话框

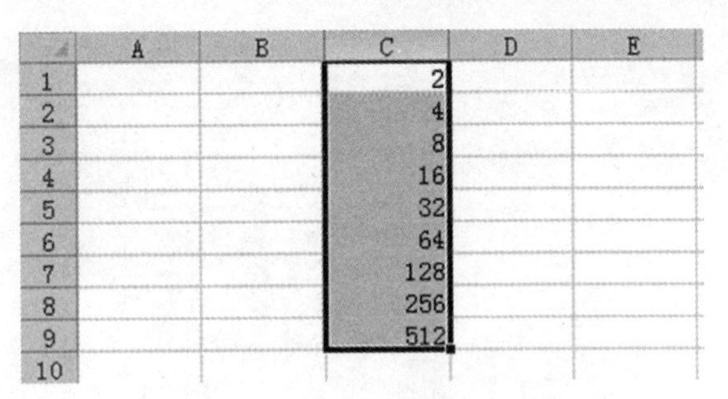

图 3-24　使用菜单填充序列数据后的效果

3. 修改数据

如果在对当前单元格中的数据进行修改时，遇到原数据与新数据完全不一样，就可以重新输入数据；当原数据中只有个别数据与新数据不同时，则可以使用以下两种方法来修改单元格中的数据。

方法一：在单元格中修改。双击要修改数据的单元格，或者选择单元格后，按 F2 键将光标定位到该单元格中，再按 Backspace 键或 Delete 键将字符删除，然后再输入新数据，按 Enter 键确认。

方法二：在编辑栏中修改。单击要修改数据的单元格（该单元格中的内容会显示在编辑栏中），然后再单击编辑栏，并对其中的内容进行修改即可。当单元格中的数据较多时，利用编辑栏来修改数据更方便。

4. 数据的清除、删除

对于一个单元格或一个单元格区域，删除与清除操作的结果是不完全一致的。清除可以只清除单元格的格式、内容、批注等之一，而删除则将单元格或单元格区域中的所有内容和格式全部清除掉。

选定单元格或单元格区域后，使用右击弹出的快捷菜单中的【删除】命令可以顺利的完成单元格的删除操作。

“清除”选项在【开始】选项卡的【编辑】选项组中。选中要清除数据的单元格，按 Delete 键，完成对单元格内容的删除，此时出现一个空白的单元格。此外，还可以对单元格进行如下清楚：

- 全部清除：清除选定的单元格中所有的内容和格式。
- 清除格式：只清除选定单元格格式设置，如字体、颜色、边框、底纹等，不清除内容和批注。
- 清除批注：只清除选定单元格的批注。
- 清除超链接：只清除选定单元格的超链接。

5. 查找和替换数据

创建完表格后，发现有些单元格的格式有误，此时可以通过查找和替换数据格式来对其进行修改。具体操作步骤如下：

选择“开始”选项卡，在“编辑”选项组中单击“查找和选择”按钮，从弹出的下拉列表中选择“替换”命令，弹出“查找和替换”对话框，如图 3-25 所示。单击“选项”按钮，以显示更多的参数项，单击“格式”按钮右侧的下拉按钮，从弹出的下拉列表中选择“从单元格选择格式”命令，如图 3-26 所示。

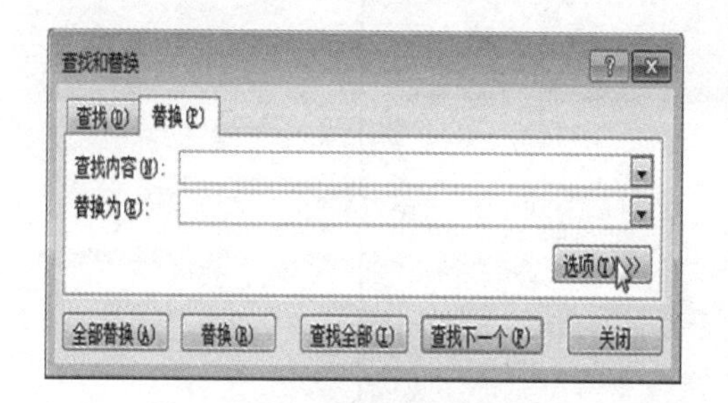

图 3-25　查找和替换对话框

图 3-26　单元格格式

此时光标变成为状（如图 3-27 所示），然后单击一个数据格式有误的单元格。单击后，系统将自动弹出“查找和替换”对话框，单击“格式”按钮右侧的下拉按钮，从弹出的下拉列表中选择“格式”命令，如图 3-28 所示。

	A	B	C	D	E	F	G	H
1	二月份员工工资表							
2								
3	工号	姓名	部门	基本工资	绩效奖金	加班工资	应发工资	
4	00001	张三	事业部	5600	1200	560		
5	00002	李四	开发部	5400	100	550		
6	00003	王二麻子	行政部	4800	1100	200		
7	00004	赵六	人事部	5000	1000	0		
8	00005	张冠	财务部	6200	800	0		
9	00006	李戴	销售部	2500	3200	1200		
10	00007	牛妞	销售部	2500	4000	1000		
11	00008	武媚娘	人事部	6000	1000	0		
12	00009	李治	财务部	4500	900	0		
13	00010	耿小杰	人事部	5800	500	0		
14								

图 3-27　光标

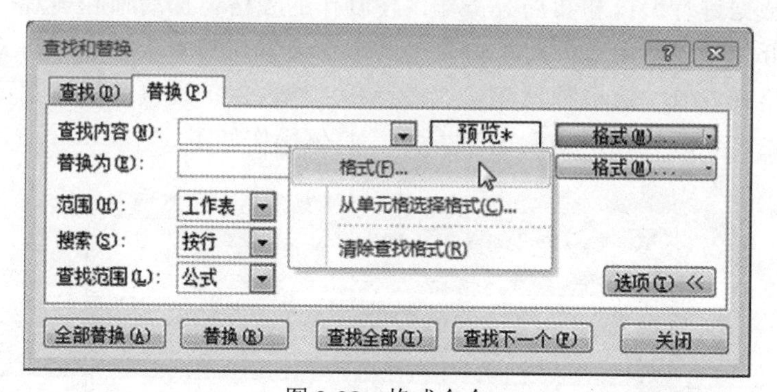

图 3-28　格式命令

在弹出“查找格式”对话框，然后再选择一种正确的格式（这里选择货币），如图 3-29 所示。单击“确定”按钮，返回“查找和替换”对话框，再单击“全部替换”按钮，即可完成替换单元格中数据格式的操作。然后再加大各列的列宽，以显示出完成的数据内容，如图 3-30 所示。

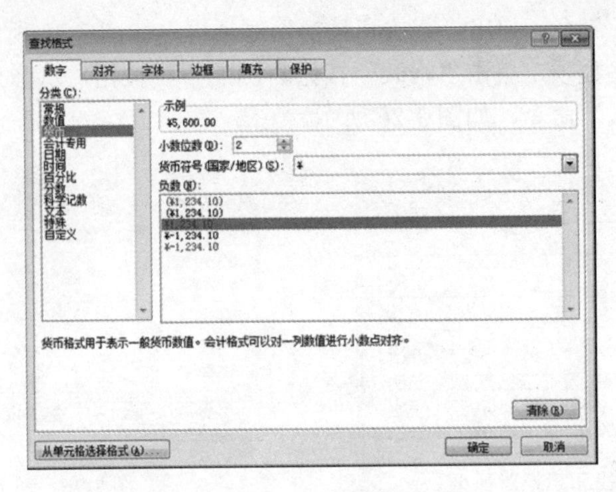

图 3-29　单元格格式

	A	B	C	D	E	F	G
1	二月份员工工资表						
2							
3	工号	姓名	部门	基本工资	绩效奖金	加班工资	应发工资
4	00001	张三	事业部	¥5,600.00	¥1,200.00	¥560.00	
5	00002	李四	开发部	¥5,400.00	¥100.00	¥550.00	
6	00003	王二麻子	行政部	¥4,800.00	¥1,100.00	¥200.00	
7	00004	赵六	人事部	¥5,000.00	¥1,000.00	¥0.00	
8	00005	张冠	财务部	¥6,200.00	¥800.00	¥0.00	
9	00006	李戴	销售部	¥2,500.00	¥3,200.00	¥1,200.00	
10	00007	牛妞	销售部	¥2,500.00	¥4,000.00	¥1,000.00	
11	00008	武媚娘	人事部	¥6,000.00	¥1,000.00	¥0.00	
12	00009	李治	财务部	¥4,500.00	¥900.00	¥0.00	
13	00010	耿小杰	人事部	¥5,800.00	¥500.00	¥0.00	
14							

Sheet1 Sheet2 Sheet3

图 3-30　调整列宽

▶▶ 3.1.4　工作表的格式化

Excel 2010 还提供了许多工具对工作表的格式进行美化，利用这些工具可以更合理地对工作表中的数据进行编排和布局等操作，使制作的表格更加清晰和美观。

Excel 2010 中可以从多方面对工作表格式进行设置，其中数据显示格式设置、对齐方式设置、文字格式设置、边框和填充格式设置和工作表保护设置等操作都可通过“设置单元格格式”对话框完成设置，如图 3-31 所示，具体操作如下。

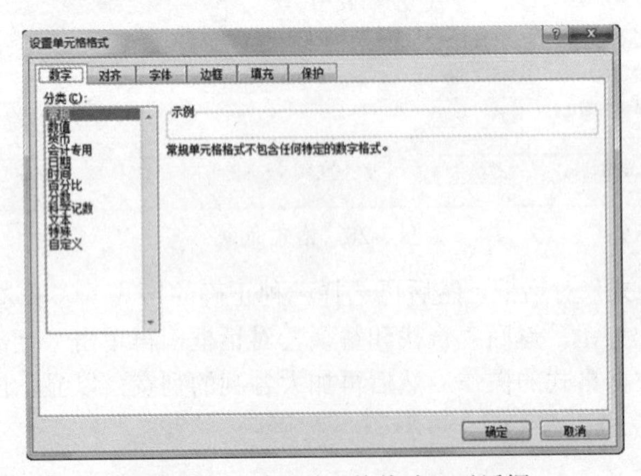

图 3-31　“设置单元格格式”对话框

选择要设置格式的单元格区域，单击“开始”选项卡“单元格”选项组中的“格式”按钮，在弹出的菜单中选择“设置单元格格式”选项即可打开“设置单元格格式”对话框（也可通过右键单击，在弹出的快捷菜单中选择“设置单元格格式”选项）。

电子表格与文本一样需要修饰，使用Excel的格式化功能可以对数据进行格式化设置，将会使数据表达更加清晰、美观，更便于查看和打印输出。

1） 设置行高和列宽

① 鼠标拖动设置行高与列宽

② 在选定要调整的行后，在行号位置处用鼠标拖动调整任意一个选定的行的高度，拖动鼠标的同时可以显示当前行高的具体值，同理可以完成列宽的调整。

③ 使用功能选项卡设置行高与列宽。

在选定要调整的行后，单击“开始”选项卡“单元格”选项组中“格式”选项下拉列表中的“行高”命令，在弹出的“行高”对话框中输入具体的行高数值即可。同理，在选定要调整的列后，单击“开始”选项卡“单元格”选项组中“格式”选项下拉列表中的“列宽”命令，在弹出的“列宽”对话框中输入具体的列宽数值即可。

④ 设置最适合的行高与列宽

设置最合适的行高与列宽是指根据行内数据的宽度或高度自动调整行的高度或列的宽度。选中要调整的行后，单击“开始”选项卡“单元格”选项组中“格式”选项下拉列表中的“自动调整行高”选项或者将鼠标停放在行号中两行的边界处，鼠标指针变成上下方向的黑箭头时双击设置为最适合的行高。同理，单击“开始”选项卡“单元格”选项组中“格式”选项下拉列表中的“自动调整列宽”选项，或者将鼠标停放在列标中两列的边界处，鼠标指针变成上下方向的黑箭头时双击设置为最适合的列宽。

2） 单元格数字格式设置

根据数据的用途，对于单元格内数字的类型与显示格式的要求也不相同。Excel 2010中的数字类型有常规、数值、货币、会计专用、日期、时间、百分比、分数、科学计数、文本、自定义等。单元格默认的数字格式为“常规”格式，系统根据输入数据的具体特点自动设置为适当的格式。

选定单元格或单元格区域后，右键单击该单元格或单元格区域，在弹出的快捷菜单中选择“设置单元格格式”子菜单，打开如图3-31“设置单元格格式”对话框所示的对话框，在“数字”选项卡中设置设置数字类型。

3） 对齐方式设置

选定单元格或单元格区域后，单击“开始”选项卡“单元格”选项组中“格式”选项下拉列表中的“设置单元格格式”选项，打开“设置单元格格式”对话框子菜单，选中“设置单元格格式”对话框中的单击“对齐”选项卡。利用“对齐”对单元格的对齐方式进行设置，其中常用的设置有：

- 水平对齐方式：可以选择常规、靠左、靠右、填充、两端对齐、跨列居中等。其中“填充”的对齐方式是指单元格内容不足以填满单元格宽度时，将其中的内容循环显示，直到填满为止。
- 垂直对齐方式：可以选择靠上、居中、靠下、两端对齐、分散对齐等。
- 方向：可以设置文字在单元格中的倾斜方向与角度。

- 文本控制：当单元格内文字超过单元格宽度时，系统默认的显示方式是浮动于右侧单元格上方或将超长部分隐藏。如果设置为“自动换行”，文本将多行正常显示；“合并单元格”复选框的功能是将选定的单元格合并且居中，常用于表头设置。如果取消选择“合并单元格”复选框，则自动拆分已合并的单元格。

同时，单击“开始”选项卡中“对齐方式”功能区中的“左对齐”“右对齐“和”居中“按钮可以快速设置水平对齐方式。单击“开始”选项卡中“对齐方式”功能区中的“合并后居中” 合并后居中 ·按钮和“自动换行” 自动换行 按钮可以快速完成单元格的合并与拆分和自动换行操作。

4） 字体设置

与文本文件的格式化设置相同，Excel 电子表格也可设置字体、字形、字号、颜色、线条等效果，可以使用“开始”选项卡中“字体”功能区中的选项按钮和“设置单元格格式”对话框中的“字体”选项卡自由设置字体格式。

选定单元格或单元格区域后，单击“开始”选项卡“单元格”选项组中“格式”选项下拉列表中的“设置单元格格式”选项，打开“设置单元格格式”对话框子菜单，选中“设置单元格格式”对话框中的“字体”选项卡，进行字体格式设置。

或者，选定单元格或单元格区域后，单击“开始”选项卡中“字体”功能区中的选项按钮，可以自由设置字体的格式。

5） 边框设置

在电子表格的修饰中，边框是重要手段之一，可以令表格中的数据有效地呈现。选中格式化的单元格区域后，单选定单元格或单元格区域后，单击“开始”选项卡“单元格”选项组中“格式”选项下拉列表中的“设置单元格格式”选项，打开“设置单元格格式”对话框子菜单，选中“设置单元格格式”对话框中的“边框”选项卡，实现对选中表格对象的边框设置操作。

使用“边框”选项卡设置表格边框，可以非常灵活地设置有特色的表格边框。操作时要遵循的原则是：先在“线条”栏选择线条类型或颜色，再对“预置”栏或“边框”栏中选择边框样式，在“边框”栏可以随时预览到边框效果。

6） 底纹设置

选中格式化的单元格区域后，单击“开始”选项卡“单元格”选项组中“格式”选项下拉列表中的“设置单元格格式”选项，打开“设置单元格格式”对话框子菜单，选中“设置单元格格式”对话框中的“填充”选项卡，即可在弹出的调色板中选择合适的颜色即可。

上述方法只能为单元格填充单一颜色，而不能填充图案等。要设置更多，单击“填充”选项卡中的“填充效果”按钮，弹出“填充效果”对话框，即可选中合适的颜色和底纹样式，设置丰富多彩的底纹效果。

3.1.5 公式与函数的应用

在Excel中处理批量数据时，使用公式和函数将会带来很大的方便。公式和函数是Excel的重要组成部分，可以对数据进行批量的计算及计算结果的同步更新。Excel 2010 中可利用公式与函数对工作表中的数据进行各种计算与分析。公式是函数的基础。与直接使用公式相比，使用函数计算的速度更快，同时减少了错误的发生。

1. 公式概述

在 Excel 中，公式就是一个等式，由等号“=”开头，后面紧跟着一个表达式。因此 Excel 中的公式可以表示为 “=表达式”。

其中的表达式又由运算符和运算数组成。运算符包括算术运算符、比较运算符和文本运算符等；运算数则可以是常量、单元格引用、单元格区域引用及函数等。

1） 运算符

在 Excel 公式中，使用的运算符主要有以下三种：

① 算术运算符

算术运算符在公式中主要用来完成基本的数学运算，如加、减、乘、除等。具体的算术运算符及其表示的意义如下：

加（+）、减（-）、乘（*）、除（/）、百分号（%）、负号（-）、乘幂（^）

在 Excel 公式中，算术运算符的运算优先级与数学中的相同，如公式“=10-50%*3”中先计算“*”的部分，后计算“+”的部分，最后的值为 8.5。

② 比较运算符

比较运算符主要用来判断条件是否成立，若成立，则结果为 TRUE（真），反之则结果为 FALSE（假）。Excel 中的比较运算符有：

小于（<）、小于等于（<=）、大于（>）、大于等于（>=）、等于（=）、不等于（<>）

比较运算符的优先级低于算术运算符的优先级。使用比较运算符的公式如“=1<>5”表示判断 1 是否不等于 5，其结果显然是成立的，因此该公式的结果为 TRUE。

③ 字符运算符

字符运算符主要用来连接两个或多个字符串，运算结果为连接后生成的新字符串。字符运算符只有一个：连接（&）。

字符运算符的优先级高于比较运算符的优先级，但又低于算术运算符的优先级。使用字符运算符构成的公式如“=”Who ”&”are ”&”you””，表示公式中的三个字符串连接到一起，结果为“Who are you”。

④ 引用运算符

引用运算符主要是用来对单元格区域的合并计算。引用运算符包括冒号（:）、逗号（,）和空格。

冒号（:）：区域运算符，对两个应用之间，包括两个引用在内的所有单元格进行引用。例如 F1：F8，引用了 F1 到 F8 的所有单元格。

逗号（,）：联合运算符，将多个引用合并为一个引用。例如：SUM（B2:C5，D3:G5），表示对单元格区域 B2:C5 和 D3:G5 中的所有数值统一求和。

空格：交叉运算符，将两个单元格区域共同引用的单元格，与集合运算中的“交”运算相似。例如：A1=1，B1=2，C1=3，D1=4，计算 SUM（A1:C1 B1:D1）的值应该是 2 和 3 的和，即 5。因为 A1:C1 和 B1:D1 这两个区域的交集是 B1 和 C1，即 2 和 3。

⑤ 运算符的优先级顺序

由于公式中使用的运算符不同，公式运算结果的类型也不同。Excel 2010 运算符也有优先级，其优先级由高到低为：冒号（:）—逗号（,）—空格—负号（-）—百分比（%）—乘幂（^）—乘（*）和除（/）—加（+）和减（-）—文本连接符（&）—比较运算符（=、<、>、>=、<=、<>）。使用括号可以强制改变运算符的优先顺序，因为表达式中括号的优先级最高。如果公式中包含多个相同优先级的运算符，则 Excel 2010 将从左向右计算。

2）单元格引用

Excel 中的单元格引用可以理解为使用单元格名称来代替单元格中的数据来参与公式运算。单元格的地址有相对引用地址、绝对引用地址和混合引用地址三种。

① 相对引用地址。这种方式的地址引用，会因为公式所在位置的变化而发生对应的变化。例如：某公式中引用了“A3”单元格，当该公式复制到其他单元格时，此公式的相对地址会随之发生变化。

② 绝对引用地址。这种方式的地址引用，地址不会因为公式所在位置的变化而发生变化，当该公式复制到其他单元格时，此公式的绝对地址是不会发生变化的。其引用方式是在单元格地址的列名、行号前都加上“$”符号，例如:某公式中绝对引用了“A1”单元格，公式中引用的地址应该写成“$A$1”。

③ 混合引用地址。如果我们需要固定某列而变化某行，或是固定某行而变化某列的引用时，可采用混合引用地址，其表达方式为“$A1”或“A$1”。

3）公式的输入、显示和复制

① 输入公式

在 Excel 2010 中，如果某个单元格的内容需要输入公式，那么公式必须以等号（=）开始，说明此时在单元格中输入的是公式。公式书写完毕后单击回车键或者单击编辑栏前面✓按钮表示确认，如果不保存对公式的书写或者修改，则单击✗按钮即可。

公式可以包含常量、变量、数值、运算符和单元格地址等。在单元格中输入公式后，单元格中显示的是公式计算的结果，而在编辑栏中显示输入的公式。如果：一个单元格输入的是 1+7，表示该单元格中的数据的类型是文本，该单元格显示“1+7”三个符号；如果一个单元格内输入=1+7，则表示该单元格的内容是一个数值公式，该公式的运算结果为 8，所以该单元格显示 8。

② 显示公式

单击“公式“选项卡中“公式审核”选项组中的“显示公式”命令，就可以在单元格中显示输入的公式。

③ 复制和移动公式

在 Excel 2010 中可以复制和移动公式，移动公式时，公式内的单元格引用不会更改；复制公式时，单元格引用将根据引用类型而变化。

2. 函数

函数是由 Excel 预先定义好的特殊公式，如 SUM 函数表示求和、AVERAGE 函数则表示求平均等。函数通过参数来接受要计算的数据并返回计算结果，如函数表达式 SUM(A3:E10)表示求 A3 到 E10 区域中所有数据的和，其中 A3:E10 就是 SUM 函数的参数。函数的输入格式如下：

函数名（参数 1，参数 2，……）

其中，参数的个数和类别由该函数的功能和性质决定，各参数之间用逗号分隔。

Excel 2010 为用户提供了丰富的内置函数，按照功能可分为：统计函数、数学与三角函数、逻辑函数、日期与时间函数、文本函数、财务函数、查找与引用函数、数据库函数、信息函数等 12 种类型。

1） 函数的输入方法

① 通过“插入函数”按钮 f_x 输入

选择要输入函数的单元格（或将光标定位到该单元格内容中要输入函数的位置）。单击“公式”选项卡“函数库”选项组中的“插入函数”按钮 f_x（也可直接单击编辑栏左侧的“插入函数”按钮 f_x），在打开的如图 3-32“插入函数”对话框所示的“插入函数”对话框中通过选择或搜索找到相应的函数后单击“确定”按钮进入该函数参数的设置界面。在函数参数的设置界面（如图 3-33 SUM 函数参数设置界面所示即为 SUM 函数参数设置界面）可借助设置界面中关于参数意义的提示等信息，通过鼠标选择或手工输入设置好参数后，单击“确定”按钮完成函数输入操作。

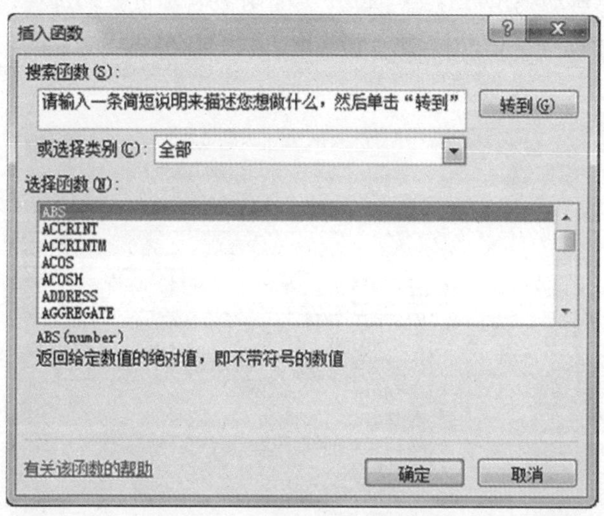

图 3-32 “插入函数”对话框

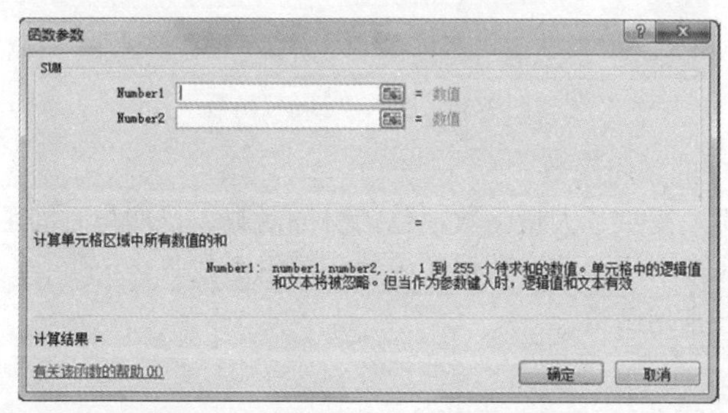

图 3-33 SUM 函数参数设置界面

② 通过“公式”选项卡输入

在插入函数时如果已经知道函数所在的类别，就可以直接单击选项卡中对应的类别按钮快速查找该函数，具体操作如下。

打开“公式”选项卡，在如图 3-34 所示的“函数库”选项组功能按钮中单击与函数类型相对应的按钮。在弹出的下拉列表中选择要插入的函数名称后直接进入函数参数设置界面，在参数设置完成后单击“确定”按钮完成操作。

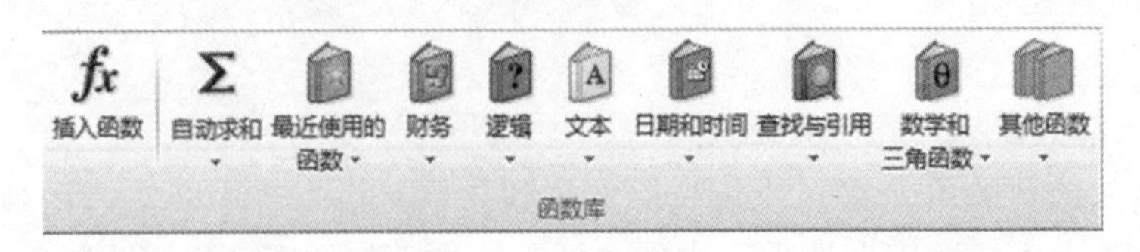

图 3-34　“公式”选项卡

在图 3-34 显示的功能区按钮中还可以看到一个“最近使用的函数”按钮，通过该按钮可打开最近使用过的函数加快函数查找过程。

① 用“公式记忆式键入功能”

在 Excel 2010 中输入函数时，还可以只输入函数的前几个字母，Excel 2010 的“公式记忆式键入功能”会自动列出以这些字母开头的函数名称供我们选择，如图 3-35 所示即为输入 SUM 函数时的过程。借助该功能可以预防我们在输入函数名称时出现拼写错误等问题。

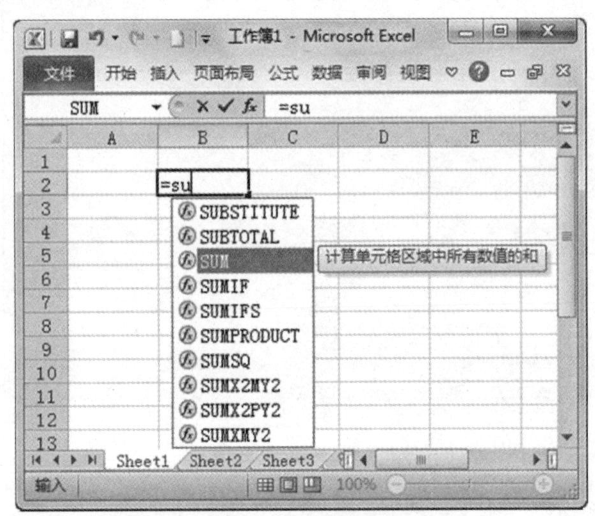

图 3-35　输入“sum”函数

2）Excel 2010 中的常用函数

Excel 2010 为用户提供了大量函数，包括财务函数、日期与时间函数、数学与三角函数、统计函数、查找与引用函数、数据库函数和逻辑函数等。

下面仅介绍一些常用函数。

① SUM 函数

- 函数格式：SUM（参数 1，参数 2，……）
- 函数功能：返回参数列表中所有参数的和。参数可以是数值或数值类型的单元格的引用。

例如：单元格 A1、A2 的值分别为 2 和 4，公式=SUM（A1，A2）的返回值为 6。

② AVERAGE 函数

- 函数格式：AVERAGE（参数 1，参数 2，……）
- 函数功能：返回参数的算术平均值。参数可以是数值或数值类型的单元格的引用。如果参数包含文字、逻辑值或空单元格，则调用中忽略这些值。

例如：如果 C1：C6 单元格的内容是 2、3、5、6、0、8，则公式=AVERAGE（A1：A6）的返回值为 4。

③ COUNT 函数

- 函数格式：SUM（参数 1，参数 2，……）
- 函数功能：返回参数组中的数值型参数和包含数值的单元格的个数，参数的类型不限，非数值型参数将被忽略。

例如：E1、E2、E3 和 E4 单元格的值为：张三、8、abc、0，公式=COUNT（E1：E4）的返回值为 2。

④ MAX 函数

- 函数格式：MAX（参数 1，参数 2，……）
- 函数功能：返回参数清单中的最大值。参数应该是数值或数值类单元格的引用，否则返回错误值#NAME？。
- 例如：E1：E4 的值分别为 7、53、24、78，则公式=MAX（E1：E4）=78。

⑤ MIN 函数

- 函数格式：MIN（参数 1，参数 2，……）
- 函数功能：返回参数清单中的最小值。参数应该是数值或数值类单元格的引用，否则返回错误值#NAME？。
- 例如：E1：E4 的值分别为 7、53、24、78，则公式=MIN（E1：E4）=7

⑥ ROUND 函数

- 函数格式：ROUND（参数 1，参数 2）
- 函数功能：按照参数 2 指定的位数将参数 1 按四舍五入的原则进行取舍。参数 2 为负数则对参数 1 的整数部分进行四舍五入。
- 例如：公式=ROUND（13.14159，3）的返回值为 13.142，ROUND（13.14159，-1）的返回值为 10。

⑦ AND 函数

- 函数格式：AND（logical1，logical2，………）
- 函数功能：所有条件参数 logical1，logical2………（最多为 30）的逻辑值均为真时返回 TRUE，否则只要一个参数的逻辑值为假时就返回 FALSE。该操作成为“与”操作。其中，参数必须为逻辑值，或者包含逻辑值的引用。
- 例如：公式=AND（3>5，7>1，8=4+4），其值为 FALSE，因为 3>5 的值为假。

⑧ OR 函数

- 函数格式：OR（logical1，logical2，………）
- 函数功能：所有条件参数 logical1，logical2………（最多为 30）中只要有一个参数的值为真时返回 TRUE，否则返回 FALSE。该操作成为“或”操作。其中参数用法与 AND 函数相同。

- 例如：公式=AND（3>5，7>1，8=4+4），其值为 TRUE。

⑨ COUNTIF

- 函数格式：COUNTIF（参数 1、参数 2）
- 函数功能：统计给定区域内满足特定条件的单元格的数目。参数 1 为需要统计的单元格区域，参数 2 为条件，可以数字、表达式或文本。如：参数 2 可以表示为 100，“>100”，“计算机”。

⑩ IF 函数

- 函数格式（logical_test，value_if_true，value_if_false）
- 函数功能：根据条件 logical_test 的真假值。返回不同的结果。若 logical_test 的值为真，则返回 value_if_true，否则，返回 value_if_false。
- 例如：公式=if（8>9,8,9）的返回值为 9。

其他的函数如：查找与引用函数、财务函数、数据库函数、信息函数等可以根据实际需要选择学习和使用。

3.1.6 Excel 图表

1. 图表组成

在创建图表之前，我们先来了解一下图表的组成元素。图表由许多部分组成，每一部分就是一个图表项，如图表区、绘图区、标题、坐标轴、数据系列等。

2. 图表类型

利用 Excel 2010 可以创建各种类型的图表，帮助我们以多种方式表示工作表中的数据。各图表类型的作用如下：

- 柱形图：用于显示一段时间内的数据变化或显示各项之间的比较情况。在柱形图中，通常沿水平轴组织类别，而沿垂直轴组织数值。
- 折线图：可显示随时间而变化的连续数据，非常适用于显示在相等时间间隔下的数据的趋势。在折线图中，类别数据沿水平轴均匀分布，所有值数据沿垂直轴均匀分布。
- 饼图：显示一个数据系列中各项的大小与各项总和的比例。饼图中的数据点显示为整个饼图的百分比。
- 条形图：显示各个项目之间的比较情况。
- 面积图：强调数量随时间而变化的程度，也可用于引起人们对总值趋势的注意。
- 散点图：显示若干数据系列中各个数值之间的关系，或者将两组数绘制为 X、Y 坐标的一个系列。
- 股份图：经常用来显示股价的波动。
- 曲面图：显示两组数据之间的最佳组合。
- 圆环图：像饼图一样，圆环图显示各个部分与整体之间的关系，但是它可以包含多个数据系列。

3. 创建和编辑图表

在 Excel 2010 中创建图表的一般流程为：①选中要创建为图表的数据并插入某种类型的图表；②设置图表的标题、坐标轴和网格线等图表布局；③根据需要分别对图表的图表区、绘图区、分类（X）轴、数值（Y）轴和图例项等组成元素进行格式化，从而美化图表。例如：要创建不同商品的销售金额对比图表，操作如下：

① 打开素材，选择要创建图表的“商品名称”和“销售金额”两列数据。

② 在“插入”选项卡“图表”组中单击要插入的图表类型，在打开的列表中选择子类型，即可在当前工作表中插入图表，如图 3-36 所示。

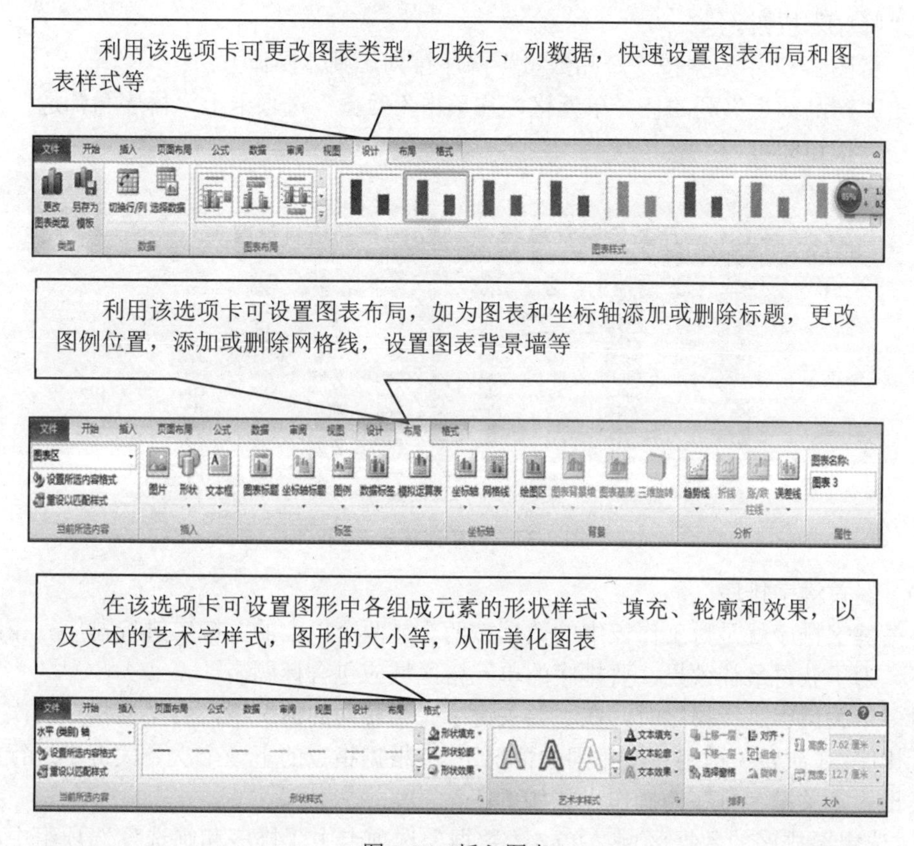

图 3-36 插入图表

③ 创建图表后，将显示“图表工具”选项卡，其包括“设计”“布局”和“格式”3 个子选项卡。用户可以使用这些选项中的命令修改图表，以使图表按照用户所需的方式表示数据。如更改图表类型，调整图表大小、移动图表、向图表中添加或删除数据，对图表进行格式化等。

▶▶ 3.1.7 数据的分析与管理

Excel 2010 为用户提供了强大的数据排序、筛选和汇总等功能，利用这些功能可以方便地整理数据，从而根据需要从不同的角度观察和分析数据，管好自己的工作簿。

1. 数据排序

数据排序指按照一定的规则整理并排列数据，这样可以为进一步分析和管理数据做好准备。对于数据表，可以按照一个或多个字段进行升序或降序的排列。排序的依据和排序方式的选择比较灵活。

1） 简单排序

简单排序是指仅仅按照数据表中的某一列数据进行排序。具体操作步骤为：

① 在数据表中选中排序列字段名所在单元格。

② 根据需要整体排序。单击“数据”选项卡中“排序和筛选”选项组中的“升序”按钮和“降序”按钮。

例：将图 3-37 中数据按“产品数量”降序排列，具体操作方法：

单击“产品数量”列的任一单元格，在单击“数据”选项卡上“排序与筛选”选项组中“降序”按钮即可。

产品资料管理表

产品编号	产品名称	产品数量	产品价格
0001	正装皮鞋	120	500
0002	休闲皮鞋	180	420
0003	休闲鞋	45	450
0004	篮球鞋	56	310
0005	足球鞋	980	220
0006	跑步鞋	45	360
0007	登山鞋	67	440
0008	涉溪鞋	86	260
0009	增高鞋	95	120
0010	凉鞋	23	80
0011	拖鞋	125	40
0012	中靴	56	600
0013	长靴	89	800
0014	短靴	40	400

产品资料管理表

产品编号	产品名称	产品数量	产品价格
0005	足球鞋	980	220
0002	休闲皮鞋	180	420
0011	拖鞋	125	40
0001	正装皮鞋	120	500
0009	增高鞋	95	120
0013	长靴	89	800
0008	涉溪鞋	86	260
0007	登山鞋	67	440
0004	篮球鞋	56	310
0012	中靴	56	600
0003	休闲鞋	45	450
0006	跑步鞋	45	360
0014	短靴	40	400
0010	凉鞋	23	80

图 3-37　简单排序示意图

2） 多关键字排序

多关键字排序就是对工作表中的数据按两个或两个以上的关键字进行排序。在此排序方式下，为了获得最佳效果，要排序的单元格区域应包含标题。

对多个关键字进行排序时，在主要关键字完全相同的情况下，会根据指定的次要关键字进行排序；在次要关键字完全相同的情况下，会根据指定的下一个次要关键字进行排序，以此类推。多关键字排序的操作步骤如下：

① 选定要排序的数据区域。单击“数据”选项卡中“排序和筛选”选项组中的“排序”按钮，弹出“排序”对话框，如图 3-38 所示。

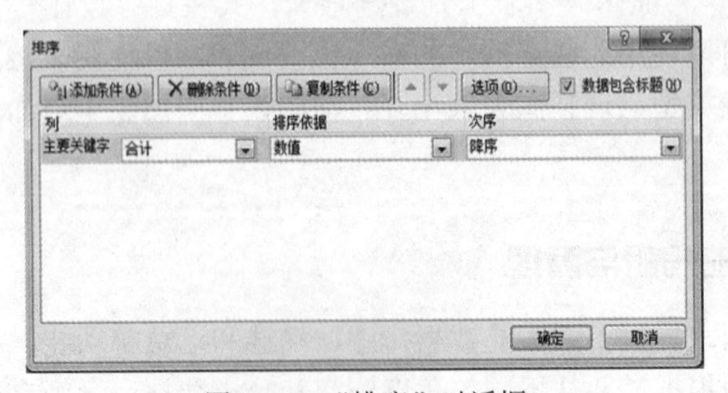

图 3-38　“排序”对话框

② 在“主要关键字”下拉列表中选择主要关键字的字段名，并选择具体的排序方式（升序或者降序）；点击图 3-39 的“添加条件”按钮，在“次要主要关键字”下拉列表中选择主要关键字的字段名，并选择具体的排序方式（升序或者降序）；利用上述方法可以再次添加第三个排序关键字，以此类推。

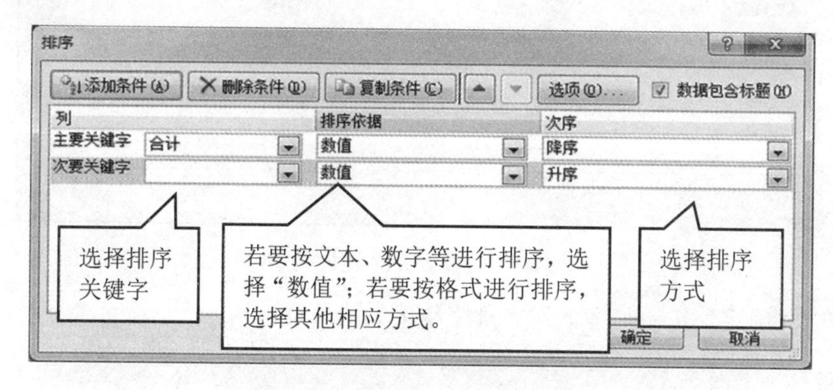

图 3-39　次要关键字排序对话框

③ 在图 3-40 中，选择或取消“数据包含标题”复选框后，点击“确定”按钮。

例：按第一关键字为“性别”，第二关键字为“学历”，第三关键字为“年龄”对图 3-40 所示的“恒泰集团员工信息表”进行多关键字排序。

恒泰集团员工信息表

序号	ID号	姓名	性别	年龄	籍贯	部门	学历	身份证号	基本工资	入厂时间
1	YZ0001	李美丽	男	35	浙江杭州	人事部	硕士	53213197501011200	4200	2000/3/15
2	YZ0002	刘一水	女	50	浙江舟山	生产部	本科	53213197501011245	2500	2003/2/21
3	YZ0003	张啸华	女	30	浙江杭州	销售部	大专	53213197501011278	4200	2004/1/9
4	YZ0004	赵晓思	女	47	浙江温州	财务部	中专	53213197501011234	5000	2007/9/1
5	YZ0005	吴晓敏	女	27	浙江温州	人事部	高中	53213197501011290	3500	2005/5/5
6	YZ0006	王宁清	男	44	浙江温州	生产部	本科	53213197501011267	2500	2008/8/9
7	YZ0007	关弱夏	女	35	浙江温州	销售部	硕士	53213197501011254	3500	2002/9/11
8	YZ0008	车雪梅	女	24	浙江嘉兴	财务部	专科	53213197501011212	2500	2001/3/5
9	YZ0009	朴成贤	男	28	浙江杭州	人事部	本科	53213197501011267	4500	2000/8/2
10	YZ0010	钱进	男	29	浙江舟山	生产部	高中	53213197501011276	2500	2004/6/1
11	YZ0011	任富贵	男	43	浙江衢州	销售部	硕士	53213197501011211	4700	2005/7/8
12	YZ0012	赵亮	男	34	浙江温州	财务部	本科	53213197501011226	4000	2006/6/5
13	YZ0013	孙宁	女	23	浙江杭州	人事部	硕士	53213197501011236	5000	2007/10/11
14	YZ0014	李成功	男	33	浙江温州	生产部	高中	53213197501011291	3000	2003/7/21
15	YZ0015	王刚	男	40	浙江舟山	销售部	专科	53213197501011287	4500	1995/6/2
16	YZ0016	潘晓波	男	45	浙江嘉兴	财务部	本科	53213197501011259	4700	1998/9/2
17	YZ0017	周立方	男	30	浙江宁波	人事部	高中	53213197501011269	3500	2000/5/7
18	YZ0018	夏琳	女	32	浙江杭州	生产部	硕士	53213197501011240	5000	2009/6/2
19	YZ0019	陆涛	男	47	浙江丽水	销售部	本科	53213197501011270	4500	2008/10/23
20	YZ0020	米莱	女	30	浙江衢州	财务部	大专	53213197501011210	4000	2000/1/4
21	YZ0021	华英雄	男	32	浙江杭州	人事部	中专	53213197501011201	3500	2001/5/9
22	YZ0022	杨晓芸	女	39	浙江绍兴	生产部	高中	53213197501011283	2500	2006/7/3

图 3-40　恒泰集团员工信息表

① 单击工作表中的任意单元格，然后单击“数据”选项卡“排序与筛选”选项组中的“排序”按钮。

② 打开“排序”对话框，在“主要关键字”下列列表中选择“性别”，次序为升序。

③ 单击“添加条件”按钮，添加一个次要条件，次要关键字为学历，次序为降序；再次单击“添加条件”按钮，添加一个次要条件，次要关键字为年龄，次序为降序，此时的“排序”对话框如图 3-41 所示。

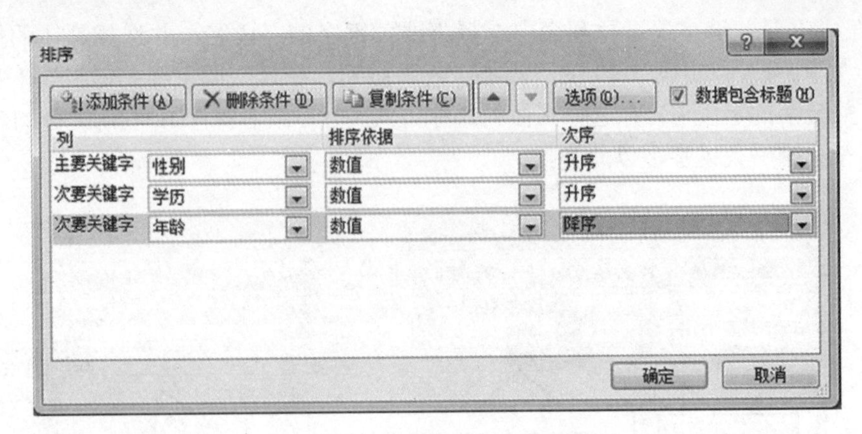

图 3-41　设置多关键字排序次序

④ 单击“确定”按钮，多关键字排序结果如图 3-42 所示。

恒泰集团员工信息表

序号	ID号	姓名	性别	年龄	籍贯	部门	学历	身份证号	基本工资	入厂时间
19	YZ0019	陆涛	男	47	浙江丽水	销售部	本科	53213197501011270	4500	2008/10/23
16	YZ0016	潘晓波	男	45	浙江嘉兴	财务部	本科	53213197501011259	4700	1998/9/2
6	YZ0006	王宁清	男	44	浙江温州	生产部	本科	53213197501011267	2500	2008/8/9
12	YZ0012	赵亮	男	34	浙江温州	财务部	本科	53213197501011226	4000	2006/6/5
9	YZ0009	朴成贤	男	28	浙江杭州	人事部	本科	53213197501011267	4500	2000/8/2
14	YZ0014	李成功	男	33	浙江温州	生产部	高中	53213197501011291	3000	2003/7/21
17	YZ0017	周立方	男	30	浙江宁波	人事部	高中	53213197501011269	3500	2000/5/7
10	YZ0010	钱进	男	29	浙江舟山	生产部	高中	53213197501011276	2500	2004/6/1
11	YZ0011	任富贵	男	43	浙江衢州	销售部	硕士	53213197501011211	4700	2005/7/8
1	YZ0001	李美丽	男	35	浙江杭州	人事部	硕士	53213197501011200	4200	2000/3/15
21	YZ0021	华英雄	男	32	浙江杭州	人事部	中专	53213197501011201	3500	2001/5/9
15	YZ0015	王刚	男	40	浙江舟山	销售部	专科	53213197501011287	4500	1995/6/2
2	YZ0002	刘一水	女	50	浙江舟山	生产部	本科	53213197501011245	2500	2003/2/21
3	YZ0003	张啸华	女	30	浙江杭州	销售部	大专	53213197501011278	4200	2004/1/9
20	YZ0020	米莱	女	30	浙江衢州	财务部	大专	53213197501011210	4000	2000/1/4
22	YZ0022	杨晓芸	女	39	浙江绍兴	生产部	高中	53213197501011283	2500	2006/7/3
5	YZ0005	吴晓敏	女	27	浙江温州	人事部	高中	53213197501011290	3500	2005/5/5
7	YZ0007	关弱夏	女	35	浙江温州	销售部	硕士	53213197501011254	3500	2002/9/11
18	YZ0018	夏琳	女	32	浙江杭州	生产部	硕士	53213197501011240	5000	2009/6/2
13	YZ0013	孙宁	女	23	浙江杭州	人事部	硕士	53213197501011236	5000	2007/10/11
4	YZ0004	赵晓思	女	47	浙江温州	财务部	中专	53213197501011234	5000	2007/9/1
8	YZ0008	车雪梅	女	24	浙江嘉兴	财务部	专科	53213197501011212	2500	2001/3/5

图 3-42　多关键字排序结果

3）　特殊排序

在“排序”对话框中，单击“选项”按钮，打开“排序选项”对话框。如图 3-43 所示，其中提供了一些特殊的排序功能，如按行排序、按笔画排序和按自定义序列排序。

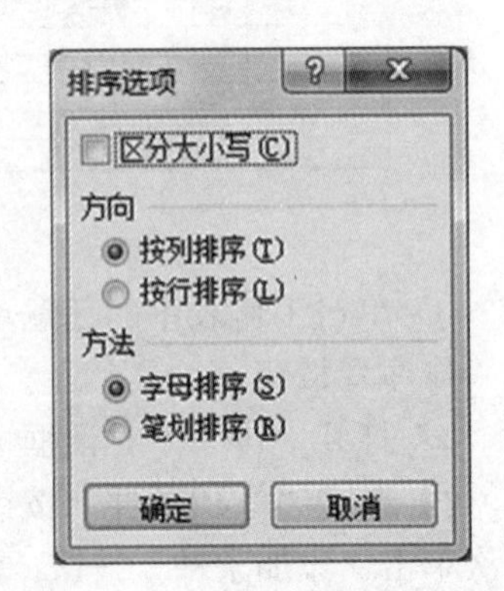

图 3-43　“排序选项”对话框

2.　数据筛选

在数据的日常管理和使用中，常常会对数据表中的一部分数据进行查看和统计，把那些与操作无关的记录隐藏起来，使之不参加操作。这种操作在 Excel 电子表格中称为数据筛选。数据筛选的方法有两种：自动筛选和高级筛选。

1）　自动筛选

自动筛选为用户提供了快速获取所需数据的方法，

筛选后仅显示需要看到的数据。

自动筛选的操作步骤：

① 单击数据区域的任意一个单元格，或者选定整个数据区域。

② 单击“数据”选项卡中“排序和筛选”选项组中的“筛选”按钮，使“筛选”按钮黄色高亮显示，数据表的每列的标题部分出现下列箭头，如图 3-44 所示。

③ 单击筛选条件列的标题右侧的下拉箭头的具体选项来设置筛选条件。

	A	B	C	D	E	F
1	全国计算机等级考试登记表					
2	姓名	性别	年龄	系别	级别	总分
3	谢佚	男	19	外国语	一级B	92
4	冯巧雅	女	20	生环	二级VB	84
5	徐娟	女	23	人文	二级VFP	80
6	赵川	男	22	城建	二级C	77
7	李季	女	21	艺术	二级VB	80
8	何涛	男	19	管理	三级数据库	81
9	徐芳菲	女	20	成教	三级网络	79
10	吴兰	女	22	信息	二级VFP	68

图 3-44　自动筛选数据

例如：将图 3-44 中总分在 80-90 分之间的女生的记录筛选出来。

操作方法如下：

① 单击数据区域 A2: F10 中的任意一个单元格，或者利用鼠标拖动选定该数据区域。

② 单击“数据”选项卡中“排序和筛选”选项组中的“筛选”按钮。

③ 单击标题列“性别”后的下拉箭头选择“女”。

④ 单击标题列“总分”后的下拉箭头，选择“数字筛选”中的“介于”命令，如图 3-45 所示。弹出“自定义自动筛选方式”对话框，如图 3-46 所示。条件设置完毕后，如图 3-47 所示。单击“确定”按钮，满足指定条件的记录自动被筛选出来。

图 3-45　“介于”命令选项卡

图 3-46　“自定义自动筛选方式”对话框

图 3-47　自动筛选条件设置对话框

⑤ 筛选后的数据如图 3-48 所示。

	A	B	C	D	E	F
1	全国计算机等级考试登记表					
2	姓名	性别	年龄	系别	级别	总分
4	冯巧雅	女	20	生环	二级VB	84
5	徐娟	女	23	人文	二级VFP	80
7	李季	女	21	艺术	二级VB	80
8	何涛	男	19	管理	三级数据库	81

图 3-48　自动筛选后的数据

⑥ 要取消自动筛选功能，恢复显示所有的数据，重新单击“数据”选项卡中“排序和筛选”选项组中的“筛选”按钮，取消其黄色高亮显示。

2） 高级筛选

当筛选涉及多个字段时，使用高级筛选更方便。为此，必须首先建立一个条件区域，用来指定筛选数据需要满足的条件。条件区域至少包含 2 行，第 1 行是作为筛选条件的字段名，这些字段名必须与数据表区域中的字段名完全相同，条件区域的其他行用来输入筛选条件。需要注意的是：条件区域与数据区域不能连接，必须用空行或空列将其隔开。

操作方法如下：

① 构造高级筛选条件。在数据区域所在工作表中选定一个条件区域并输入筛选条件，该区域至少由两行组成，第 1 行为标题行，第 2 行及后续行为对应字段应满足的条件。如果两个条件是“与”的关系，则条件值要写在同一行，如图 3-49 中的筛选条件 1；如果两

个条件是“或”的关系，则条件值写在不同行，如图 3-49 中的筛选条件 2。

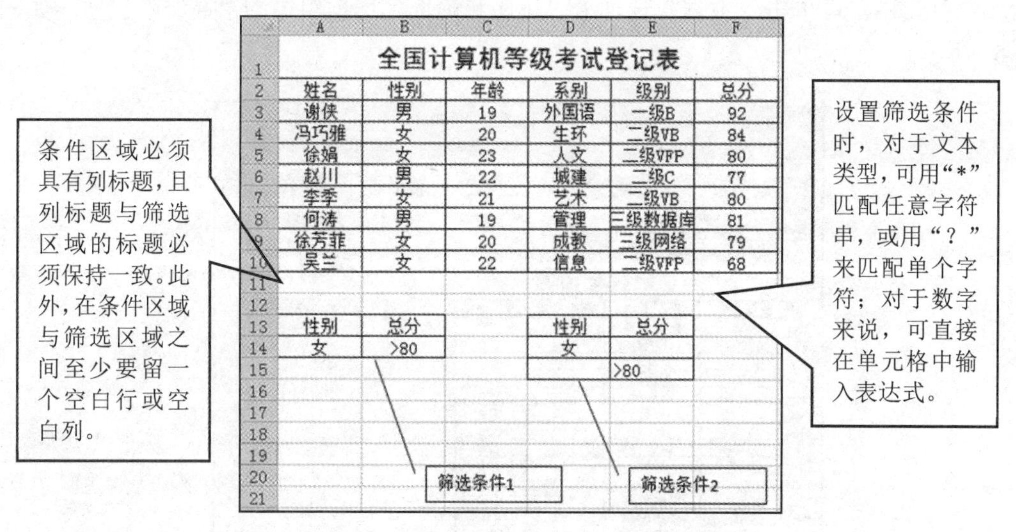

图 3-49　建立高级筛选条件

② 执行高级筛选。单击数据表区域内的任意一个单元格，单击“数据”选项卡中“排序和筛选”选项组中的“筛选”按钮，使“筛选”按钮黄色高亮显示，弹出“高级筛选”对话框，如图所示，对话框中各部分的功能与操作方法如下：

- 在原有区域显示筛选结果：筛选后将不符合条件的数据隐藏，只显示符合条件的数据。
- 将筛选结果复制到其他位置：不改变原有数据，将符合条件的数据复制到“复制到”项目中指定的位置。
- 列表区域：用于选定被选择的数据区域，可以利用鼠标拖动或者利用折叠对话框按钮来选中该区域。
- 条件区域：用于选择已经建立好的条件，可以利用鼠标拖动或者利用折叠对话框按钮来选中该区域。

③ 单击“高级筛选”对话框中的“确定”按钮完成数据的高级筛选。

④ 取消筛选。对数据进行筛选后，如果需要将隐藏的数据显示出来，可以取消筛选操作。操作方法为：单击“数据”选项卡中“排序和筛选”选项组中的“筛选”按钮，取消其黄色高亮显示。

例：要将图 3-50 中的“产品资料管理表”中“产品名称”带“靴”和“鞋”字，且“产品成本”大于等于 25 的记录筛选出来。

操作方法如下。

产品资料管理表

产品编号	产品名称	产品成本	产品价格
Q0001	正装皮鞋	180	500
Q0002	休闲鞋	120	250
Q0003	篮球鞋	150	420
Q0004	足球鞋	160	450
Q0005	帆布鞋	120	180
Q0006	板鞋	140	310
Q0007	登山鞋	140	310
Q0008	跑步鞋	110	220
Q0009	战鞋	140	390
Q0010	增高鞋	120	210
Q0011	百丽长靴	300	950
Q0012	百丽中靴	250	870
Q0013	哈森长靴	410	1080
Q0014	星期六单鞋	180	450
Q0015	富贵鸟短靴	240	610
Q0016	红蜘蛛长靴	230	780
Q0017	兽霸短靴	320	840

图 3-50　产品资料管理表

① 在工作表中显示全部数据，输入筛选条件，然后单击要进行筛选操作工作表中的任意非空单元格，再单击“数据”选项卡“排序和筛选”选项组中的“高级”按钮，如图图 3-51 所示。

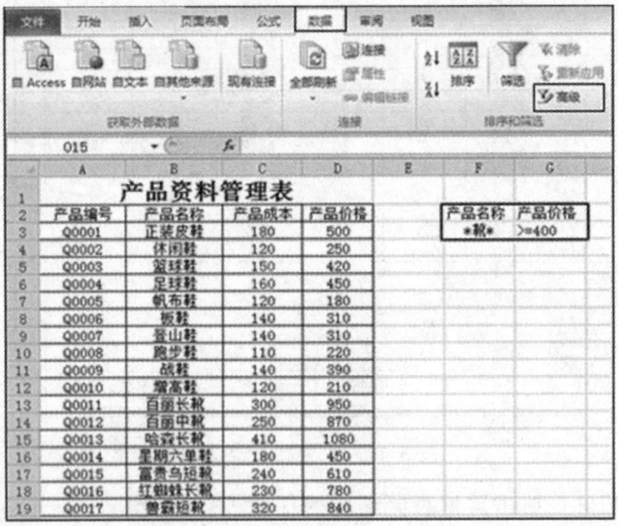

	A	B	C	D	E	F	G
1	产品资料管理表						
2	产品编号	产品名称	产品成本	产品价格		产品名称	产品价格
3	Q0001	正装皮鞋	180	500		*靴*	>=400
4	Q0002	休闲鞋	120	250			
5	Q0003	篮球鞋	150	420			
6	Q0004	足球鞋	160	450			
7	Q0005	帆布鞋	120	180			
8	Q0006	板鞋	140	310			
9	Q0007	登山鞋	140	310			
10	Q0008	跑步鞋	110	220			
11	Q0009	战靴	140	390			
12	Q0010	增高鞋	120	210			
13	Q0011	百丽长靴	300	950			
14	Q0012	百丽中靴	250	870			
15	Q0013	哈森长靴	410	1080			
16	Q0014	星期六单鞋	180	450			
17	Q0015	富贵鸟短靴	240	610			
18	Q0016	红蜘蛛长靴	230	780			
19	Q0017	兽霸短靴	320	840			

图 3-51　高级筛选条件区域图

② 打开“高级筛选”对话框，确认“列表区域”（参与高级筛选的数据区域）的单元格应用是否正确，如果不正确，重新在工作表中进行选择。

③ 单击“条件区域”右侧的折叠按钮，然后在工作表中选择步骤 1 输入的筛选条件区域，在单击展开对话框按钮返回“高级筛选”对话框，如图 3-52 所示。

④ 再在对话框中选择筛选结果的放置位置（在原有位置还是复制到其他位置），如图 3-52 所示。

⑤ 设置完毕后单击“确定”按钮，即可得到筛选结果，如图 3-53 所示。

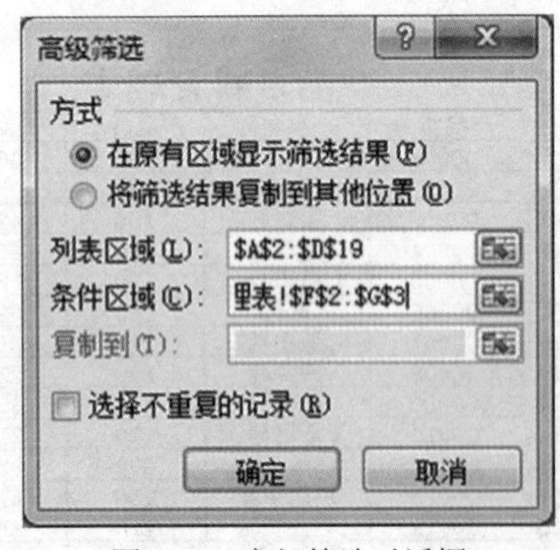

图 3-52　高级筛选对话框

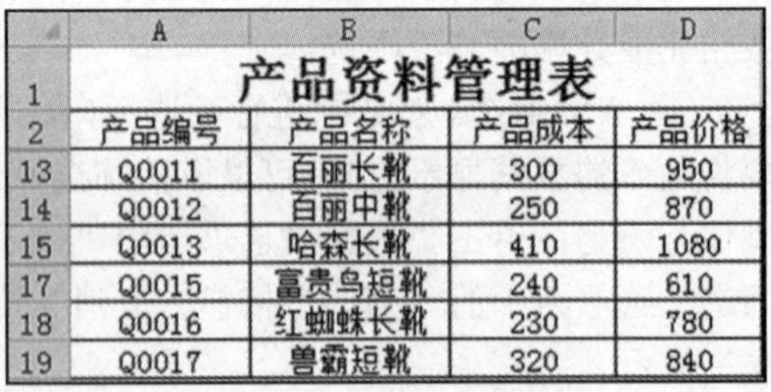

	A	B	C	D
1	产品资料管理表			
2	产品编号	产品名称	产品成本	产品价格
13	Q0011	百丽长靴	300	950
14	Q0012	百丽中靴	250	870
15	Q0013	哈森长靴	410	1080
17	Q0015	富贵鸟短靴	240	610
18	Q0016	红蜘蛛长靴	230	780
19	Q0017	兽霸短靴	320	840

图 3-53　高级筛选结果图

3.　分类汇总

数据的分类汇总是建立在排序的基础上，将相同类别的数据进行统计汇总。分类汇总可以对数据表的任意一列进行，汇总方式包括：求和、计数、求平均值、求最大值、求小值。数据分类汇总的操作方法举例介绍如下：

例如将图 3-49 所示的全国计算机等级考试的成绩数据按照性别分类总计男、女生的“总分”的平均值和平均年龄。

① 单击数据单元格区域中的任意一个单元格后，单击“数据”选项卡中“排序和筛选”选项组中的“排序”按钮，按照“性别”字段排序。如图 3-54 所示。

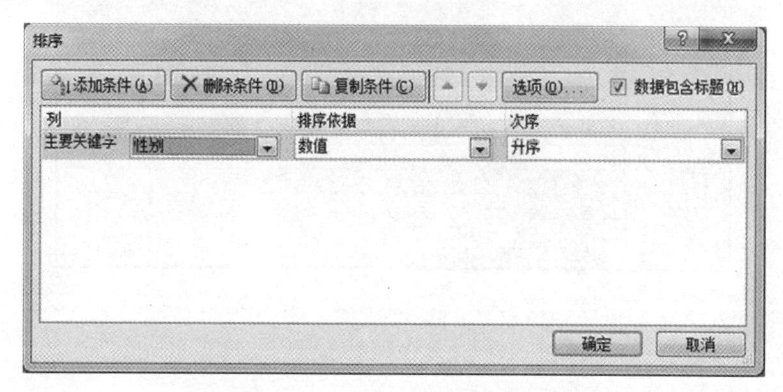

图 3-54 “性别”列排序对话框

② 单击“数据”选项卡中“分级显示”选项组中的“分类汇总”按钮，弹出“分类汇总”对话框，如图 3-55 所示。

③ 将“分类字段”设置为“性别”“汇总方式”选择“平均值”，在“选定汇总项”中勾选“年龄”和“总分”项，“替换当前分类汇总”表示取消原有的分类汇总，此项也可以不选中。“汇总结果显示在数据下方”项表示不更改原有数据，将分类汇总的结果显示在原有数据的下方，方便数据对比。

④ 单击“确定”按钮。分类汇总结果如图 3-56 所示。

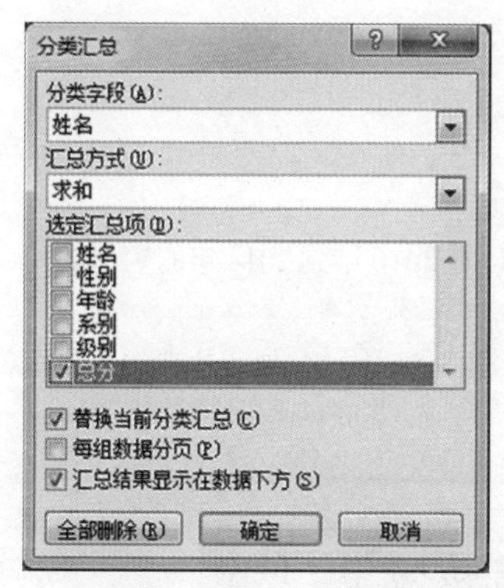

图 3-55 “分类汇总”对话框

	A	B	C	D	E	F
1	全国计算机等级考试登记表					
2	姓名	性别	年龄	系别	级别	总分
3	谢侠	男	19	外国语	一级B	92
4	赵川	男	22	城建	二级C	77
5	何涛	男	19	管理	三级数据库	81
6		男 平均值	20			83.33333
7	冯巧雅	女	20	生环	二级VB	84
8	徐娟	女	23	人文	二级VFP	80
9	李季	女	21	艺术	二级VB	80
10	徐芳菲	女	20	成教	三级网络	79
11	吴兰	女	22	信息	二级VFP	68
12		女 平均值	21.2			78.2
13		总计平均值	20.75			80.125

图 3-56 分类汇总结果

分类汇总之前一定要先按照分类汇总字段排序，否则结果就如图 3-57 所示，达不到分类汇总的目的。在数据量较多的时候，可以根据需要进行多次分类汇总，只要在“分类汇总”对话框中不要勾选“替换当前分类汇总”即可。

	A	B	C	D	E	F
1	全国计算机等级考试登记表					
2	姓名	性别	年龄	系别	级别	总分
3	谢侠	男	19	外国语	一级B	92
4		男 平均值	19			92
5	冯巧雅	女	20	生环	二级VB	84
6	徐娟	女	23	人文	二级VFP	80
7		女 平均值	21.5			82
8	赵川	男	22	城建	二级C	77
9		男 平均值	22			77
10	李季	女	21	艺术	二级VB	80
11		女 平均值	21			80
12	何涛	男	19	管理	三级数据库	81
13		男 平均值	19			81
14	徐芳菲	女	20	成教	三级网络	79
15	吴兰	女	22	信息	二级VFP	68
16		女 平均值	21			73.5
17		总计平均值	20.75			80.125

图 3-57 错误的分类汇总结果

3.2 任务 6“销售数据统计”

3.2.1 任务背景

利用函数实现对实际销售量中 2010 年至 2014 年共五年，各本书籍销售总量、销售最大值、销售最小值及平均值做出统计计算。同时根据销售总量评价其销售业绩。

3.2.2 任务分析

主要掌握求和，最大值，最小值，平均值函数、条件函数的应用。

3.2.3 任务实现

1. 复制实际销售量表为实际销售量（简单函数）表。

2. 在实际销售量(简单函数)工作表利用函数完成计算 2010 年到 2014 年的销售总和、最大值、最小值、平均值数据统计。

1） 在 2014 年销售量所在列的后面增加四列，如图 3-58 所示，列名分别为：销售总量、销售最大值、销售最小值、销售平均值。

I	J	K	L	M
销售量（2014年）	销售总量	销售最大值	销售最小值	销售平均值

图 3-58 增加数据

选中 J2 单元格，并在其公式输入区输入公式：=SUM(E2:I2)。其中 SUM 是求和函数，括号内列出所求和的对象，如：E2:I2，这是指第二行从 E 列到 I 列共五列数据参加求和运算，如图 3-59 所示。

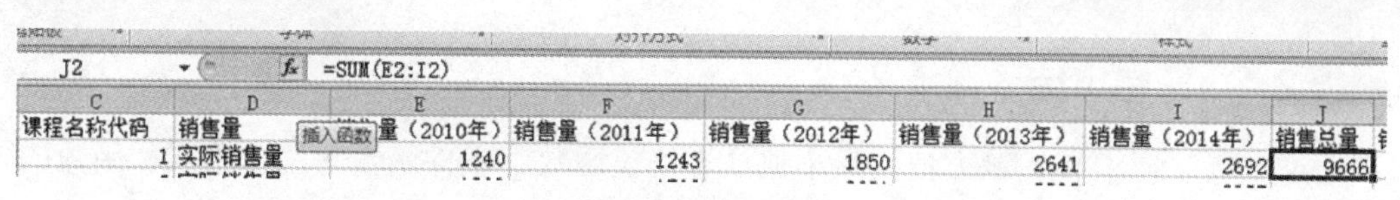

图 3-59　输入公式

其余书籍销售总量可利用填充柄完成计算，如图 3-60 所示。

I	J	
售量（2014年）	销售总量	销售
2692	9666	
3927		
304		
811		

图 3-60　填充柄操作

2）选中 K2 单元格，并在其公式输入区输入公式：=MAX(E2:I2)。其中 MAX 是求指定范围内数据最大值函数，括号内列出所列范围，如：E2:I2，这是指第二行从 E 列到 I 列共五列数据参加运算，其余书籍销售最大值可利用填充柄完成计算。

3）选中 L2 单元格，并在其公式输入区输入公式：=MIN(E2:I2)。其中 MIN 是求指定范围内数据最小值函数，括号内列出所列范围，如：E2:I2，这是指第二行从 E 列到 I 列共五列数据参加运算，其余书籍销售最小值可利用填充柄完成计算。

4）选中 M2 单元格，并在其公式输入区输入公式：=AVERAGE(E2:I2)。其中 AVERAGE 是求指定范围内数据平均值函数，括号内列出所列范围，如：E2:I2，这是指第二行从 E 列到 I 列共五列数据参加运算，其余书籍销售平均值可利用填充柄完成计算。

3. 在实际销售量（简单函数）工作表利用函数完成对销售业绩进行评价。假设若五年销售总量超过 50000，则认为其销售业绩为好。

在销售平均值所在列的后面增加一列，列名为销售业绩，其所对应的列为 N 列。选中 N2 单元格，单击公式输入区的 fx 图标，在打开的对话框中函数类别为逻辑，函数名为 IF。

在函数参数设置对话框中，logical_test 中输入 J2>=50000，value_if_true 中输入“好”，value_if_false 中输入“ ”。其意思是如果销售总量超过 50000，则其销售业绩评价为好，如图 3-61 所示。

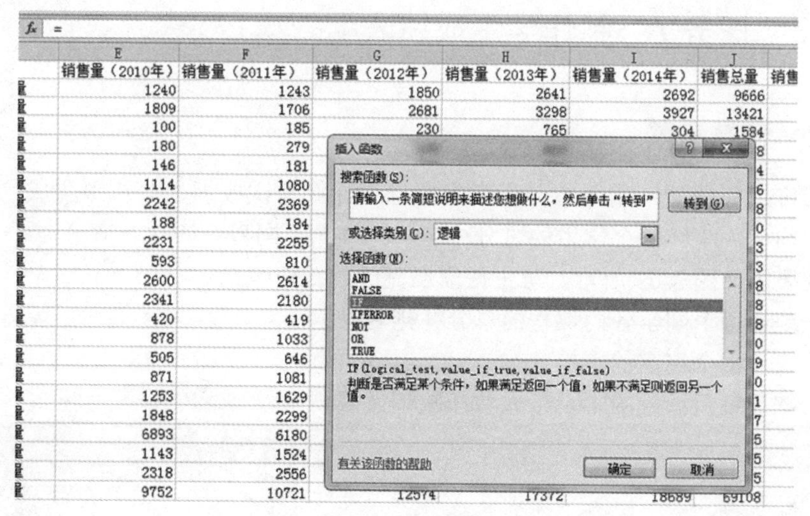

图 3-61　IF 函数

▶▶ 3.2.4　任务小结

通过本例掌握求和、最大值、最小值、平均值函数、条件函数等基本公式、函数的使用。

▶▶ 3.2.5　课后练习

1. 建立如图 3-62 所示的工作表（要求：包含有产地、商品名、单价、数量和金额，不少于 10 条记录），然后完成下列操作。

	A	B	C	D	E	F
1	商品名称	型号	数量	单价	金额	产地
2	投影仪	明基MP512ST	20	4800		台湾
3	计算机	联想扬天M4900V	500	4350		中国
4	服务器	IBM SYSTEM 3650	20	37500		中国
5	服务器	HP ML350	5	12800		中国
6	多功能一体机	爱普生600F	20	1980		中国
7	网络交换机	Netcore5124NS	12	1280		中国
8	方正文祥E630	方正文祥E630	300	3000		中国
9	空调	美的KF-71LW/F2Y	10	3700		中国
10	投影幕布	Fujitsu	20	900.00		中国
11	中控系统	YX100plus smart contrl system	20	1200.00		中国
12	数字混音器	DIGISYNTHETIC	20	3300.00		中国

图 3-62　商品记录表

要求：

（1）用公式求出金额字段所对应的金额数（单价×数量＝金额）。

（2）按商品名称为主关键字，产地为次关键字，单价为三级关键字进行多列排序。

（3）筛选出单价大于 10000 的商品。

（4）完成后以“商品记录表.xlsx”为文件名保存在指定位置。

3.3　任务 7“制作学生成绩表”

▶▶ 3.3.1　任务背景

学期末班主任需要应用函数分析学生信息、计算考试成绩，分析每科成绩的最高分、最低分和平均分，统计每个学生的总分排名，并统计不同寝室的学习情况。

本例效果图如图 3-63 所示，班主任需要完成的工作包括：

（1）统计每个同学各门课程的总分并排名。

（2）统计每个寝室的平均分。

（3）统计每门课程的不及格人数和缺考人数。

	A	B	C	D	E	F	G	H	I	J
1	学生成绩表									
2	姓名	性别	寝室号	大学语文	大学物理	高等数学	言程序设	网络技术	总分	排名
3	孔德武	男	1401	88	85	89	78	81	421	14
4	石清华	女	2401	74	68	94	74	65	375	23
5	李珍珍	女	2401	97	78	91	85	88	439	9
6	杨小凤	女	2402	78	85	84	82	73	402	19
7	石富财	男	1401	91	95	86	91	81	444	7
8	张金宝	男	1402	87	88	78	85	88	426	12
9	刘凤英	女	2401	61	77	67	69	73	347	26
10	李国华	男	1402	88	86	62	73	75	384	21
11	叶杏梅	女	2402	75	95	94	85	96	445	6
12	李发财	男	1402	76	81	82	68	72	379	22
13	赵建民	男	1403	93	95	83	89	94	454	3
14	钱梅宝	男	1403	78	72	86	88	98	422	13
15	张平光	男	1402	90	89	95	100	98	472	1
16	许动明	男	1401	69	77	85	89	87	407	18
17	张　云	女	2402	72	69	68	77	76	362	24
18	唐　琳	女	2402	83	85	79	98	96	441	8
19	宋国强	男	1402	57	64		50	60	231	29
20	郭建峰	男	1403	86	82	88	97	94	447	5
21	凌晓婉	女	2402	88	85	94	88	95	450	4
22	张启轩	男	1403	92	93	88	98	96	467	2
23	王　丽	女	2402	79	86	86	78	92	421	14
24	王　敏	女	2401	83	79	90	85	96	433	10

图 3-63　学生成绩表效果图

3.3.2　任务分析

1.　数组公式、Sum()

利用数组公式或 Sum()函数来统计每个同学上学期的总分。

2.　Averageif()、Sumif()

利用 Averageif()和 Sumif()统计平均分和总分。

3.　COUNT()、COUNTA()、COUNTIF()、Countblank()

利用统计函数统计班级人数，每门课程不及格人数，缺考科目数。

4.　RANK.EQ

对班级同学的考试情况进行排名。

3.3.3　任务实现

一、统计班级每个学生的考试总分

1.　使用一般公式方法

公式是 Excel 工作表中进行数值计算的等式，公式输入是以“=”开始的，简单的公式有加、减、乘、除等计算。

我们可以在 I3 单元格中编辑公式，输入“=D3+E3+F3+G3+H3”，回车后即可，其他同学的总分可以通过填充柄拖动来求得。

2.　数组公式计算总分

Excel 中数组公式非常有用，尤其在不能使用工作表函数直接得到结果时，数组公式显得特别重要，它可建立产生多值或对一组值而不是单个值进行操作的公式。

输入数组公式首先必须选择用来存放结果的单元格区域（可以是一个单元格），在编辑栏输入公式，然后按 Ctrl＋Shift＋Enter 组合键锁定数组公式，Excel 将在公式两边自动加上花括号“{}”。注意：不要自己键入花括号，否则，Excel 认为输入的是一个正文标签。

利用数组公式计算 I3：I32 单元格的总分。选中 I3：I32 单元格，然后按下“=”键编辑加法公式计算总分，因为数组公式是对一组值进行操作，所以直接用鼠标选择 D3：D32，按下“+”号，再用鼠标选择其余科目成绩依次累加，然后按 Ctrl＋Shift＋Enter 组合键完成数组公式的编辑，如图 3-64 所示。

{=D3:D32+E3:E32+F3:F32+G3:G32+H3:H32}

图 3-64　数组公式

在数组公式的编辑过程中，第一步选中 I3：I32 单元格尤为关键。绝不能开始只选中 I3 单元格，在最后用填充柄填充其他单元格，那样其他单元格的左上角将会出现绿色小三角，是错误的方法。

3.　使用 Sum()函数计算总分

Sum()求和函数可以用来计算总分列。选择 I3 单元格，使用“公式”→“插入函数”或“自动求和”按钮，可选择 Sum()函数，选中求和区域 D3:H3，如图 3-65 所示，按 Enter 键，求和结果显示在单元格中。

通过填充操作完成其余各行总分的计算。

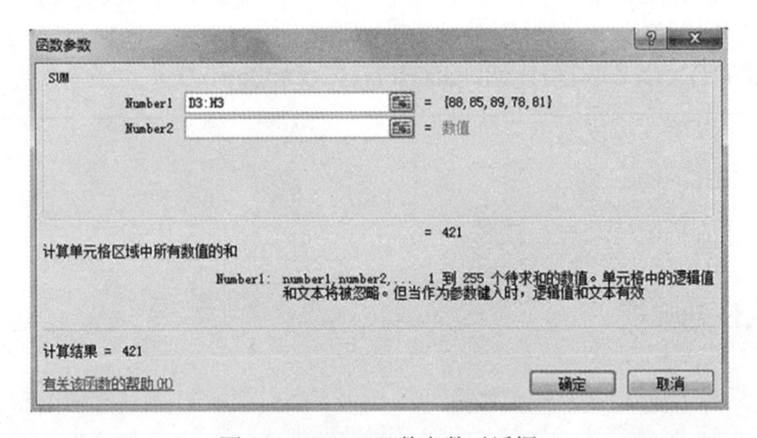

图 3-65　Sum()函数参数对话框

二、统计班级相关人数

1.　使用 Count()、Counta()函数统计班级人数

Count()函数统计含有数字的单元格个数，统计全班学生人数的时候可以选择统计寝室号或各科成绩列单元格的个数。

选中 N3 单元格，使用“公式”→“插入函数”按钮，在搜索函数中输入“count”后单击“转到”按钮，如图 3-66 所示，打开“函数参数”对话框，在 Value1 文本框中输入 C3:C32，表示统计该区域包含数字的单元格个数，如图 3-67 所示，单击确定按钮，完成输入。

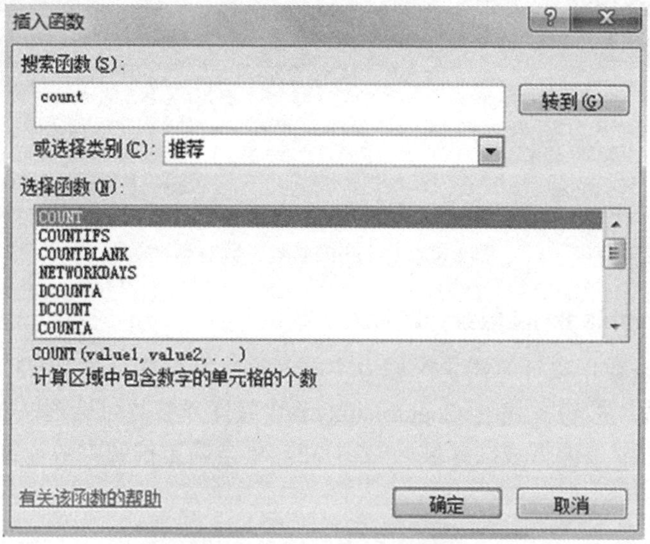

图 3-66　插入 Count()函数

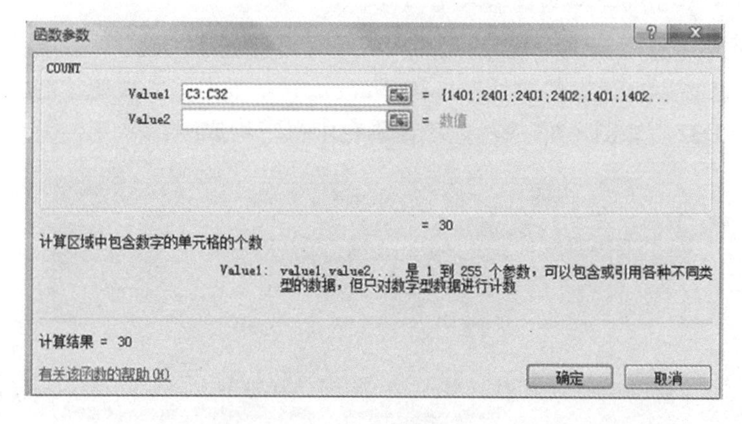

图 3-67　Count()函数参数对话框

Counta()函数统计区域中不为空的单元的数目，它不仅对包含数值的单元格进行计数，还对包含非空白值（包括文本、日期和逻辑值）的单元格进行计数。该函数的使用方法与 Count()函数使用方法一致。

2. 使用 Countif()函数统计总分大于 400 分的学生人数

Countif()函数是对指定区域中符合某一条件的单元格计数的统计函数。选中 N4 单元格，使用“公式”→“插入函数”按钮，找到 Countif()函数后打开参数对话框，在 Range 参数中输入要统计的区域范围，总分区域为 I3:I32，Criteria 参数中输入条件“>400”，注意在 Excel 中输入的标点符号均为英文格式，单击确定按钮完成计算，如图 3-68 所示。

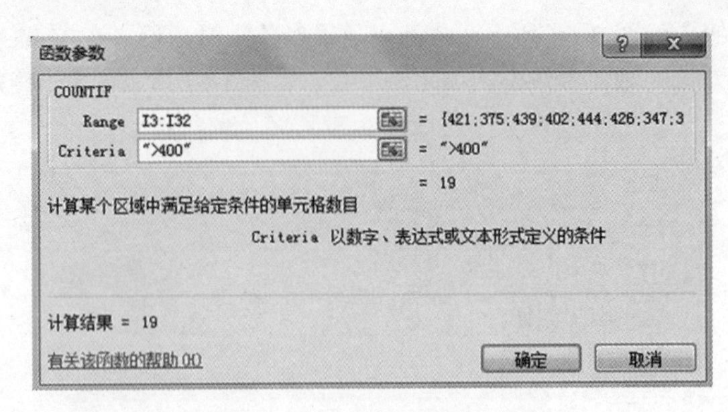

图 3-68　Countif()函数参数对话框

3. 使用 Countblank()函数统计缺考人次数

Countblank()函数用来计算指定区域中空白单元格的个数。选中 N5 单元格，使用“公式”→“插入函数”按钮，找到 Countblank()函数后打开参数对话框，在 Range 参数中输入要统计的区域范围，课程成绩区域为 D3:H32，单击确定按钮完成计算。

三、统计平均分、总分

1. 使用 Average()函数统计语文平均分

在 N6 单元格中计算语文平均分。选中 N6 单元格，使用“公式”→“插入函数”按钮，找到 Average()函数后打开参数对话框，在 Number1 参数中输入要统计的区域范围，语文成绩区域为 D3:D32，如图 3-69 所示，单击确定求得平均成绩。

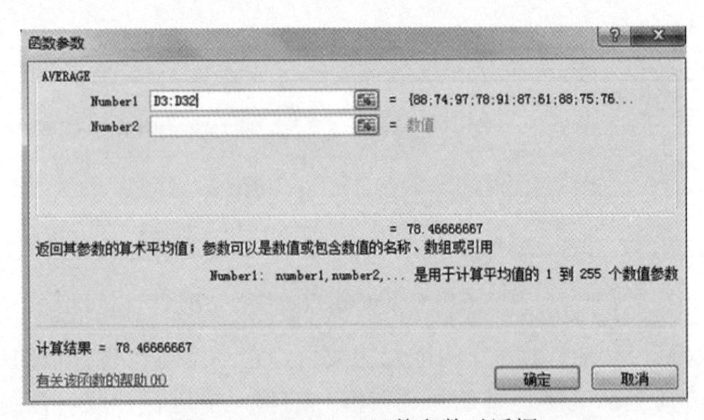

图 3-69　Average()函数参数对话框

2. 使用 Averageif()函数统计男生 C 语言程序设计平均分

在 N7 单元格中计算班级所有男生 C 语言程序设计的平均分。选中 N7 单元格，使用“公式”→“插入函数”按钮，找到 Averageif()函数后打开参数对话框，在 Range 参数中输入要统计平均值的条件所在的区域，条件区域为性别男即 B3:B32，Criteria 参数中输入条件，我们可以直接输入“男”，也可以从性别列中引用内容为男的单元格如 B3，Average_range 参数中输入要计算平均值的实际单元格区域，输入 C 语言课程考分 G3:G32，如图 3-70 所示，单击确定求得男生 C 语言课程的平均成绩。

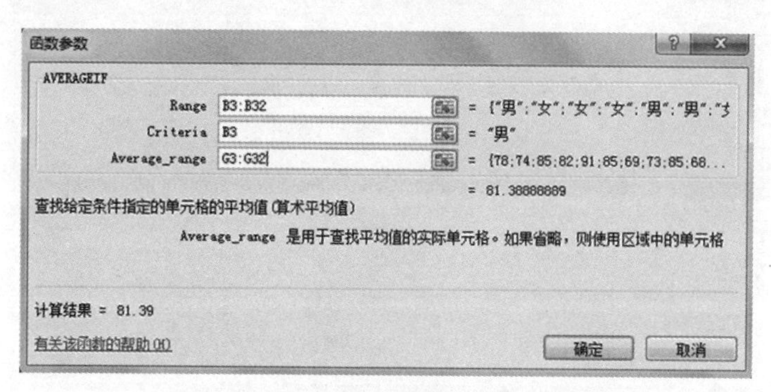

图 3-70　Averageif()函数参数对话框

3. 使用 Sumif()函数统计 1401 寝室学生总分

Sumif()函数是根据指定条件对若干个单元格、区域或引用进行求和。选中 N8 单元格，使用"公式"→"插入函数"按钮，找到 sumif()函数后打开参数对话框，在 Range 参数中输入要统计求和值的条件所在的区域，条件区域为寝室号 1401 即 C3:C32，Criteria 参数中输入条件，我们可以直接输入"1401"，也可以从寝室号列中引用内容为 1401 的单元格如 C3，Sum_range 参数中输入要计算求和值的实际单元格区域，输入总分 I3:I32，如图 3-71 所示，单击"确定"求得 1401 寝室学生的总分。

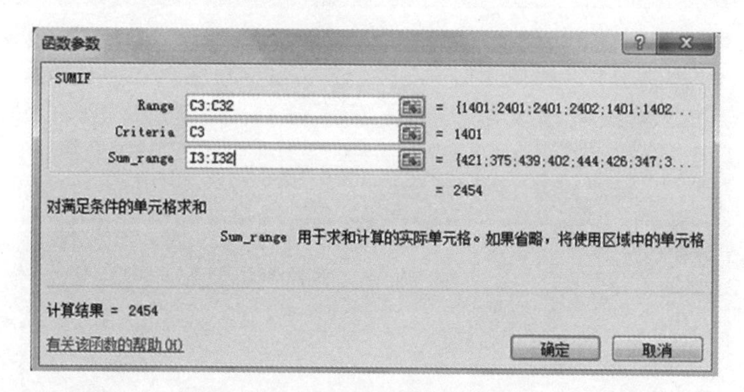

图 3-71　Sumif()函数参数对话框

4. 使用 Rank.EQ()统计班级学生排名

在 J 列中统计每个学生的总分由高分到低分的排名，我们可以使用 Rank.EQ()函数，该函数功能是返回某个数字在数字列表中的排名。选择 J3 单元格，使用"公式"→"插入函数"按钮，找到 Rank.EQ()函数后打开参数对话框，在 Number 参数中输入要计算哪个数值的排名，在此我们输入 I3；在 Ref 中输入要进行排名的区域，在此我们输入 I3:I32；前两个参数合并起来的意思就是计算 I3 在 I3:I32 区域中的大小排名；Order 参数为排序的方式，如果忽略不填或填 0 表示降序排列，否则就是升序排列。如图 3-72 所示，单击确定按钮，这时在 J3 单元格中显示结果为 14，表示 I3 单元格的数据在 I3:I32 区域中从高到低降序排列为第 14 名。

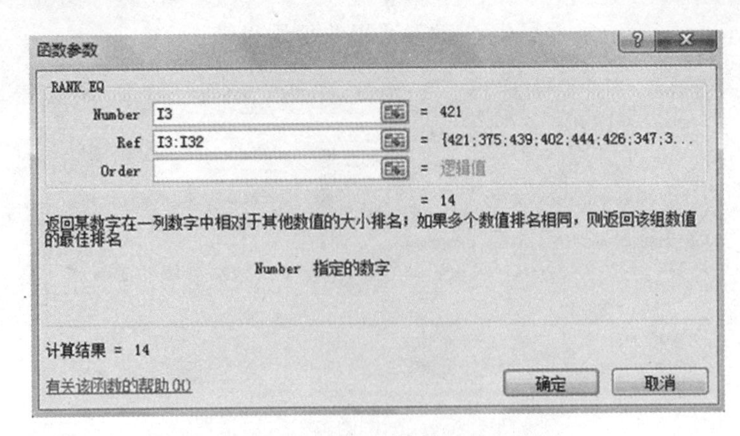

图 3-72　Rank.EQ()函数参数对话框

对于 J 列其余单元格的排名，如果简单地使用填充柄进行填充，我们将会发现是错误的，因为函数参数有所改变。但是 Ref 参数 I3:I32 应该是不变的，因此需要对 Ref 参数 I3:I32 使用绝对地址，使其在用填充柄填充的时候不发生变化。

选中已经编辑好的 J3 单元格，单击编辑栏上的“插入函数”按钮 *fx*，直接弹出编辑好的 Rank.EQ()函数对话框，选中 Ref 参数中的 I3:I32，按下功能键 F4，直接给行列号添加上$绝对地址引用符号，如图 3-73 所示，单击“确定”完成，之后我们就可以使用填充柄正确计算其余同学的总分排名。

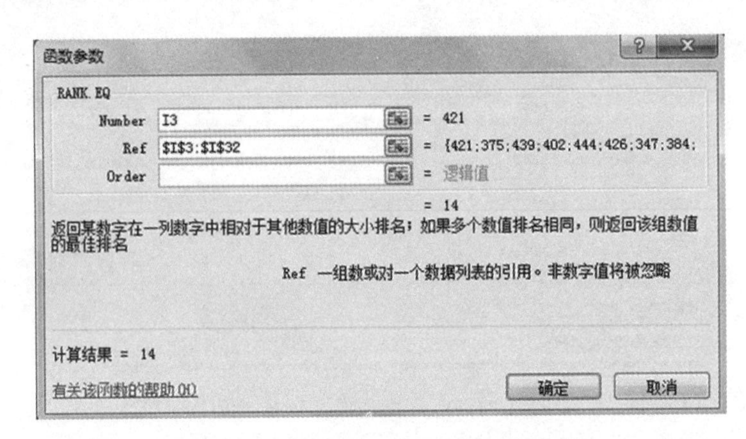

图 3-73　Rank.EQ()函数参数绝对地址引用

▶▶ 3.3.4　任务小结

本项目主要学习了 Excel 中数组公式的使用，基本函数中计数函数 Count()、Counta()、Countif()、Countblank()用以统计个数，求和函数 Sum()、Sumif()，平均值函数 Average()，排序函数 Rank.EQ()，并进一步强化了绝对地址的应用。

▶▶ 3.3.5　课后练习

打开采购情况表.xlsx，完成如下设置，效果如图 3-74 所示。

	A	B	C	D	E	F	G	H
1	采购情况表							
2	产品	瓦数	寿命（小时	商标	单价	每盒数量	采购盒数	采购总额
3	白炽灯	200	3000	上海	4.50	4	3	54.00
4	氖管	100	2000	上海	2.00	15	2	60.00
5	日光灯	60	3000	上海	2.00	10	5	100.00
6	其他	10	8000	北京	0.80	25	6	120.00
7	白炽灯	80	1000	上海	0.20	40	3	24.00
8	日光灯	100		上海	1.25	10	4	50.00
9	日光灯	200	3000	上海	2.50	15	0	0.00
10	其他	25		北京	0.50	10	3	15.00
11	白炽灯	200	3000	北京	5.00	3	2	30.00
12	氖管	100	2000	北京	1.80	20	5	180.00
13	白炽灯	100		北京	0.25	10	5	12.50
14	白炽灯	10	800	上海	0.20	25	2	10.00
15	白炽灯	60	1000	北京	0.15	25	0	0.00
16	白炽灯	80	1000	北京	0.20	30	2	12.00
17	白炽灯	100	2000	上海	0.80	10	5	40.00
18	白炽灯	40	1000	上海	0.10	20	5	10.00

图 3-74　采购情况表完成后效果图

1. 使用数组公式，计算采购情况表中每种产品的采购总额，将结果填到“采购总额”列中，采购总额的计算方法为：采购总额=单价*每盒数量*采购合数。
2. 使用统计函数统计采购表中共采购产品单数，填入 K2 单元格中。
3. 使用统计函数计算未知寿命产品类数，填入 K3 单元格中。
4. 计算不同种类的白炽灯平均单价，填入 K4 单元格中。
5. 使用 Sumif()统计不同种类产品的总采购盒数和总采购金额。

3.4　任务 8“制作企业工资表”

3.4.1　任务背景

工资核算是企业的一项常规性工作，不仅涉及到企业的每个职工，而且涉及到企业的所有组织机构，应严格按照国家规定的劳动管理制度进行核算与管理。同时，工资又是企业成本的重要组成部分，合理地组织工资的核算与管理，能有效地控制产品成本中的工资费用，达到降低成本、提高经济效益的目的。

3.4.2　任务分析

我国大多数企业应付工资项目和应扣款项内容繁多，构成比较复杂，如有些企业在职职工的工资栏目近 30 项～40 项。工资计算方法复杂，尤其是病假要考虑工龄及相应的扣款标准，个人所得税要考虑收入及适用税率，加班要考虑是否是节假日等情况。工资计算数据量大、重复性高，但具有规律性、计算方法相对固定。对每个职工的工资都需计算，重复次数多，工资信息量包括固定信息、变动信息、中间信息等。

3.4.3　任务实现

1.　获取外部数据方法

Excel 2010 可以获取的外部数据库文件类型有很多种，如：Access、SQL Server、Lotus、

Oracle、HTML 文件、Web 档案、XML 文件和文本数据等。对于这些文件，Excel 都能访问，并能将这些文件转化为 Excel 中的表格形式。获取外部数据的主要步骤：

步骤 1：启动 Excel 2010 后，单击“常用”工具栏上的“打开”按钮“ ”，或选择“文件”|“打开”命令。

步骤 2：弹出“打开”对话框，在“查找范围”下拉列表中选择“职工基本情况表.txt”文件位置，如图 3-75 所示。选中要导入的文件后，单击“打开”按钮，即可获取所要的数据记录。

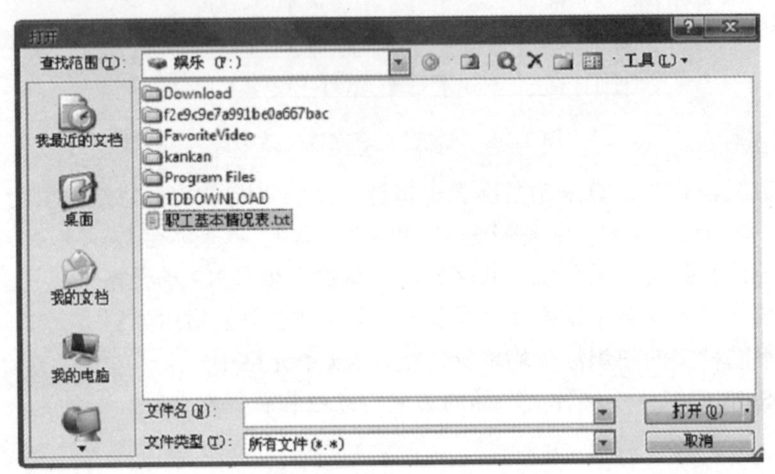

图 3-75　“打开”对话框

还可以通过选择“数据”|“导入外部数据命令”|“导入数据”命令，在弹出的“获取数据源”对话框的“查找范围”下拉列表中，选择要导入的数据文件存放的位置。再单击“打开”按钮的操作获取外部数据。

2. 录入数据

步骤 1：编辑数据。在 Excel 中打开“职工基本情况表.txt”，在“姓名”列右边插入“性别”列，如图 3-76 所示。

	A	B	C	D	E	F	G	H
1		职工档案表						
2	员工编号	姓名	性别	部门	职务	出生年月	年龄	学历
3	1001	张山				1975年5月		
4	1002	李斯				1977年8月		
5	1003	王五				1980年8月		
6	2001	李二兵				1975年1月		
7	2002	李称森				1965年7月		
8	2003	刘二林				1973年10月		
9	2004	刘福林				1972年12月		
10	2005	谢令				1969年9月		
11	3001	高华林				1978年5月		
12	3002	华中化				1970年5月		
13	4001	钟福春				1962年11月		
14	4002	李小青				1978年12月		
15	4003	胡利净				1974年5月		
16	5001	严林仙				1973年6月		
17	5002	杨福秀				1977年3月		

图 3-76　插入“性别”列

步骤 2：设置单元格格式。选中“C3：C17”单元格区域，鼠标右键选中区域，从弹出的快捷菜单中选择“设置单元格格式”命令，弹出“设置单元格格式”对话框，选择“数字”选项卡，在“分类”列表框中单击“自定义”选项，然后在右侧的“类型”文本框中输入“[=1]“男”；[=2]“女””（英文状态下输入符号），如图 3-77 所示。

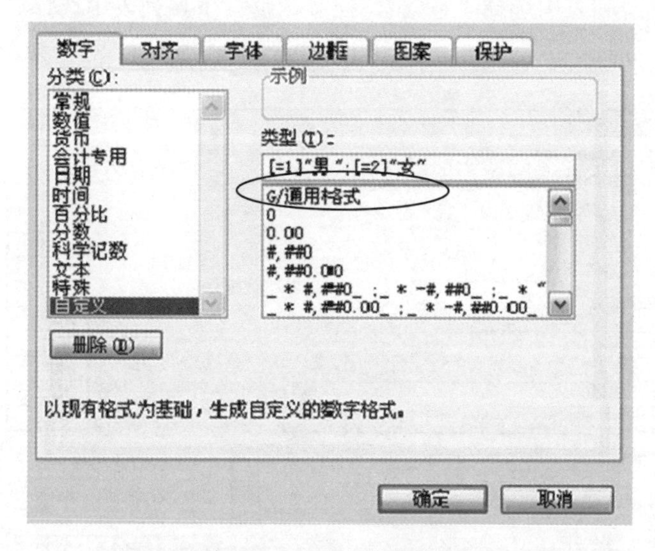

图 3-77　自定义数字格式

步骤 3：录入数据。在“性别”列的单元格中输入“1”或者“2”，按下“Enter”键即可输入“男”或“女”，如图 3-78 所示。

	A	B	C	D	E	F	G	H
1		职工档案表						
2	员工编号	姓名	性别	部门	职务	出生年月	年龄	学历
3	1001	张山	男	办公室	主任	1975年5月	37	本科
4	1002	李斯	男	办公室	工作人员	1977年8月	35	本科
5	1003	王五	男	办公室	工作人员	1980年8月	32	专科
6	2001	李二兵	男	销售科	科长	1975年1月	37	专科
7	2002	李称森	男	销售科	工作人员	1965年7月	47	专科
8	2003	刘二林	男	销售科	工作人员	1973年10月	39	本科
9	2004	刘福林	男	销售科	工作人员	1972年12月	40	高中
10	2005	谢令	女	销售科	工作人员	1969年9月	43	高中
11	3001	高华林	男	财务科	科长	1978年5月	34	本科
12	3002	华中化	男	财务科	工作人员	1970年5月	42	专科
13	4001	钟福春	男	后勤科	科长	1962年11月	50	专科
14	4002	李小青	女	后勤科	工作人员	1978年12月	34	高中
15	4003	胡利净	2	后勤科	工作人员	1974年5月	38	高中
16	5001	严林仙		生产科	科长	1973年6月	39	本科
17	5002	杨福秀		生产科	工作人员	1977年3月	35	本科

图 3-78　利用快捷方式输入性别

3. 设置数据输入有效性

按单位人事工资制度中工龄工资规定：工龄工资最高不超过 1000 元，最低不低于 0。所以工龄工资就应位于 0～1000 元之间；而单位的部门、职工的职务和职工的学历等是固定的，可制作为下拉列表从中选择即可。

为了尽量避免输入错误和提高工作效率，用户可以通过设置单元格格式、数据有效性等方法来提高输入数据的效率和准确性。

1） 设置“工龄工资”列数据的有效性

步骤 1：选择命令。选中“工龄工资”列中所有单元格，然后单击菜单栏“数据”|“数据有效性”命令。

步骤 2：“设置”选项卡设置。在弹出的“数据有效性”对话框中，单击“设置”选项卡在“允许”下拉列表中选择“整数”，在“数据”下拉列表中选择“介于”；在“最小值”和“最大值”选项中分别输入 0 和 1000（可视具体情况而定），如图 3-79 所示。

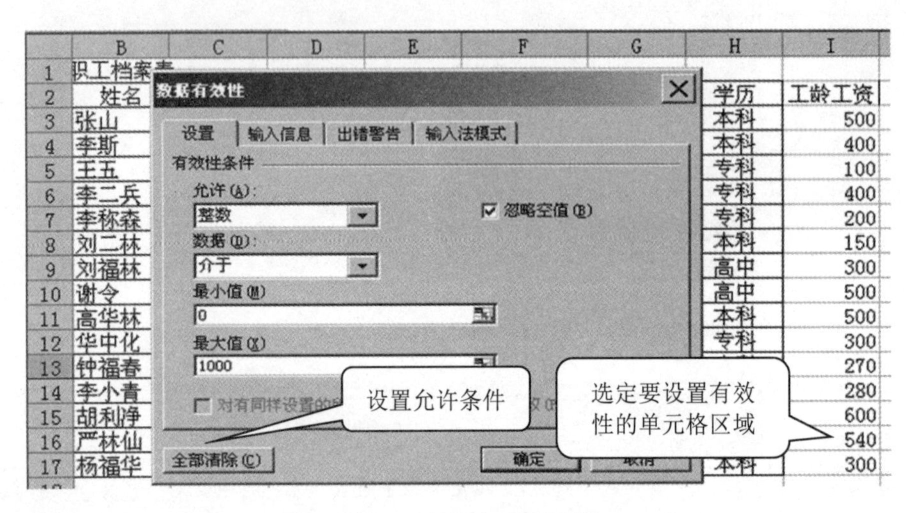

图 3-79　数据有效性设置

步骤 3：设置“出错警告”选项卡。切换到“出错警告”选项卡，在“样式”下拉列表中选择“停止”，在标题文本框中输入“根据人事工资制度规定：工龄工资最高不超过 1000 元。”如图 3-80 所示，最后单击“确定”按钮完成设置。

在进行了以上有效性设置后，就可以进行该有效性的验证了。如果输入不满足条件的数据时，系统就会弹出提示信息，如图 3-81 所示。以便用户即时发现并修改，从而有效地提高了工作效率和质量。

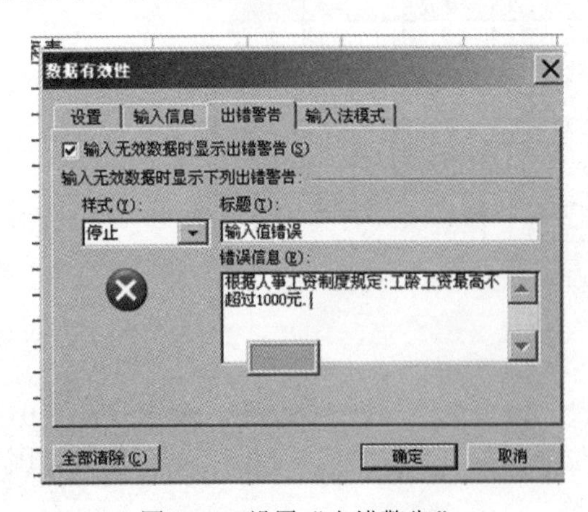

图 3-80　设置“出错警告”

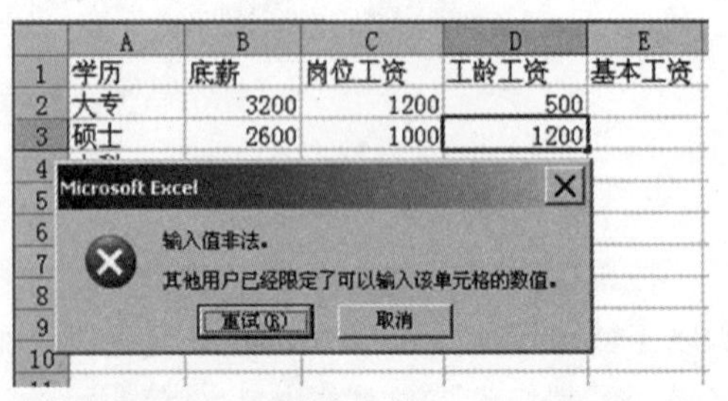

图 3-81　数据输入错误时的提示信息

根据规定和需要还可以对底薪、岗位工资和姓名等列设置数据有效性。

2） 设置“部门”列数据的有效性

步骤 1：选择命令选中“部门”列中的所有单元格，然后单击菜单栏“数据”|“数据有效性”命令。

步骤 2：设置“数据有效性”。在弹出的“数据有效性”对话框中，单击“设置”选项卡，在“允许”下拉列表中选择“序列”，在“来源”文本框中输入“办公室，销售科，财务科，后勤科，生产科”。如图 3-82 所示，最后单击“确定”按钮完成设置。

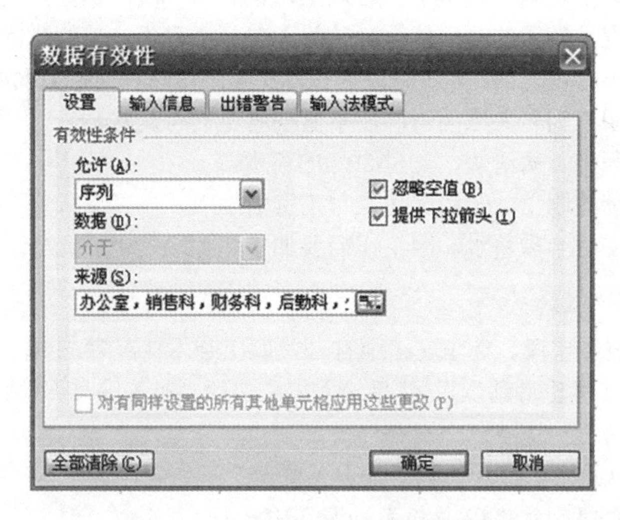

图 3-82 设置“部门”列数据有效性

提示：

“来源”文本框中各个值之间的间隔逗号一定要在英文状态下输入。

完成“部门”列出数据有效性设置后，其效果如图 3-83 所示。同样操作，还可以职务学历等列设置数据有效性。

	A	B	C	D	E	F	G	H	I
1		职工档案表							
2	员工编号	姓名	性别	部门	职务	出生年月	年龄	学历	工龄工资
3	1001	张山	男	办公室	任	1975年5月	37	本科	500
4	1002	李斯	男	办公室 销售科 财务科 后勤科 生产科	作人员	1977年8月	35	本科	400
5	1003	王五	男		作人员	1980年8月	32	专科	100
6	2001	李二兵	男		长	1975年1月	37	专科	400
7	2002	李称森	男	销售科	工作人员	1965年7月	47	专科	200
8	2003	刘二林	男	销售科	工作人员	1973年10月	39	本科	300
9	2004	刘福林	男	销售科	工作人员	1972年12月	40	高中	300
10	2005	谢令	女	销售科	工作人员	1969年9月	43	高中	500
11	3001	高华林	男	财务科	科长	1978年5月	34	本科	500
12	3002	华中化	男	财务科	工作人员	1970年5月	42	专科	300
13	4001	钟福春	男	后勤科	科长	1962年11月	50	专科	270
14	4002	李小青	女	后勤科	工作人员	1978年12月	34	高中	280
15	4003	胡利净	2	后勤科	工作人员	1974年5月	38	高中	600
16	5001	严林仙		生产科	科长	1973年6月	39	本科	540

图 3-83 完成设置后效果图

4. 制作职工考勤表

每个单位都有其考勤制度，职工每天上班、下班，午休出入均需打卡（共计每日 4 次）。工作时间一般规定为：上午 8:00～12:00；下午 14:30～17:30。

迟到、早退和旷工的奖惩制度如下：

（1） 迟到、早退。职工迟到或早退在 1 小时以内，扣当月工资的 2%。

（2） 旷工。职工迟到、早退 1 小时以上，记旷工一次，扣当月工资 10%。

（3） 请假制度。请假的时间按小时计算，若一个月累计请假时间不超过 8 小时，则不扣工资。超过 8 小时以外的，4 小时以内按 0.5 天计算，4 小时以外的按 1 天计算。

（4） 事假：职工因私人原因请假，事假期间不支付薪水。

（5） 病假：职工因病请假，支付 80%的薪水。

（6） 对出全勤的职工，全勤奖为当月工资的 10%。

国家法定假均支付全额薪水，因工作需要加班，加班费 100 元/天。

5. 编制考勤表

步骤 1：录入表头字段。在 Excel 中打开“职工基本情况表.xls”，将其中的“Sheet2”工作表重命名为“12 月份考勤表”，然后输入表头字段“员工编号”“姓名”“部门”和“日期”。

步骤 2：复制单元格。打开“职工基本工资表”工作表，选中 A3：B17，D3：D17 单元格区域，将其内容复制到“12 月份考勤表”中。

步骤 3：工作日填充。在 E2 单元格中输入“12 月 1 日”，拖动 E2 单元格右下角的填充柄填充日期，单击“自动填充选项”按钮，从展开的下拉列表中单击“以工作日填充”选项，如图 3-84 所示。此时系统会自动将周六和周日去掉，不计入考勤日期。

图 3-84　选择填充格式

步骤 4：设置单元格格式。鼠标右击选定的 E2：Z2 单元格区域，从弹出的快捷菜选择“设置单元格格式”命令，弹出“设置单元格格式”对话框，选择“数字”选项卡，在“分类”列表框中单击“自定义”选项，然后在右侧的“类型”文本框中输入 d“日”（英文状态下输入符号）。单击“确定”按钮，返回工作表中，设置日期格式后效果如图 3-85 所示。

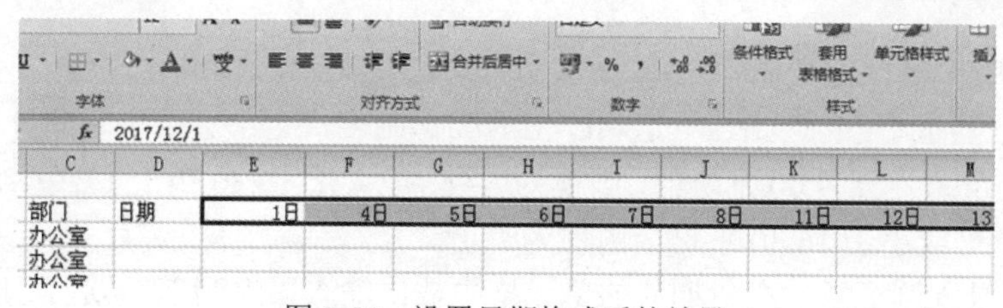

图 3-85　设置日期格式后的效果

6.　录入考勤记录

步骤 1：设置单元格格式。在“12 月考勤表”中的“日期”列输入每名职工的“上班”和“下班”标题，然后选中 E3：Z32 区域，鼠标右击 E3：Z32 区域。鼠标右健单击所选区域，从弹出的快捷菜单中选择“设置单元格格式”命令，打开“设置单元格格式”对话框，选择“数字”选项卡，在“分类”列表框中单击“时间”选项，然后在右侧的“类型”列表框中单击“13:30”选项，如图 3-86 所示。

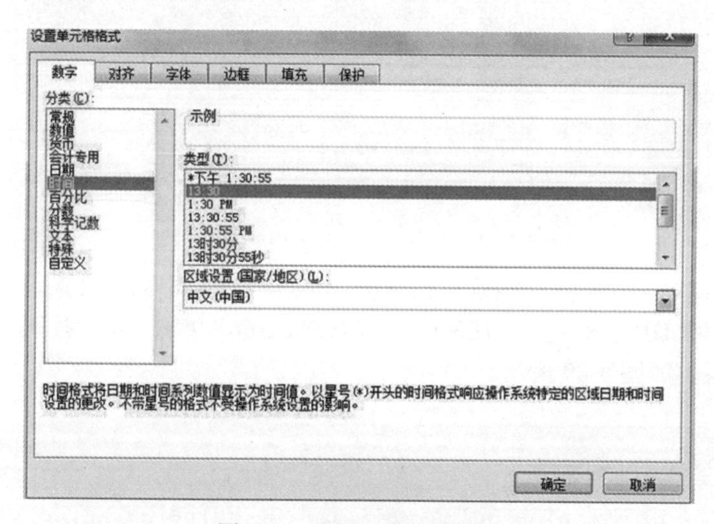

图 3-86　设置“数字”格式

步骤 2：录入时间数据。单击“确定”按钮，返回工作表，在 E3：Z32 单元格区域内输入每位职工的上下班时间，如图 3-87 所示。

职工档案表

员工编号	姓名	部门	日期	1日	2日	3日	4日	5日	6日	7日	8日	9日	10日	11日	12日
1001	张山	办公室	上班	08:00	08:00	08:00	08:00	08:00	08:00	08:00	08:00	08:00	08:00	08:00	08:00
			下班	17:30	17:30	17:30	17:30	17:30	17:30	17:30	17:30	17:30	17:30	17:30	17:30
1002	李斯	办公室	上班	08:00	08:00	08:00	08:00	08:00	08:00	08:00	08:00	08:00	08:00	08:00	08:00
			下班	17:30	17:30	17:30	17:30	17:30	17:30	17:30	17:30	17:30	17:30	17:30	17:30
1003	王五	办公室	上班	08:00	08:00	08:00	08:00	08:00	08:00	08:00	08:00	08:00	08:00	08:00	08:00
			下班	17:30	17:30	17:30	17:30	17:30	17:30	17:30	17:30	17:30	17:30	17:30	17:30
2001	李二兵	销售科	上班	08:00	08:00	08:00	08:00	08:00	08:00	08:00	08:00	08:00	08:00	08:00	08:00
			下班	17:30	17:30	17:30	17:30	17:30	17:30	17:30	17:30	17:30	17:30	17:30	17:30
2002	李称森	销售科	上班	08:00	08:00	08:00	08:00	08:00	08:00	08:00	08:00	08:00	08:00	08:00	08:00
			下班	17:30	17:30	17:30	17:30	17:30	17:30	17:30	17:30	17:30	17:30	17:30	17:30
2003	刘二林	销售科	上班	08:00	08:00	08:00	08:00	08:00	08:00	08:00	08:00	08:00	08:00	08:00	08:00
			下班	17:30	17:30	17:30	17:30	17:30	17:30	17:30	17:30	17:30	17:30	17:30	17:30
2004	刘福林	销售科	上班	08:00	08:00	08:00	08:00	事假	08:00	08:00	08:00	08:00	08:00	08:00	08:00
			下班	17:30	17:30	17:30	17:30		17:30	17:30	17:30	17:30	17:30	17:30	17:30
2005	谢令	销售科	上班	08:00	08:00	08:00	08:00	08:00	08:00	08:00	08:00	08:00	08:00	08:00	08:00
			下班	17:30	17:30	17:30	17:30	17:30	17:30	17:30	17:30	17:30	17:30	17:30	17:30
3001	高华林	财务科	上班	08:00	08:00	08:00	08:00	08:00	08:00	08:00	08:00	08:00	08:00	08:00	08:00
			下班	17:30	17:30	17:30	17:30	17:30	17:30	17:30	17:30	17:30	17:30	17:30	17:30
3002	华中化	财务科	上班	08:00	08:00	08:00	08:00	08:00	08:00	08:00	08:00	08:00	08:00	08:00	08:00
			下班	17:30	17:30	17:30	17:30	17:30	17:30	17:30	17:30	17:30	17:30	17:30	17:30

图 3-87　输入职工上下班时间

7. 引用函数统计出勤情况

根据单位考勤制度和迟到、早退和旷工的奖惩制度规定：上下班时间分别为 8:00 和 17:30；若大于 8:00 小于 9:00 上班的，则视为迟到；或大于 16:30 小于 17:30，则视为早退；若大于 9:00 上班或小于 16:30 下班，则视为旷工。

步骤 1：录入列标题。在日期后的单元格中依次输入“迟到”“早退”“旷工”“病假”和“事假”等需要统计的列标题。并将这 5 列单元格对应于姓名行上下两两合并，如图 3-88 所示。

AE31　fx

	K	L	M	N	O	P	Q	R	S	T	U	V	W	X	Y	Z	AA	AB	AC	AD	AE
1																					
2	10日	11日	12日	13日	14日	17日	18日	19日	20日	21日	24日	25日	26日	27日	28日	31日	迟到	早退	旷工	病假	事假
3	08:00	08:00	08:00	08:00	08:00	08:00	08:00	08:00	08:00	08:00	08:00	08:00	08:00	08:00	08:00	08:00					
4	17:30	17:30	17:30	17:30	17:30	17:30	17:30	17:30	17:30	17:30	17:30	17:30	17:30	17:30	17:30	17:30					
5	08:00	08:00	08:00	08:00	08:00	08:00	08:00	08:00	08:00	08:00	08:00	08:00	08:00	08:00	08:00	08:00					
6	17:30	17:30	17:30	17:30	17:30	17:30	17:30	17:30	17:30	17:30	17:30	17:30	17:30	17:30	17:30	17:30					
7	08:00	08:00	08:00	08:00	08:00	08:00	08:00	08:00	08:00	08:00	08:00	08:00	08:00	08:00	08:00	08:00					
8	17:30	17:30	17:30	17:30	17:30	17:30	17:30	17:30	17:30	17:30	17:30	17:30	17:30	17:30	17:30	17:30					
9	08:00	08:00	08:00	08:00	08:00	08:00	08:00	08:00	08:00	08:00	08:00	08:00	08:00	08:00	08:00	08:00					
10	17:30	17:30	17:30	17:30	17:30	17:30	17:30	17:30	17:30	17:30	17:30	17:30	17:30	17:30	17:30	17:30					
11	08:00	08:00	08:00	08:00	08:00	08:00	08:00	08:00	08:00	08:00	08:00	08:00	08:00	08:00	08:00	08:00					
12	17:30	17:30	17:30	17:30	17:30	17:30	17:30	17:30	17:30	17:30	17:30	17:30	17:30	17:30	17:30	17:30					
13	08:00	08:00	08:00	08:00	08:00	08:00	08:00	08:00	08:00	08:00	08:00	08:00	08:00	08:00	08:00	08:00					
14	17:30	17:30	17:30	17:30	17:30	17:30	17:30	17:30	17:30	17:30	17:30	17:30	17:30	17:30	17:30	17:30					
15	08:00	08:00	08:00	08:00	08:00	08:00	08:00	08:00	08:00	08:00	08:00	08:00	08:00	08:00	08:00	08:00					
16	17:30	17:30	17:30	17:30	17:30	17:30	17:30	17:30	17:30	17:30	17:30	17:30	17:30	17:30	17:30	17:30					
17	08:00	08:00	08:00	08:00	08:00	08:00	08:00	08:00	08:00	08:00	08:00	08:00	08:00	08:00	08:00	08:00					
18	17:30	17:30	17:30	17:30	17:30	17:30	17:30	17:30	17:30	17:30	17:30	17:30	17:30	17:30	17:30	17:30					
19	08:00	08:00	08:00	08:00	08:00	08:00	08:00	08:00	08:00	08:00	08:00	08:00	08:00	08:00	08:00	08:00					
20	17:30	17:30	17:30	17:30	17:30	17:30	17:30	17:30	17:30	17:30	17:30	17:30	17:30	17:30	17:30	17:30					

图 3-88　输入统计项目和合并单元格

步骤 2：统计职工“迟到”结果。单击 AA3 单元格，在其中输入公式：=SUMPRODUCT((E3:Z3>TIMEVALUE(" 8:00 "))*(E3:Z3<TIMEVALUE(" 9:00 ")))，按下“Enter”键，统计出迟到的结果，如图 3-89 所示。

fx =SUMPRODUCT((E3:Z3>TIMEVALUE("8:00"))*(E3:Z3<TIMEVALUE("9:00")))

	J	K	L	M	N	O	P	Q	R	S	T	U	V	W	X	Y	Z	AA	AB
日	7日	10日	11日	12日	13日	14日	17日	18日	19日	20日	21日	24日	25日	26日	27日	28日	31日	迟到	早退
:00	08:00	08:00	08:00	08:00	08:00	08:00	08:00	08:00	08:00	08:00	08:00	08:00	08:00	08:00	08:00	08:00	08:00	0	
:30	17:30	17:30	17:30	17:30	17:30	17:30	17:30	17:30	17:30	17:30	17:30	17:30	17:30	17:30	17:30	17:30	17:30		
:00	08:00	08:00	08:00	08:00	08:00	08:00	08:00	08:00	08:00	08:00	08:00	08:00	08:00	08:00	08:00	08:00	08:00		
:30	17:30	17:30	17:30	17:30	17:30	17:30	17:30	17:30	17:30	17:30	17:30	17:30	17:30	17:30	17:30	17:30	17:30		

图 3-89　统计迟到结果

步骤 3：统计职工“早退”结果。单击 AB3 单元格，在其中输入公式：=SUMPRODUCT((E4:Z4>TIMEVALUE(" 16:30 "))*(E4:Z4<TIMEVALUE(" 17:30 ")))，按下“Enter”键，统计出早退的结果，如图 3-90 所示。

fx =SUMPRODUCT((E4:Z4>TIMEVALUE("16:30"))*(E4:Z4<TIMEVALUE("17:30")))

M	N	O	P	Q	R	S	T	U	V	W	X	Y	Z	AA	AB	AC
12日	13日	14日	17日	18日	19日	20日	21日	24日	25日	26日	27日	28日	31日	迟到	早退	旷工
08:00	08:00	08:00	08:00	08:00	08:00	08:00	08:00	08:00	08:00	08:00	08:00	08:00	08:00	0	1	
17:30	17:30	17:30	17:30	17:30	17:30	17:30	17:30	17:30	17:30	16:55	17:30	17:30	17:30			
08:00	08:00	08:00	08:00	08:00	08:00	08:00	08:00	08:00	08:00	08:00	08:00	08:00	08:00			
17:30	17:30	17:30	17:30	17:30	17:30	17:30	17:30	17:30	17:30	17:30	17:30	17:30	17:30			

图 3-90　统计早退结果

步骤 4：统计职工“旷工”结果。单击 AC3 单元格，在其中输入公式：=SUMPRODUCT((E3:Z3>TIMEVALUE(" 9:00 "))*(E4:Z4<TIMEVALUE(" 16:30 "))),按下“Enter”键，统计出旷工的结果，如图 3-91 所示。

=SUMPRODUCT((E3:Z3>TIMEVALUE("9:00"))*(E4:Z4<TIMEVALUE("16:30")))

M	N	O	P	Q	R	S	T	U	V	W	X	Y	Z	AA	AB	AC	AD
12日	13日	14日	17日	18日	19日	20日	21日	24日	25日	26日	27日	28日	31日	迟到	早退	旷工	病假
08:00	08:00	08:00	08:00	08:00	08:00	08:00	08:00	08:00	08:00	08:00	08:00	08:00	08:00	0	1	0	
17:30	17:30	17:30	17:30	17:30	17:30	17:30	17:30	17:30	17:30	16:55	17:30	17:30	17:30				
08:00	08:00	08:00	08:00	08:00	08:00	08:00	08:00	08:00	08:00	08:00	08:00	08:00	08:00				
17:30	17:30	17:30	17:30	17:30	17:30	17:30	17:30	17:30	17:30	17:30	17:30	17:30	17:30				

图 3-91　统计旷工结果

步骤 5：统计职工“病假”结果。单击 AD3 单元格，在其中输入公式：=COUNTIF(E3:Z4, " 病假 ")，按下“Enter”键，即可统计出职工请病假的结果，如图 3-92 所示。

步骤 6：统计职工“事假”结果。单击 AE3 单元格，在其中输入公式：=COUNTIF(E3:Z4, " 事假 ")，按下“Enter”键，即可统计出职工请事假的结果，如图 3-93 所示。

=COUNTIF(E3:Z4,"病假")

Z	AA	AB	AC	AD	AE
31日	迟到	早退	旷工	病假	事假
08:00	0	1	0	0	
17:30					
08:00					

图 3-92　统计病假结果

=COUNTIF(E3:Z4,"事假")

AC	AD	AE	AF
旷工	病假	事假	
0	0	0	

图 3-93　统计事假结果

步骤 7：完成数据填充。选中 AA3:AE3 单元格区域，然后将鼠标移至 AE3 单元格右下角处，当指针变为实心十字形时，按住鼠标左键拖至 AE31 时，释放鼠标左键，即可完成其他职工的考勤统计工作，如图 3-94 所示。

Z	AA	AB	AC	AD	AE
31日	迟到	早退	旷工	病假	事假
08:00 17:30	0	1	0	0	0
08:00 17:30	0	0	0	0	0
08:00 17:30	0	0	0	0	0
08:00 17:30	0	0	0	0	0
08:00 17:30	0	0	0	0	0
08:00 17:30	0	0	0	0	0
08:00 17:30	0	0	1	0	1
08:00 17:30	0	0	0	0	0
08:00 17:30	0	0	0	0	0

图 3-94　完成其他职工的统计效果

在统计职工考勤时，引用了 3 个函数：SUMPRODUCT()、TIMEVALUE()和 COUNTIF()。

（1） 数学函数 SUMPRODUCT()：在给定的几组数组中，将数组间对应的元素相乘，并返回乘积之和。数组参数必须具有相同的维数，否则，函数 SUMPRODUCT 将返回错误值#VALUE!。函数 SUMPRODUCT 将非数值型的数组元素作为 0 处理。

语法：SUMPRODUCT（array1，array2，array3，...）

array1，array2，array3，...为 2 到 30 个数组，其相应元素需要进行相乘并求和。

例如：有两个数组 array1（3，4，8，6，1，9）和 array2（2，7，6，7，5，3），数据分布如图 3-95 所示，则函数＝SUMPRODUCT(A2:B4，C2:D4)＝(3*2＋4*7＋8*6＋6*7＋1*5＋9*3)＝146。如图 3-95 所示。

	A	B	C	D
1	Array1	Array1	Array2	Array2
2	3	4	2	7
3	8	6	6	7
4	1	9	5	3
5				

图 3-95　数组 Array1 和 Array2 数据分布表

（2） 日期和时间函数 TIMEVALUE()：返回由文本字符串所代表时间的小数值。该小数值为 0 到 0.999999999 之间的数值，代表从 0:00:00(12:00:00AM)到 23:59:5(11:59:59PM)之间的时间。

语法：TIMEVALUE（time_text）

time_text 文本字符串，代表以 Microsoft Excel 时间格式表示的时间（例如，代表时间的具有引号的文本字符“6:45PM”和”18:45”）。

例如：TIMEVALUE(“2:24AM”)＝0.1;

TIMEVALUE(“22-Aug-2008 6:35AM”)＝0.274305556

（3） 统计函数 COUNTIF()：计算某区域中满足给定条件的单元格的个数。

语法：COUNTIF(range，criteria)

Range　为需要计算其中满足条件的单元格数目的单元格区域。

Criteria　为确定哪些单元格将被计算在内的条件，其形式可以为数字、表达式、单元格引用或文本。例如，B2:B4 区域中输入有 32、45、74、86 数据，则 COUNTIF(B2:B4r，“>45”)＝2。

8. 制作出勤统计表

单位考勤制度中规定对于迟到、早退、旷工、病假和事假，按照考勤要求都要扣除部分工资。

步骤 1：录入列标题。插入一新工作表，将其标签名改为“12 月份考勤统计表”，然后在工作表中输入标题“2017 年 12 月份考勤统计表”，在第 2 行输入表头字段：姓名、部门、迟到次数、早退次数、旷工次数、病假天数、事假天数、基本工资、应扣工资和全勤奖。

步骤 2：引用数据。使用引用公式引用“职工基本工资表”工作表“姓名”数据。单击“12 月份考勤统计表”A3 单元格，在其中输入公式＝职工基本工资表!B3”；或只输入“＝”，再单击“职工基本工资表”中对应的单元格如 B3，按“Enter”键确认输入，如图 3-96 所示。

A3   fx   =职工基本工资表!B3

A	B	C
2017年12月份考勤统计表		
姓名	部门	迟到次数
张山		

图 3-96　引用“职工基本工资表”数据

步骤 3：填充数据。利用自动填充功能填充该列中的其他单元格。

在“12 月份考勤统计表”中用同样方式引用“职工基本工资表”中的“部门”和“基本工资”列数据。

9.　不同工作表利用函数统计数据

步骤 1：统计迟到次数。单击 C3 单元格，在其中输入公式：“＝VLOOKUP(A3,'12 月份考勤表'!$A$1:$AE$31,27,0)”，按 Enter 键即可得到该职工迟到的次数，并利用自动填充功能填充该列的其他单元格，如图 3-97 所示。

步骤 2：统计早退次数。单击 D3 单元格，在其中输入公式：“＝VLOOKUP(A3,'12 月份考勤表'!$A$1:$AE$31,28,0)”，按 Enter 键即可得到该职工早退的次数，并利用自动填充功能填充该列的其他单元格。

步骤 3：统计旷工次数。单击 E3 单元格，在其中输入公式：“＝VLOOKUP(A3,'12 月份考勤表'!$A$1:$AE$31,29,0)，按 Enter 键即可得到该职工旷工的次数，并利用自动填充功能填充该列的其他单元格，如图 3-98 所示。

	A	B	C
1	2017年12月份考勤统计表		
2	姓名	部门	迟到次数
3	张山	办公室	0
4	李斯	办公室	0
5	王五	办公室	0
6	李二兵	销售科	0
7	李称森	销售科	0
8	刘二林	销售科	0
9	刘福林	销售科	0
10	谢令	销售科	0
11	高华林	财务科	0
12	华中化	财务科	0
13	钟福春	后勤科	0
14	李小青	后勤科	0
15	胡利净	后勤科	0
16	严林仙	生产科	0
17	杨福秀	生产科	0
18			

图 3-97　输入公式计算职工迟到次数

	A	B	C	D	E
1	2017年12月份考勤统计表				
2	姓名	部门	迟到次数	早退次数	旷工次数
3	张山	办公室	0	1	0
4	李斯	办公室	0	0	0
5	王五	办公室	0	0	0
6	李二兵	销售科	0	0	0
7	李称森	销售科	0	0	0
8	刘二林	销售科	0	0	0
9	刘福林	销售科	0	0	1
10	谢令	销售科	0	0	0
11	高华林	财务科	0	0	0
12	华中化	财务科	0	0	0
13	钟福春	后勤科	0	0	1
14	李小青	后勤科	0	0	0
15	胡利净	后勤科	0	0	0
16	严林仙	生产科	0	0	0
17	杨福秀	生产科	0	1	0
18					

图 3-98　完成计算早退次数和旷工次数

步骤 4：统计病假天数。单击 F3 单元格，在其中输入公式：“＝VLOOKUP(A3,'12 月份考勤表'!$A$1:$AE$31,30,0)，按 Enter 键即可得到该职工病假天数，并利用自动填充功能填充该列的其他单元格。

步骤 5：统计事假天数。单击 G3 单元格，在其中输入公式：“＝VLOOKUP(A3,'12 月份考勤表'!$A$1:$AE$31,31,0)，按 Enter 键即可得到该职工事假天数，并利用自动填充功能填充该列的其他单元格。完成后的效果如图 3-99 所示。

L24 fx

	A	B	C	D	E	F	G	H	I	J
1	2017年12月份考勤统计表									
2	姓名	部门	迟到次数	早退次数	旷工次数	病假天数	事假天数	基本工资	应扣工资	全勤奖
3	张山	办公室	0	1	0	0	0	5000	100.00	0
4	李斯	办公室	0	0	0	0	0	4000	0.00	400
5	王五	办公室	0	0	0	0	0	1000	0.00	100
6	李二兵	销售科	0	0	0	0	0	4000	0.00	400
7	李称森	销售科	0	0	0	0	0	2000	0.00	200
8	刘二林	销售科	0	0	0	0	0	3000	0.00	300
9	刘福林	销售科	0	0	1	0	1	3000	436.36	0
10	谢令	销售科	0	0	0	0	0	5000	0.00	500
11	高华林	财务科	0	0	0	0	0	5000	0.00	500
12	华中化	财务科	0	0	0	0	0	3000	0.00	300
13	钟福春	后勤科	0	0	1	1	0	2070	225.82	0
14	李小青	后勤科	0	0	0	0	0	2080	0.00	208
15	胡利净	后勤科	0	0	0	0	0	6000	0.00	600
16	严林仙	生产科	0	0	0	0	0	5040	0.00	504
17	杨福秀	生产科	0	1	0	0	0	3000	60.00	0

图 3-99　输入公式完成后效果

步骤 6：计算应扣工资。制度中规定：迟到和早退扣工资的 2%/次；旷工扣工资的 10%/次；病假扣当天工资的 20%；事假扣当天工资。单击 I3 单元格，在其中输入公式：“=IF(C3>0,H3*0.02*C3)+IF(D3>0,H3*0.02*D3)+IF(E3>0,H3*0.1*E3)+IF

(F3>0,H3/22*0.2*F3)+IF(G3>0,H3/22*G3)”，按 Enter 键即可得到第一名职工应扣的工资，利用自动填充功能填充该列的其他单元格，并设置数字格式为数值，保留小数点 2 位，如图 3-100 所示。

fx =IF(C3>0,H3*0.02*C3)+IF(D3>0,H3*0.02*D3)+IF(E3>0,H3*0.1*E3)+IF(F3>0,H3/22*0.2*F3)+IF(G3>0,H3/22*G3)

	B	C	D	E	F	G	H	I	J	K	L
考勤统计表											
	部门	迟到次数	早退次数	旷工次数	病假天数	事假天数	基本工资	应扣工资	全勤奖		
	办公室	0	1	0	0	0	500	10.00			
	办公室	0	0	0	0	0	400	0.00			
	办公室	0	0	0	0	0	100	0.00			
	销售科	0	0	0	0	0	400	0.00			
	销售科	0	0	0	0	0	200	0.00			
	销售科	0	0	0	0	0	300	0.00			
	销售科	0	0	1	0	1	300	43.64			
	销售科	0	0	0	0	0	500	0.00			
	财务科	0	0	0	0	0	500	0.00			
	财务科	0	0	0	0	0	300	0.00			
	后勤科	0	0	1	1	0	270	29.45			
	后勤科	0	0	0	0	0	280	0.00			
	后勤科	0	0	0	0	0	600	0.00			
	生产科	0	0	0	0	0	540	0.00			
	生产科	0	1	0	0	0	300	6.00			

图 3-100　计算应扣工资

步骤 7：计算全勤奖。根据全勤奖制度，应奖励全勤职工当月工资的 10%作奖金。单击 J3 单元格，在其中输入公式：“＝IF(I3＝0,H3*0.1,0)”，使用自动填充功能完成该列数据的填充。数据保留 2 位小数位，如图 3-101 所示。

=IF(I3=0,H3*0.1,0)

天数	基本工资	应扣工资	全勤奖
0	500	10.00	0
0	400	0.00	40
0	100	0.00	10
0	400	0.00	40
0	200	0.00	20
0	300	0.00	30
1	300	43.64	0
0	500	0.00	50
0	500	0.00	50
0	300	0.00	30
0	270	29.45	0
0	280	0.00	28
0	600	0.00	60
0	540	0.00	54
0	300	6.00	0

图 3-101　计算全勤奖

10.　建立职工工资管理表

步骤 1：输入列标题。插入一新工作表，将其标签名改为“12 月份工资管理表”。然后在工作表中输入标题“职工工资管理表”，在第 2 行输入表头字段：月份、职工编号、姓名、部门、基本工资、住房补贴、交通补贴、全勤奖、考勤扣款、社保金、应发工资、应扣所得税和实发工资。

步骤 2：引用数据。使用引用公式引用“职工基本工资表”中“职工编号”“姓名”“部门”“基本工资”等列数据。完成后如图 3-102 所示。

步骤 3：输入“月份”列数据。先选中 A3:A17 单元格区域，然后在 A3 单元格中输入“2012-12-31”，再按住 Ctrl 键把月份复制到相应的单元格。点击“数字”旁边的箭头下拉框中出现“设置单元格式格式”，可选择日期显示的类型如图 3-103 所示。

职工工资管理表

月份	职工编号	姓名	部门	基本工资	住房补贴
	1001	张山	办公室	500	
	1002	李斯	办公室	400	
	1003	王五	办公室	100	
	2001	李二兵	销售科	400	
	2002	李称森	销售科	200	
	2003	刘二林	销售科	300	
	2004	刘福林	销售科	300	
	2005	谢令	销售科	500	
	3001	高华林	财务科	500	
	3002	华中化	财务科	300	
	4001	钟福春	后勤科	270	
	4002	李小青	后勤科	280	
	4003	胡利净	后勤科	600	
	5001	严林仙	生产科	540	

图 3-102　引用数据

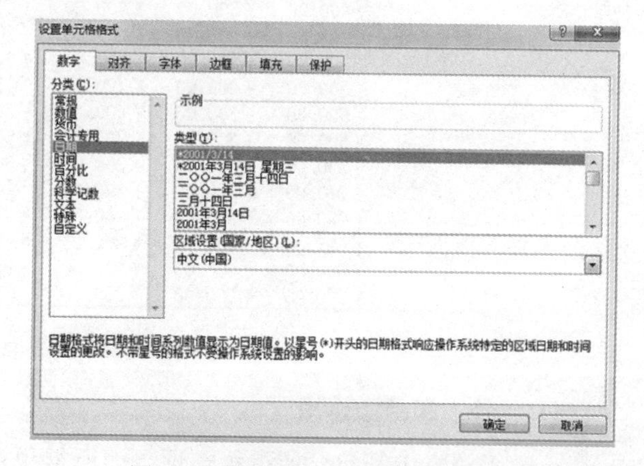

图 3-103　设置“月份”单元格格式

步骤 4：可建立“职工福利表”数据，从“职工福利表”中引用“住房补贴”“交通补贴”数据。也可直接输入数据，完成后如图 3-104 所示。

步骤 5：引用“12 月份考勤统计表”中“考勤扣款”和“全勤奖”两列数据。在“12 月份工资管理表”中分别单击 H3 和 I3 单元格，在其中分别输入引用公式：“＝‘12 月份考勤统计表’!J3 和=‘12 月份考勤统计表’!I3”，再选中 H3:I3 单元格区域，利用填充柄填充完其余数据。完成后如图 3-105 所示。

C	D	E	F	G	H
姓名	部门	基本工资	住房补贴	交通补贴	全勤奖
张山	办公室	500	300	100	
李斯	办公室	400	300	100	
王五	办公室	100	300	100	
李二兵	销售科	400	300	400	
李秾森	销售科	200	300	400	
刘二林	销售科	300	300	400	
刘福林	销售科	300	300	400	
谢令	销售科	500	300	400	
高华林	财务科	500	300	200	
华中化	财务科	300	300	200	
钟福春	后勤科	270	300	200	
李小青	后勤科	280	300	200	
胡利净	后勤科	600	300	200	
严林仙	生产科	540	300	200	

图 3-104　引用“职工福利表”数据

E	F	G	H	I
基本工资	住房补贴	交通补贴	全勤奖	考勤扣款
500	300	100	0	10.00
400	300	100	40	0.00
100	300	100	10	0.00
400	300	400	40	0.00
200	300	400	20	0.00
300	300	400	30	0.00
300	300	400	0	43.64
500	300	400	50	0.00
500	300	200	50	0.00
300	300	200	30	0.00
270	300	200	0	29.45
280	300	200	28	0.00
600	300	200	60	0.00
540	300	200	54	0.00
300	300	200	0	6.00

图 3-105　引用“12 月份考勤统计”表数据

步骤 6：设置数据格式。在“12 月份工资表”中，右键单击选中的 E3:M17 单元格区域，从弹出的快捷菜选择“设置单元格格式”命令，弹出“设置单元格格式”对话框，选择“数字”选项卡，在“分类”列表框中单击“货币”选项，选择样式并保留小数位 2 位。完成后的效果如图 3-106 所示。

E	F	G	H	I	J
基本工资	住房补贴	交通补贴	全勤奖	考勤扣款	社保金
￥500.00	￥300.00	￥100.00	￥0.00	￥10.00	￥100.00
￥400.00	￥300.00	￥100.00	￥40.00	￥0.00	￥100.00
￥100.00	￥300.00	￥100.00	￥10.00	￥0.00	￥100.00
￥400.00	￥300.00	￥400.00	￥40.00	￥0.00	￥100.00
￥200.00	￥300.00	￥400.00	￥20.00	￥0.00	￥100.00
￥300.00	￥300.00	￥400.00	￥30.00	￥0.00	￥100.00
￥300.00	￥300.00	￥400.00	￥0.00	￥43.64	￥100.00
￥500.00	￥300.00	￥400.00	￥50.00	￥0.00	￥100.00
￥500.00	￥300.00	￥200.00	￥50.00	￥0.00	￥100.00
￥300.00	￥300.00	￥200.00	￥30.00	￥0.00	￥100.00
￥270.00	￥300.00	￥200.00	￥0.00	￥29.45	￥100.00
￥280.00	￥300.00	￥200.00	￥28.00	￥0.00	￥100.00
￥600.00	￥300.00	￥200.00	￥60.00	￥0.00	￥100.00
￥540.00	￥300.00	￥200.00	￥54.00	￥0.00	￥100.00
￥300.00	￥300.00	￥200.00	￥0.00	￥6.00	￥100.00

图 3-106　设置数据格式完成后的效果

11. 公式和函数运用

一般工资表中都包含所得税一项，而所得税是根据职工的应发工资进行计算。而“应发工资”是利用“12 月份工资管理表”中的“基本工资”“住房补贴”“交通补贴”“全勤奖”等计算得出的。“实发工资”是“应发工资”减去“所得税”“考勤扣款”“社保金”得出来的。

在“职工工资管理表”中至少要建立 3 个公式，一个是计算“所得税”，一个是计算“应发工资”，还有一个是计算“实发工资”。

根据纳税规定个人取得工资、薪金所得，以每月收入额减去费用 2000 元后的余额为应纳税所得额。

外籍人职工资、薪金，中国居民境外取得工资、薪金所得，可在减去费用 2000 元的基础上，再减除附加费用 3200 元，仅就超过部分作为应纳税所得额。

表 3-1 中列出了所得税税率即速算扣除数。从表中可看作所得税是累进税率，在计算中应考虑到需要对不同的应纳税所得额选用不同的税率和扣除金额。

表 3-1　所得税税率及扣除金额（工资、薪金所得适用）

应纳税所得额	税率（%）	速算扣除数
<1500	3	0
<4500	10	105
<9000	20	555
<35000	25	1005
<55000	30	2755
<80000	35	5505
>=80000	45	13505

步骤 1：输入公式。在“应发工资”列 K3 单元格中输入公式：“＝E3＋F3＋G3＋H3－I3－J3”，或用鼠标单击引用相应的单元格，按下 Enter 键，将根据公式计算出相应的值。拖动 K3 单元格右下角的填充柄，用自动填充功能计算出所有职工的应发工资，如图 3-107 所示。

E	F	G	H	I	J	K	L
基本工资	住房补贴	交通补贴	全勤奖	考勤扣款	社保金	应发工资	应扣所得税
¥5,000.00	¥300.00	¥100.00	¥0.00	¥100.00	¥100.00	¥5,200.00	
¥4,000.00	¥300.00	¥100.00	¥400.00	¥0.00	¥100.00	¥4,700.00	
¥1,000.00	¥300.00	¥100.00	¥100.00	¥0.00	¥100.00	¥1,400.00	
¥4,000.00	¥300.00	¥400.00	¥400.00	¥0.00	¥100.00	¥5,000.00	
¥2,000.00	¥300.00	¥400.00	¥200.00	¥0.00	¥100.00	¥2,800.00	
¥3,000.00	¥300.00	¥400.00	¥300.00	¥0.00	¥100.00	¥3,900.00	
¥3,000.00	¥300.00	¥400.00	¥0.00	¥436.36	¥100.00	¥3,163.64	
¥5,000.00	¥300.00	¥400.00	¥500.00	¥0.00	¥100.00	¥6,100.00	
¥5,000.00	¥300.00	¥200.00	¥500.00	¥0.00	¥100.00	¥5,900.00	
¥3,000.00	¥300.00	¥200.00	¥300.00	¥0.00	¥100.00	¥3,700.00	
¥2,070.00	¥300.00	¥200.00	¥0.00	¥225.82	¥100.00	¥2,244.18	
¥2,080.00	¥300.00	¥200.00	¥208.00	¥0.00	¥100.00	¥2,688.00	
¥6,000.00	¥300.00	¥200.00	¥600.00	¥0.00	¥100.00	¥7,000.00	
¥5,040.00	¥300.00	¥200.00	¥504.00	¥0.00	¥100.00	¥5,944.00	
¥3,000.00	¥300.00	¥200.00	¥0.00	¥60.00	¥100.00	¥3,340.00	

图 3-107　输入公式并利用填充功能计算应发工资

步骤 2：计算“所得税”。在“应发工资”列中 L3 单元格中输入公式：“=IF(K3<2000,0,IF(K3-2000<500,(K3-2000)*0.05,IF(K3-2000<2000,(K3-2000)*0.1-25,IF(K3-2000<5000,(K3-2000)*0.15-125,(K3-2000)*0.2-375))))”，用填充柄填充“应扣所得税”列其余数据，如图 3-108 所示。

步骤 3：计算实发工资。在单元格 M3 中输入公式："＝K3-L3"。按 Enter 键确认公式输入，然后利用自动句柄填充功能填充数据，得出实发工资如图 3-109 所示。

I	J	K	L	M
考勤扣款	社保金	应发工资	应扣所得税	实发工资
￥100.00	￥100.00	￥5,200.00	￥580.00	
￥0.00	￥100.00	￥4,700.00	￥480.00	
￥0.00	￥100.00	￥1,400.00	￥0.00	
￥0.00	￥100.00	￥5,000.00	￥540.00	
￥0.00	￥100.00	￥2,800.00	￥55.00	
￥0.00	￥100.00	￥3,900.00	￥165.00	
￥436.36	￥100.00	￥3,163.64	￥91.36	
￥0.00	￥100.00	￥6,100.00	￥760.00	
￥0.00	￥100.00	￥5,900.00	￥720.00	
￥0.00	￥100.00	￥3,700.00	￥145.00	
￥225.82	￥100.00	￥2,244.18	￥12.21	
￥0.00	￥100.00	￥2,688.00	￥43.80	
￥0.00	￥100.00	￥7,000.00	￥625.00	
￥0.00	￥100.00	￥5,944.00	￥728.80	
￥60.00	￥100.00	￥3,340.00	￥109.00	

图 3-108　计算所得税及填充列

K	L	M	N
应发工资	应扣所得税	实发工资	
￥5,200.00	￥580.00	￥4,620.00	
￥4,700.00	￥480.00	￥4,220.00	
￥1,400.00	￥0.00	￥1,400.00	
￥5,000.00	￥540.00	￥4,460.00	
￥2,800.00	￥55.00	￥2,745.00	
￥3,900.00	￥165.00	￥3,735.00	
￥3,163.64	￥91.36	￥3,072.27	
￥6,100.00	￥760.00	￥5,340.00	
￥5,900.00	￥720.00	￥5,180.00	
￥3,700.00	￥145.00	￥3,555.00	
￥2,244.18	￥12.21	￥2,231.97	
￥2,688.00	￥43.80	￥2,644.20	
￥7,000.00	￥625.00	￥6,375.00	
￥5,944.00	￥728.80	￥5,215.20	
￥3,340.00	￥109.00	￥3,231.00	

图 3-109　计算实发工资

3.4.4　任务小结

本章主要介绍了如何利用 Excel 2010 软件帮助我们快速制作职工工资计算表，其中包括工资管理的特点，如何从外部快速导入数据，如何利用 Excel 的自动填充功能进行数据的输入，以及如何利用相关公式和函数进行职工工资数据的统计和计算。

3.4.5　课后练习

1. 建立如图 3-110 所示的工作表，用函数计算员工的工龄和可享有的有薪年假天数，完成后以"职工年假表.xlsx"为文件名存放指定位置。

	A	B	C	D	E	F
1	员工年假表					
2	员工编号	姓名	所属部门	何时加入单位	工龄	年假
3	1001	张山	办公室	1998-12		
4	1002	李斯	办公室	2001-1		
5	1003	王五	办公室	2001-1		
6	2001	李二兵	销售科	2001-5		
7	2002	李称森	销售科	2002-1		
8	2003	刘二林	销售科	2002-12		
9	2004	刘福林	销售科	2002-12		
10	2005	谢令	销售科	2002-12		
11	3001	高华林	财务科	2003-5		
12	3002	华中化	财务科	2003-5		
13	4001	钟福春	后勤科	2003-10		

图 3-110　职工年假表

单位年假制度规定：（1）工龄 1 年或 1 年以上可以享有年假，工龄小于 3 年者，年假为 7 天（不含法定假日），工龄 3 年以上者，工龄每增加 1 年、年假增加 1 天。

提示：

① 工龄计算 YEAR()函数，方法与求职工年龄相似。

② 根据单位年假制度，求年假可用 IF()函数。

2. 建立如图 3-111 所示工作表，完成如下操作。

员工考勤表			
员工编号	姓名	所属部门	日期
1001	张山	办公室	
1002	李斯	办公室	
1003	王五	办公室	
2001	李二兵	销售科	
2002	李称森	销售科	
2003	刘二林	销售科	
2004	刘福林	销售科	
2005	谢令	销售科	
3001	高华林	财务科	
3002	华中化	财务科	
4001	钟福春	后勤科	

图 3-111　职工考勤表

（1）在“日期”单元格后输入 3 月份的工作天数（不含法定假日）。

（2）增加“迟到”“早退”“旷工”“病假”和“事假”列，并对这几项进行统计。

（3）完成后以“考勤表.xlsx”为文件名保存在指定位置。

3.5　任务 9“统计房产销售”

3.5.1　任务背景

房地产销售公司需要使用良好的方法，有效率的统计每位销售经理对不同户型房屋的销售情况。需要完成的工作包括：

（1）根据不同要求，对房产销售表进行筛选。

（2）统计每种户型和每个销售经理的销售情况。

（3）生成数据透视表和数据透视图，对每位销售经理销售的每种户型进行分析。

3.5.2　任务分析

1. 表格的创建与记录单的使用

将工作表中的数据创建为表格，并使用记录单对表格的记录进行添加和删除。

2. 筛选

分别利用自动筛选、高级筛选按照要求对房产销售表进行统计。

3. 分类汇总

利用分类汇总分别统计每种户型和每位销售经理的销售情况。

4. 数据透视表和数据透视图

利用数据透视图分析每位销售经理销售不同户型房产的情况，并使用切片器和迷你图进行统计。

3.5.3 任务实现

一、表格创建与记录单的使用

1. 工作表中表格的创建

表格是工作表中包含相关数据的一系列数据行，它可以像数据库一样接受浏览与编辑等相关操作。

在“房产销售统计表”中，我们选中 A1：K25 单元格，选择“插入”→“表格”按钮，在选中的区域中第一行要显示为表格标题，所以选中“表包含标题”复选框，确定后创建好表格，同时自动激活“表格工具设计”选项卡，将表格命名为“房产销售统计表”，如图 3-112 所示，注意仅当选定表格中的某个单元格时才显示“表格工具设计”选项卡。

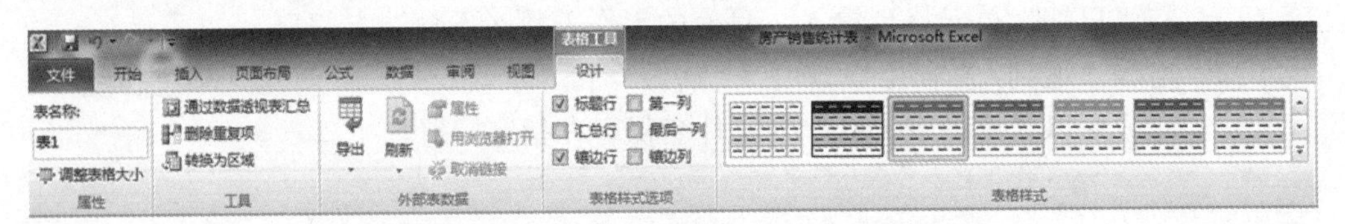

图 3-112　“表格工具设计”选项卡

如果要删除创建的表格，可以单击“表格工具设计”选项卡中“工具”区域中的“转换为区域”命令按钮，将表格转化为普通区域。

建立好的表格如图 3-113 所示。

	A	B	C	D	E	F	G	H	I	J	K
1	客户姓名	联系电话	预交日期	房号	户型	面积	单价	房价总额	契税	契税金额	销售经理
2	杜晋	13800000024	2017/1/12	7-317	三室两厅	140	10050	1407000	3.00%	42210	司徒春
3	黄建强	13800000001	2016/12/20	5-301	两室一厅	100	10000	1000000	1.50%	15000	伊然
4	黄平	13800000004	2016/12/23	5-304	三室两厅	140	8800	1232000	3.00%	36960	伊然
5	贾申平	13800000005	2016/12/24	5-401	三室两厅	140	8500	1190000	3.00%	35700	司徒春
6	李巧	13800000012	2016/12/31	5-704	一室一厅	60	11000	660000	1.00%	6600	伊然
7	刘刚	13800000017	2017/1/5	6-906	两室一厅	100	12500	1250000	1.50%	18750	司徒春
8	刘思云	13800000021	2017/1/9	7-314	两室一厅	100	9700	970000	1.50%	14550	司徒春
9	鲁帆	13800000013	2017/1/1	6-902	一室一厅	60	9800	588000	1.00%	5880	司徒春
10	司马君	13800000003	2016/12/22	5-303	三室两厅	140	9800	1372000	3.00%	41160	黎辉
11	司马项	13800000002	2016/12/21	5-302	一室一厅	60	9000	540000	1.00%	5400	伊然
12	苏武	13800000010	2016/12/29	5-702	一室一厅	60	10000	600000	1.00%	6000	司徒春
13	涂咏虞	13800000006	2016/12/25	5-402	两室一厅	100	9500	950000	1.50%	14250	司徒春
14	王海强	13800000016	2017/1/4	6-905	一室一厅	60	9800	588000	1.00%	5880	伊然
15	王晓	13800000015	2017/1/3	6-904	两室一厅	100	9800	980000	1.50%	14700	司徒春
16	魏寒	13800000019	2017/1/7	7-312	三室两厅	140	11000	1540000	3.00%	46200	司徒春
17	吴妍	13800000020	2017/1/8	7-313	三室两厅	140	9800	1372000	3.00%	41160	伊然
18	肖琪	13800000009	2016/12/28	5-701	两室一厅	100	10600	1060000	1.50%	15900	司徒春
19	薛利恒	13800000023	2017/1/11	7-316	一室一厅	60	11000	660000	1.00%	6600	司徒春
20	殷豫群	13800000008	2016/12/27	5-404	两室一厅	100	10000	1000000	1.50%	15000	司徒春
21	俞志强	13800000007	2016/12/26	5-403	两室一厅	100	8800	880000	1.50%	13200	伊然
22	张严	13800000018	2017/1/6	7-311	三室两厅	140	9800	1372000	3.00%	41160	伊然
23	张悦群	13800000011	2016/12/30	5-703	一室一厅	60	12000	720000	1.00%	7200	黎辉
24	童戎	13800000014	2017/1/2	6-903	一室一厅	60	11000	660000	1.00%	6600	黎辉
25	周韵	13800000022	2017/1/10	7-315	两室一厅	100	9600	960000	1.50%	14400	司徒春

图 3-113　创建“房产销售统计表”表格

2. 使用记录单

在 Excel 工作表的表格中输入大量数据时，如果逐行逐列地进行输入则比较容易出错，而且查看、修改某条记录也比较麻烦，所以我们可以使用“记录单”的功能。

在 Excel 2010 中，默认情况下的“记录单”命令属于“不在功能区的命令”，我们需要先将它添加到“自定义功能区”中。选择“文件”→“选项”→“自定义功能区”，然后在“从下列位置选择命令”中选择“不在功能区的命令”，找到“记录单”命令，在右侧“数据”选项卡中新建一个“其他”组并选择该组，然后单击“添加”按钮将“记录单”命令添加到“主选项卡”→“数据”→“其他”中。后面我们要用到“数据透视表和数据透视图向导”命令，因此我们也将该命令添加到“其他”中，如图 3-114 所示，单击确定后可以在“数据”选项卡上看到“记录单”和“数据透视表和数据透视图向导”命令按钮，如图 3-115 所示。

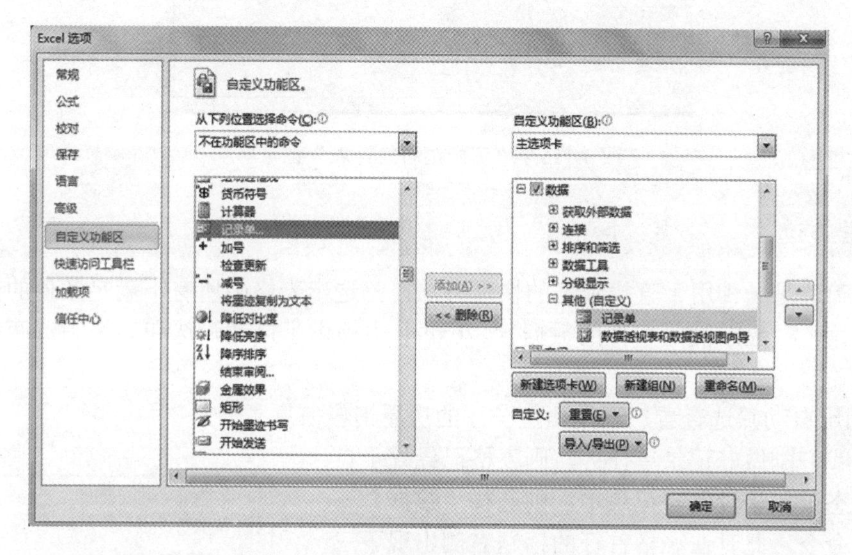

图 3-114 “Excel 选项”对话框

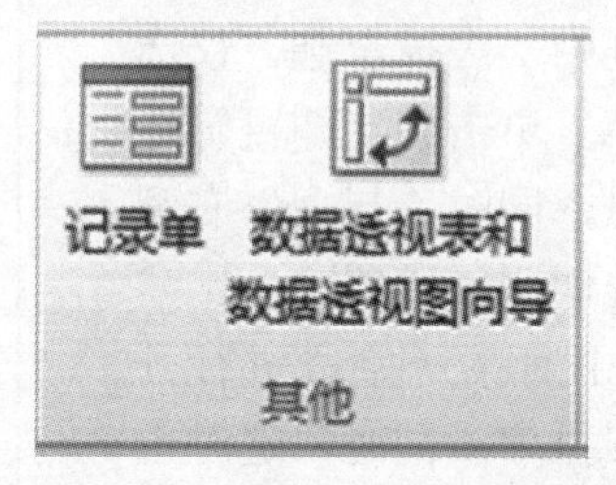

图 3-115 “其他”中新添加的按钮

只有每列数据都有标题的表格才能使用记录单功能。选定“房产销售统计表”中的任一单元格，单击“记录单”命令按钮，进入如图 3-116 所示的数据记录单。在记录单中默认显示了第一行记录，这时可以直接修改各字段的数据，也可使用右侧各按钮对记录单进行添加、删除，及查看各条记录等操作。

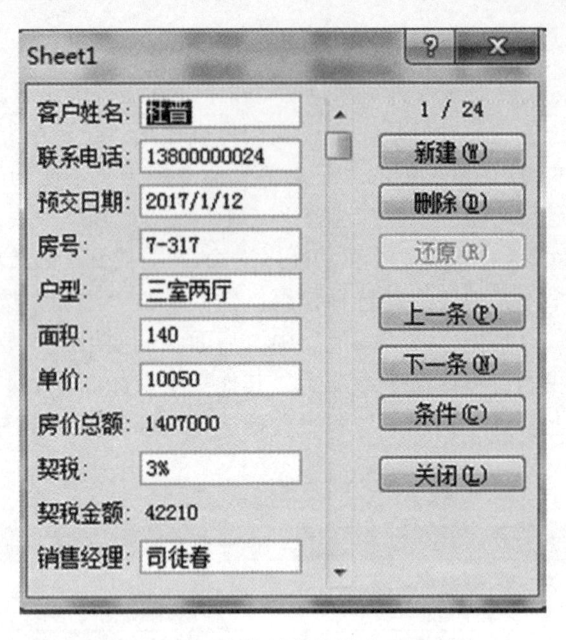

图 3-116　“房产销售统计表”记录单

二、数据筛选

数据筛选是一种用于查找数据的快速方法，筛选出表格中所有不满足条件的记录并将其暂时隐藏，只显示满足条件的数据行。Excel 中提供了自动筛选和高级筛选两种筛选方式。

1. 利用自动筛选查看户型是两室一厅的房屋销售信息

如果我们刚做好记录单任务，则表格已经处于自动筛选状态；如果没做好记录单，则选择“数据”→“筛选”命令，此时在表格首行的标题右侧出现下三角按钮。单击“户型”右侧的下三角按钮，弹出自动筛选对话框，在下面的复选框中，去掉全选，仅选择“两室一厅”，如图 3-117 所示，单击确定即可筛选出仅是两室一厅的房屋销售信息，同时“户型”右侧的下三角按钮变成为，表示该字段经过筛选。

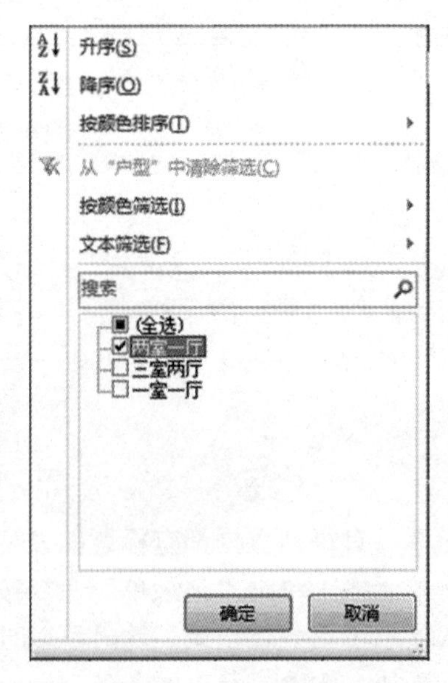

图 3-117　自动筛选对话框

我们也可以在筛选对话框中对某一字段进行升序或者降序，或者按照颜色进行排序。同时筛选时也可以按照颜色、文本条件进行筛选。在 Excel 2010 中还新增了搜索筛选器功能，利用它可智能地搜索筛选数据。如我们在搜索框中输入“一厅”，即可筛选出“一室一厅”和“两室一厅”的记录。

取消某一条件的筛选可以选择“全选”复选框，也可以单击“从“户型”中清除筛选”；取消自动筛选可在此单击“数据”→“筛选”命令按钮。

2. 利用高级筛选查看户型为“两室一厅”，房价低于 150 万元，销售经理为小裴的记录信息。

自定义筛选只能完成条件简单的数据筛选，如果筛选的条件较为复杂，就需要使用高级筛选。

使用高级筛选功能，首先需要创建一块条件区域，用来表示筛选的条件，条件区域和数据清单之间最好有空行或者空列隔开。条件区域的第一行为筛选条件的字段名，必须和表格中的字段名完全一致，所以在创建的时候建议复制表格中的字段名。条件区域的其他行输入筛选条件，同一行中的条件为逻辑“与”关系，不同行则表示逻辑“或”关系。

我们在 M7：O8 单元格中输入如图 3-118 所示的内容作为条件区域，然后将活动单元格放入数据表格中的任一单元格中，单击“数据”选项卡中“排序和筛选”区域中的“高级”命令按钮，在弹出来的“高级筛选”对话框中进行设置，如图 3-119 所示，单击确定后即可筛选出结果如图 3-120 所示。

户型	房价总额	销售经理
两室一厅	<1500000	司徒春

图 3-118　高级筛选条件区域内容

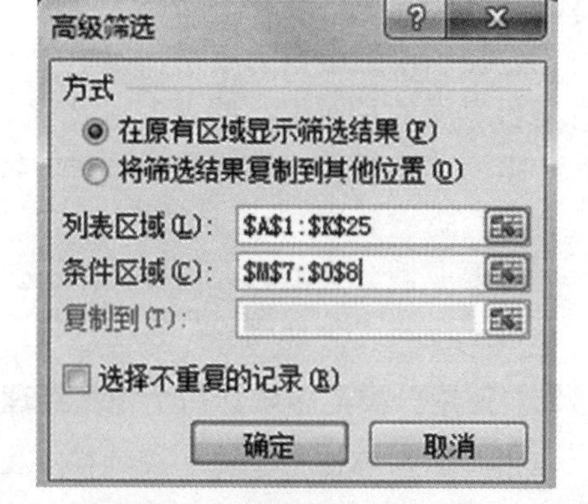

图 3-119　“高级筛选”对话框

客户姓名	联系电话	预交日期	房号	户型	面积	单价	房价总额	契税	契税金额	销售经理
刘刚	13800000017	2017/1/5	6-906	两室一厅	100	12500	1250000	1.50%	18750	司徒春
刘思云	13800000021	2017/1/9	7-314	两室一厅	100	9700	970000	1.50%	14550	司徒春
涂咏虞	13800000006	2016/12/25	5-402	两室一厅	100	9500	950000	1.50%	14250	司徒春
王晓	13800000015	2017/1/3	6-904	两室一厅	100	9800	980000	1.50%	14700	司徒春
肖琪	13800000009	2016/12/28	5-701	两室一厅	100	10600	1060000	1.50%	15900	司徒春
殷豫群	13800000008	2016/12/27	5-404	两室一厅	100	10000	1000000	1.50%	15000	司徒春
周韵	13800000022	2017/1/10	7-315	两室一厅	100	9600	960000	1.50%	14400	司徒春

图 3-120　“高级筛选”的结果

如果要取消高级筛选，我们可以单击“数据”选项中“排序和筛选”区域中的“清除”命令按钮。

三、分类汇总

分类汇总是对数据区域指定的行或列中的数据进行汇总统计，统计的内容可以由用户指定，通过折叠或展开行、列数据和汇总结果，从汇总和明细两种角度显示数据，可以快捷地创建各种汇总报告。

Excel 分类汇总的数据折叠层次最多可达 8 层。若要插入分类汇总，首先必须对数据区域按照分类要求进行排序，将要进行分类汇总的行组合在一起，然后为包含数字的数据列计算分类汇总。

1. 使用分类汇总，统计每种户型共销售多少面积

单击“户型”字段一列的任一单元格，单击“数据”选项卡中“排序和筛选”区域中的“升序”命令按钮，将数据清单按照户型升序排列；单击“数据”选项卡中“分级显示”区域中的“分类汇总”命令按钮，弹出分类汇总对话框，在“分类字段”中选择“户型”，在“汇总方式”中选择“求和”，在“选定汇总项”中选择“面积”，如图 3-121 所示，单击确定后即可得出每种户型的销售总面积。

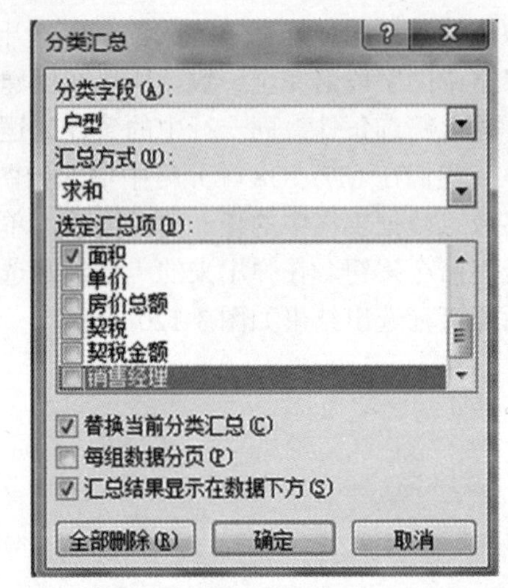

图 3-121　“分类汇总”对话框

此时我们发现在表格窗口左侧，有行分级按钮 1 2 3 和折叠 - 、展开 + 按钮。单击行分级按钮可指定显示明细数据的级别，如单击 1 仅显示所有销售房屋的总面积，单击 3 则显示汇总表的所有数据。单击折叠、展开按钮可对本级别的明细数据进行折叠和展开。

如果要取消分类汇总，可在图 3-122 分类汇总对话框中单击“全部删除”按钮，即可取消分类汇总，此按钮不会删除数据内容。

2. 使用分类汇总统计每个销售经理的销售总额

单击“销售经理”字段一列的任一单元格，单击“数据”选项卡中“排序和筛选”区域中的“升序”命令按钮，将数据清单按照销售经理升序排列；单击“数据”选项卡中“分级显示”区域中的“分类汇总”命令按钮，弹出分类汇总对话框，在“分类字段”中选择“销售经理”，在“汇总方式”中选择“求和”，在“选定汇总项”中选择“房价总额”，单击确定后即可得出每位销售经理所销售的总金额。单击行分级按钮 2 ，可查看每位销售经理的业绩与总业绩，如图 3-122 所示。

	A	B	C	D	E	F	G	H	I	J	K
1	客户姓名	联系电话	预交日期	房号	户型	面积	单价	房价总额	契税	契税金额	销售经理
10								7644000			伊然 汇总
24								13155000			司徒春 汇总
28								2752000			黎辉 汇总
29								23551000			总计

图 3-122　分类汇总统计每位销售经理业绩

四、数据透视表和数据透视图

数据透视表是一种交互式的表，通过对源数据表的行、列进行重新排列，提供多角度的数据汇总信息。用户可旋转行和列以查看数据源的不同汇总，还可以根据需要显示感兴趣区域的明细数据。数据透视图是一个动态的图表，它可以将创建的数据透视表以图表的形式显示出来。

1. 创建显示每个销售经理不同户型的销售业绩的数据透视图

单击数据源中任一单元格，单击“数据”选项卡中“其他”区域中的“数据透视表和数据透视图向导”命令按钮，弹出步骤1对话框，在此我们指定数据源类型为Microsoft Excel列表或数据库，所创建的报表类型为“数据透视图”（注意：如果仅创建数据透视表，则不会生成数据透视图；如果创建数据透视图，则会自动生成数据透视表），如图3-123所示。单击“下一步”按钮进入步骤2。

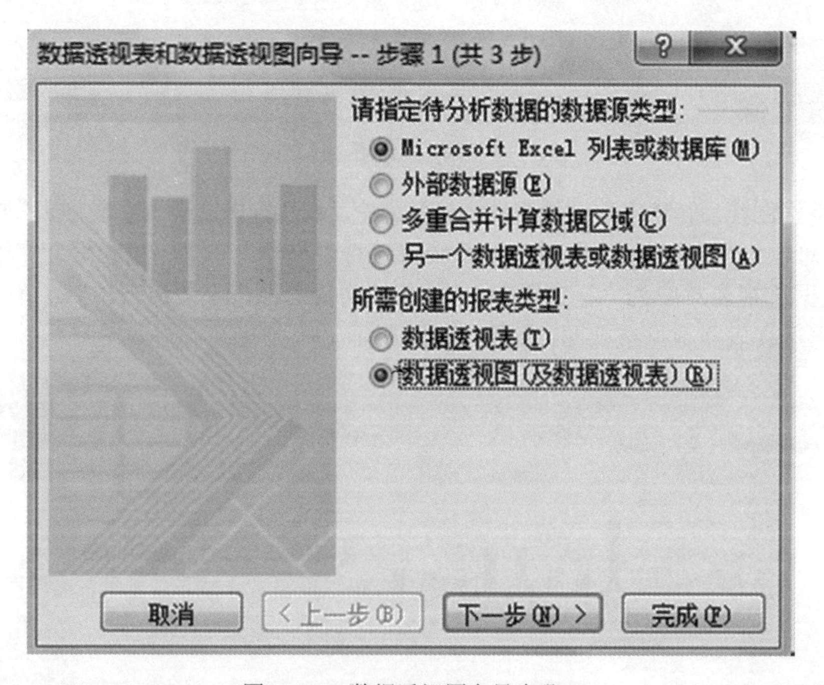

图3-123 数据透视图向导步骤1

步骤2：主要用于确定数据透视图的数据源区域，默认自动选取包含有数据的连续区域。如果需要改变，可在“选定区域”中输入合适的数据源区域。此处自动选取的区域是正确的，如图3-124所示，单击“下一步”按钮进入步骤3。

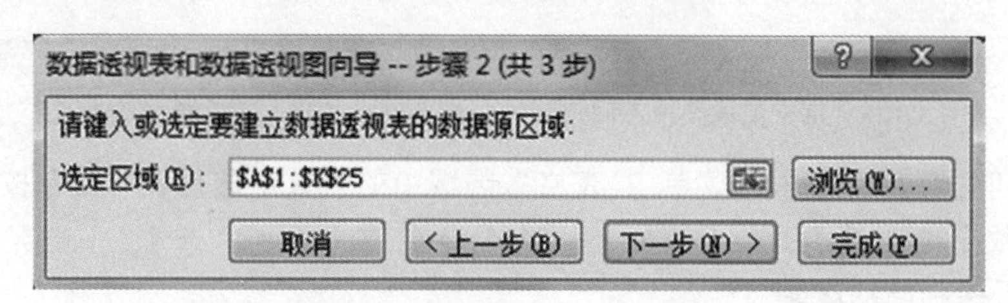

图3-124 数据透视图向导步骤2

步骤3：主要设置放置数据透视图的位置，本项目中选择放入Sheet2中，并从A3单元格开始（注意选择好位置工作表后，必须设置起始单元格），如图3-125所示。单击“完成”按钮完成。

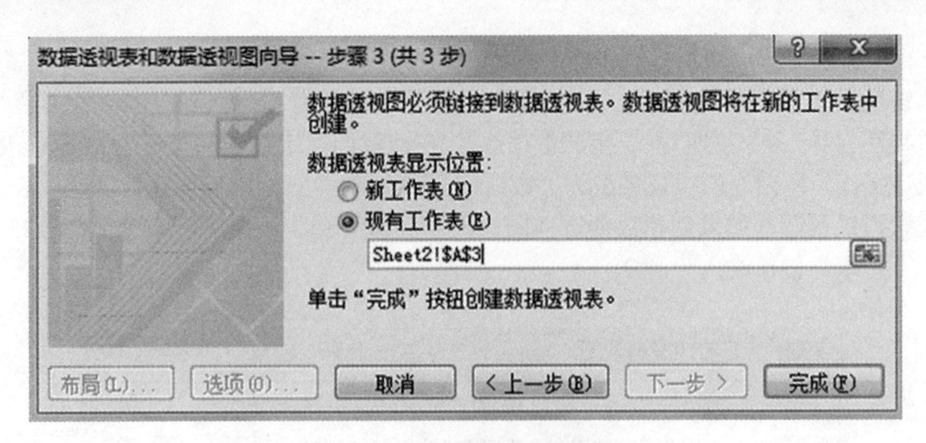

图 3-125　数据透视图向导步骤 3

按照步骤创建后，建立数据透视图，内容为空。在“数据透视表字段列表”中选中“户型”“房价总额”“销售经理”复选框，系统自动将“户型”和“销售经理”字段放入“轴字段”（数据透视表对应为“行字段”）中，将“房价总额”字段放入“∑数值”中，完成后生成数据透视表和数据透视图，如图 3-126 所示。

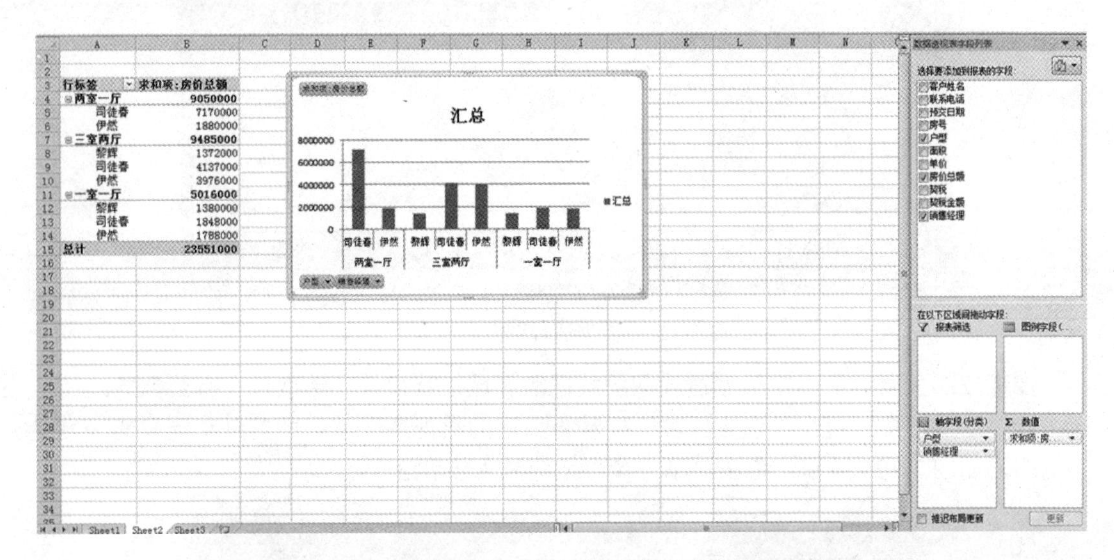

图 3-126　每个销售经理不同户型的销售业绩数据透视表和数据透视图

我们也可以使用“插入”菜单　“表格”区域中的“数据透视表”命令按钮，来设计完成相应的数据透视图。

2.　数据透视图的修改

如果需要在数据透视图中添加或删除字段，我们可以在“数据透视表字段列表”中，对相应字段前面的复选框进行勾选或者取消；如果要调整“户型”和“销售经理”的顺序，我们可以在“轴字段”中拖动字段块来调整位置；我们也可以将“户型”字段拖至“图例字段”（数据透视表对应为“列字段”）中，这样能更加直观地查看不同销售经理销售的不同户型信息。

如果要更改“房价总额”的统计类别，我们可以单击“∑数值”右侧的▼下拉三角，选择“值字段设置”来调整汇总方式。

在数据透视图中，我们可通过单击图例右侧的▼下拉三角，来隐藏或显示行、列中的数据项。如我们要隐藏一室一厅房屋的销售情况，我们单击“户型 ▼”右侧的▼下拉三角，在弹出的筛选对话框中，去掉“一室一厅”选项前的复选框后单击“确定”即可。

通过上述对数据透视图的修改，我们可得到每位销售经理对两种房产的销售情况，如图 3-127 所示。

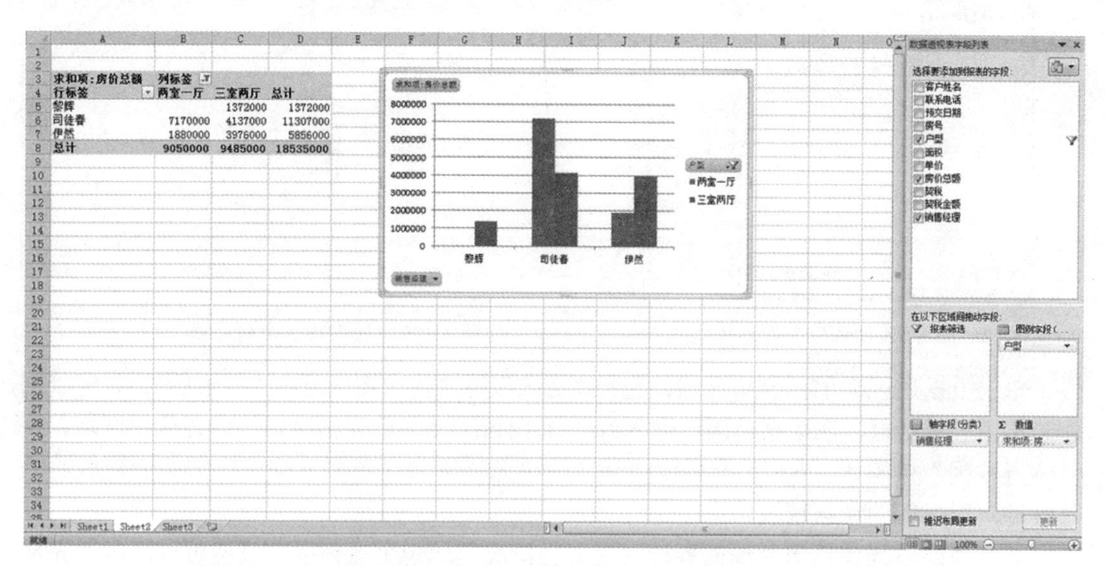

图 3-127 每个销售经理不同户型的销售业绩数据透视表和数据透视图

3. 切片器的使用

单击选中数据透视表的任一单元格，选择“数据透视表工具”→“选项”→“插入切片器”命令按钮，或选中数据透视图的任一单元格，选择“数据透视图工具”→“分析”→“插入切片器”命令按钮，可打开“插入切片器”对话框，如图 3-128 所示。

在切片器对话框中选中要查看字段前面的复选框，在此我们选中“户型”和“销售经理”，单击确定后，生成 2 个切片器，如图 3-129 所示。

在切片器中我们可根据需求，选择要查看的对象，如销售经理切片器中选择“小李”“小裴”，在户型切片器中选择“两室一厅”，即可查看该两名销售经理销售两室一厅房屋的情况。

如果需要恢复筛选前的初始状态，只需要单击切片器右上角的按钮，即可清除筛选器。如果要关闭切片器，可右键单击切片器，然后选择“✕ 删除“户型”(V)”命令，即可关闭该切片器功能。

4. 迷你图的使用

迷你图是 Excel 2010 中加入的一种全新的图表制作工具，它以单元格为绘图区域，简单便捷地为我们绘制出简明的数据小图表，方便地把数据以小图的形式呈现在使用者的面前，是一种存在于单元格中的小图表。

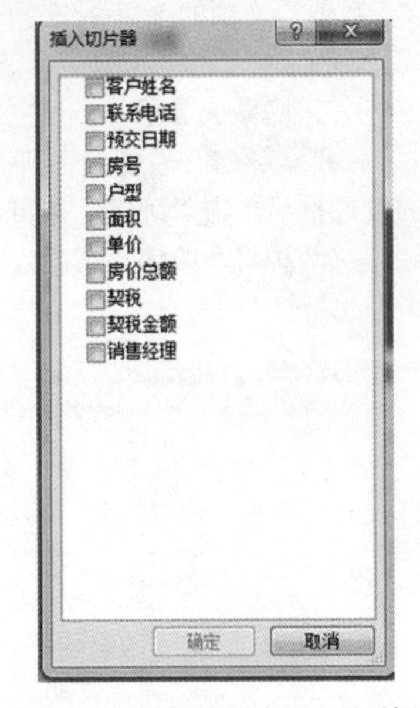

图 3-128　“插入切片器”对话框

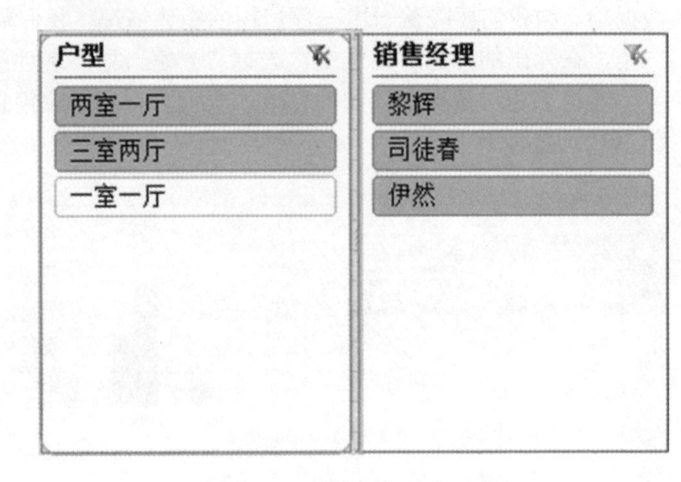

图 3-129　插入的 2 个切片器

单击数据透视表的任一单元格，选择“插入”→“迷你图”组→“柱形图”，打开“创建迷你图”对话框，在数据范围中输入或选择“B5：D5”单元格区域，即源数据区域，在“位置范围”中输入“F5”，即生成迷你图的单元格区域，单击“确定”按钮后生成小李对各种户型房屋的销售情况。

如果需要对其他销售经理的各种房屋销售情况制作一个迷你图，我们可以通过填充柄拖动迷你图所在的“F5”单元格，将其复制到其他单元格中，如图 3-130 所示。

求和项:房价总额	列标签		
行标签	两室一厅	三室两厅	总计
黎辉		1372000	1372000
司徒春	7170000	4137000	11307000
伊然	1880000	3976000	5856000
总计	9050000	9485000	18535000

图 3-130　生成的迷你图

▶▶ 3.5.4　任务小结

本项目主要学习了工作表表格的创建、记录单的使用；自动筛选、高级筛选的应用；分类汇总的使用；数据透视表和数据透视图的应用。

1. 高级筛选需先创建条件区域，条件区域的第一行内容必须和数据源标题行完全一致。
2. 分类汇总前首先必须按照分类字段进行排序。
3. 数据透视表的使用与数据透视图相类似。

▶▶ 3.5.5　课后练习

对某公司人事数据.xlsx 完成以下数据筛选。如图 3-131 所示。

工号	姓名	性别	民族	部门	学历	参加工作时间	职称	入职工资	2010年提薪	2011年提薪
1	黄建强	男	汉	财务	大学	1968/12/10	高级工程师	7500	400	600
3	司马项	男	汉	财务	大学	1970/10/10	高级政工师	5680	400	600
4	司马君	男	汉	财务	大专	1978/3/10	工程师	5580	200	400
5	黄平	男	汉	财务	大专	1986/6/10	工程师	5580	200	400
6	贾申平	男	汉	财务	大专	1958/8/10	经济师	5520	200	400
7	涂咏虔	男	汉	财务	大专	1974/12/10	助理工程师	5280	100	200
8	俞志强	男	汉	财务	大专	1978/3/10	政工师	5400	200	400
9	殷豫群	男	汉	财务	初中	1970/12/10	其他	3200		200
10	肖琪	男	汉	财务	大专	1987/7/10	工程师	5580	200	400
11	苏武	男	汉	财务	大专	1987/7/10	助理工程师	5280	100	200
12	张悦群	女	汉	财务	初中	1974/3/10	其他	4680		200
13	李巧	女	汉	财务	中专	1996/4/10	技术员	4980	200	400
14	鲁帆	男	汉	财务	初中	1970/8/10	其他	4680		200
15	章戎	男	汉	财务	大专	1987/7/10	助理政工师	5160	100	200
16	王晓	男	汉	财务	初中	1970/12/10	其他	4680		200
17	王海强	男	汉	销售	大专	1978/12/10	助理经济师	5200	100	200
18	刘刚	女	汉	销售	大专	1988/8/10	助理会计师	5160	100	200
19	张严	男	汉	销售	初中	1965/12/10	助理会计师	5160	100	200
20	魏寒	男	汉	销售	初中	1968/11/10	助理工程师	5280	100	200
21	吴妍	男	汉	销售	大专	1987/7/10	工程师	5800	200	400
22	刘思云	男	汉	销售	大专	1981/10/10	技术员	4980	200	400
23	周韵	男	汉	销售	大专	1981/10/10	助理政工师	5160	100	200
24	薛利恒	男	汉	销售	大学	1983/8/10	高级工程师	8200	400	600
25	杜晋	女	汉	销售	大学	1983/7/10	政工师	5400	200	400
26	张倩倩	男	汉	销售	中专	1974/1/10	工程师	5580	200	400
27	萧潇	男	汉	销售	中专	1965/12/10	助理经济师	5200	100	200
28	詹仕勇	男	汉	销售	大专	1980/11/10	助理经济师	5200	100	200
29	刘泽安	男	汉	销售	高中	1978/2/10	助理经济师	5200	100	200
30	刘会民	男	汉	销售	中专	1970/10/10	助理工程师	5280	100	200
31	伊然	男	汉	销售	大专	1969/1/10	助理工程师	5280	100	200
32	司徒春	男	汉	销售	大专	1985/7/10	工程师	5580	200	400
33	黎辉	女	汉	销售	高中	1977/12/10	工程师	5580	200	400
34	李爱晶	男	汉	销售	大专	1981/9/10	经济师	7800	200	400
35	肖童童	男	汉	销售	大专	1971/1/10	政工师	5400	200	400
36	钟幻	男	汉	销售	高中	1973/3/10	政工师	5400	200	400
37	戴威	男	汉	销售	大专	1978/12/10	工程师	5580	200	400
38	刘惠	男	汉	销售	相当中专	1974/3/10	助理经济师	5200	100	200
39	魏玲玲	男	汉	销售	大专	1982/7/10	助理经济师	5200	100	200
40	黄丝	男	汉	行政	高中	1973/3/10	助理经济师	5200	100	200

图 3-131　人事数据表

1） 统计工资高于 8000 元，介于 8000 元至 6000 元之间，低于 6000 元的工作人员工数。

2） 筛选出 2010 年至 2011 年两年之内工资均高于 8000 元的员工。

3） 筛选出 2010 年至 2011 年两年之内工资有一年高于 6000 元的员工。

3.6 任务 10“制作图书销售图表”

3.6.1 任务背景

对计算机类书籍销售数据制作一张美观的计算机类书籍销售信息报表，并对相关数据以图表形式呈现。大量的图书销售数据无法直观地表达出图书销售走势，因此需要制作相关图表形象地表示图书销售趋势。

3.6.2 任务分析

主要使用 Excel 2010 提供的图表工具对数据进行处理。

▶▶ 3.6.3　任务实现

一、数据筛选

从原始数据中筛选出计算机类销售数据，形成计算机类书籍销售信息工作表，略调整列间距使表格中所有信息完整呈现。在计算机类书籍销售信息工作表按课程名称代码排序，排序完成后进行以下相关操作。

1. 选中第 2 行到第 21 行的第 A 列进行合并，在合并过程中“计算机类”信息保留，并设置其字体为方正舒体，字号为 26，字体方向为竖排文字。如图 3-132 所示。

	A	B	C	D	E	F	G	H	I
1	学科类别	课程名称	课程名称代码	销售量	销售量（201	)	销售量（2012年）	销售量（2013年）	销售量（2014年）
2	计算机类	编译原理	5	实际销售量	146	181	199	389	419
3	计算机类	单片机	8	实际销售量	188	184	383	119	316
4	计算机类	DSP技术及应用	3	实际销售量	100	185	230	765	304
5	计算机类	编译原理	5	计划销售量	179	211	312	576	672
6	计算机类	单片机	8	计划销售量	282	276	541	177	398
7	计算机类	DSP技术及应用	3	计划销售量	169	278	332	1002	504
8	计算机类	Java	4	实际销售量	180	279	188	410	811
9	计算机类	Java	4	计划销售量	248	358	300	652	1316
10	计算机类	人工智能	10	实际销售量	593	810	967	1215	1808
11	计算机类	人工智能	10	计划销售量	937	962	1377	1397	2154
12	计算机类	数据结构	6	实际销售量	1114	1080	1425	1688	2679
13	计算机类	C++程序设计	1	实际销售量	1240	1243	1850	2641	2692
14	计算机类	C++程序设计	1	计划销售量	1916	1469	3100	3560	3913
15	计算机类	数据结构	6	计划销售量	1312	1503	2430	2893	3576
16	计算机类	C程序设计	2	实际销售量	1809	1706	2681	3298	3927
17	计算机类	多媒体	9	实际销售量	2231	2255	2589	3038	3550
18	计算机类	C程序设计	2	计划销售量	2313	2363	3519	5049	5337
19	计算机类	软件工程	7	实际销售量	2242	2369	2851	3186	4130
20	计算机类	多媒体	9	计划销售量	3115	2755	3922	3577	4235
21	计算机类	软件工程	7	计划销售量	2764	3819	4173	4433	5090

图 3-132　合并单元格

2. 在第一行之前插入一行并输入文字“计算机类图书 2010—2014 年销售情况说明”，字体参数设置为：字体格式为华文新魏，字号为 26，对齐方式选择水平对齐且跨列居中和垂直对齐为居中。如图 3-133 所示。

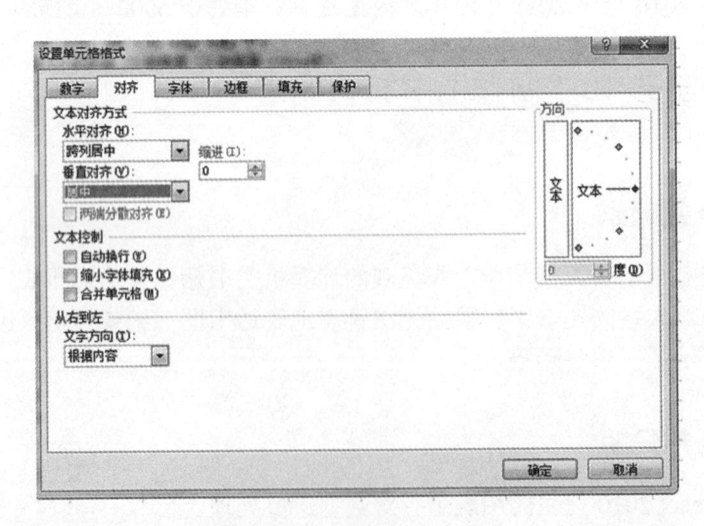

图 3-133　设置对齐方式

3. 选中表格的第 2 行到第 22 行，设置红色双线的外框线和黑色单线的内框线格式。如图 3-134 所示。

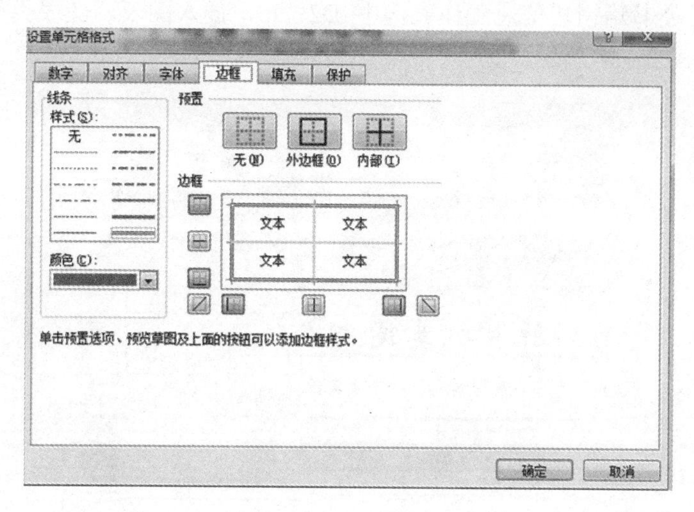

图 3-134　设置框线

4. 单元格文字字体设置。

表格标题所在行的课程名称代码和各年度的销售量列名其对齐格式设为居中对齐，同时对第 B 列到第 I 列的所有单元格选择自动调整列宽。在第 4 行之间插入一行，依次合并相关单元格（A2:A3,B2:B3,C2:C3,D2:D3,对齐方式：合并后居中），(E2:I2,对齐方式：合并后居中，文字信息：销售量明细)，E3，F3……I3 分别输入文字信息：2010 年，2011 年，2012 年，2013 年，2014 年。标题行的文字字体字体设为华文楷体，字号设为 16 号。剩余的单元格的字体设为华文楷体，字号为 12。如图 3-135 所示。

计算机类图书 2010——2014 年销售情况说明

学科类别	课程名称	课程名称代码	销售量	销售量明细				
				2010年	2011年	2012年	2013年	2014年
计算机类	C++程序设计	1	实际销售量	1240	1243	1850	2641	2692
	C++程序设计	1	计划销售量	1916	1469	3100	3560	3913
	C程序设计	2	实际销售量	1809	1706	2681	3298	3927
	C程序设计	2	计划销售量	2313	2363	3519	5049	5337
	DSP技术及应用	3	实际销售量	100	185	230	765	304
	DSP技术及应用	3	计划销售量	169	278	332	1002	504
	Java	4	实际销售量	180	279	188	410	811
	Java	4	计划销售量	248	358	300	652	1316
	编译原理	5	实际销售量	146	181	199	389	419
	编译原理	5	计划销售量	179	211	312	576	672
	数据结构	6	实际销售量	1114	1080	1425	1688	2679
	数据结构	6	计划销售量	1312	1503	2430	2893	3576
	软件工程	7	实际销售量	2242	2369	2851	3186	4130
	软件工程	7	计划销售量	2764	3819	4173	4433	5090
	单片机	8	实际销售量	188	184	383	119	316
	单片机	8	计划销售量	282	276	541	177	398
	多媒体	9	实际销售量	2231	2255	2589	3038	3550
	多媒体	9	计划销售量	3115	2755	3922	3577	4235
	人工智能	10	实际销售量	593	810	967	1215	1808
	人工智能	10	计划销售量	937	962	1377	1397	2154

图 3-135　设置字体

二、图表的制作

1. 在计算机类书籍销售信息工作表选中 D2：I5，插入图表，图表类型选择折线图—二维折线图。如图 3-136 所示。

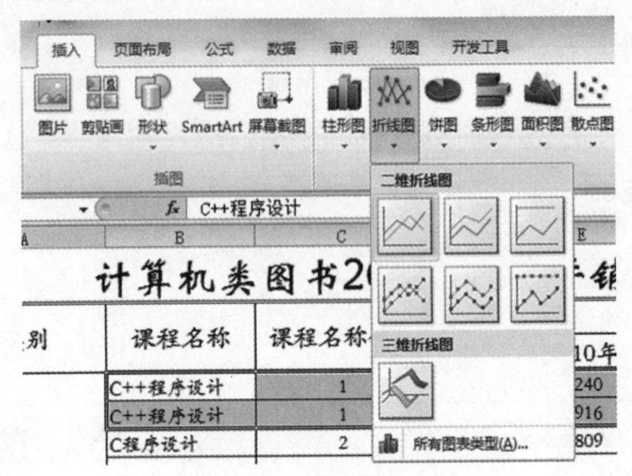

图 3-136　选择图表类型

选中已插入的图表，并在图表工具选项卡选择布局标签。如图 3-137 所示。

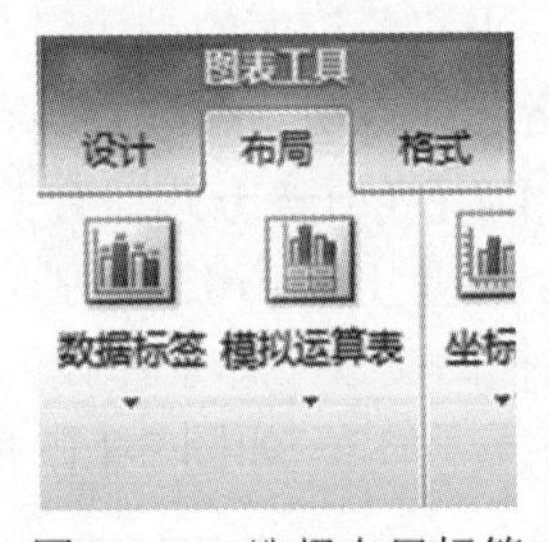

图 3-137　选择布局标签

分别设置图表标题，图例，数据标签。如图 3-138 所示。

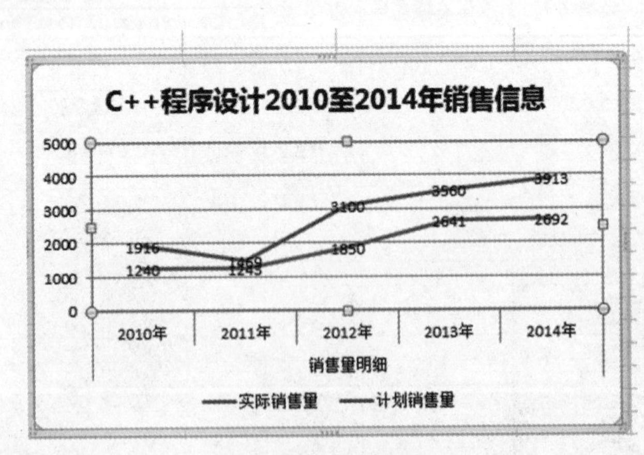

图 3-138　设置图表

2. 选中 C++程序设计 2010 至 2014 年销售信息图表进行复制，再从图表工具中设计命令中更新图表数据区域为：$D$6:$I$7，图表样式更改为样式 4，同时图的标题文字更改为：

“c 程序设计 2010 年至 2014 年销售信息”。

三、图表制作高级进阶

在图表中将销售量最高的部分用不同的颜色进行表示。

1. 在计算机类书籍销售信息工作表选中 D2：I5，插入图表，图表类型选择柱形图—二维柱形图—簇状柱形图。如图 3-139 所示。

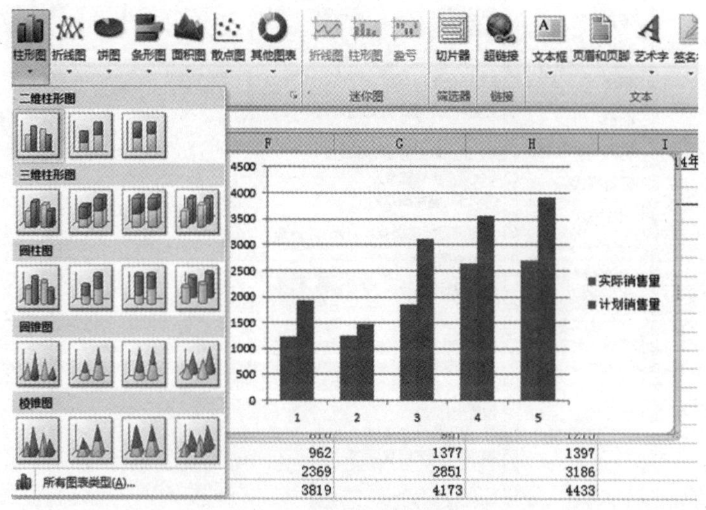

图 3-139　插入柱形图

2. 然后鼠标单击水平轴，右键，设置坐标轴格式。如图 3-140 所示。

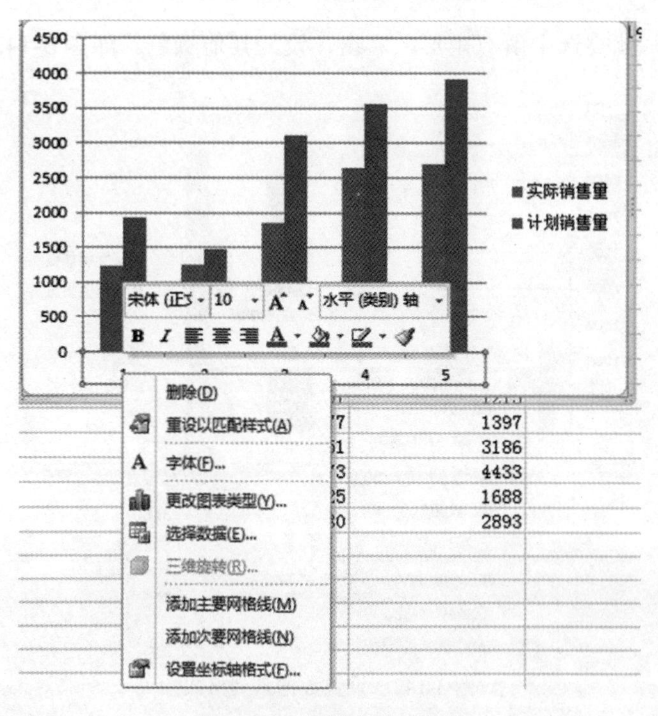

图 3-140　设置坐标轴格式

3. 此时右侧会出现设置坐标轴格式任务窗格，“对齐方式”——文字方向：竖排。坐标轴选项——主要刻度线类型：无。线条颜色：实线：黄色。线型：宽度：1.5 磅。如图 3-141 所示。

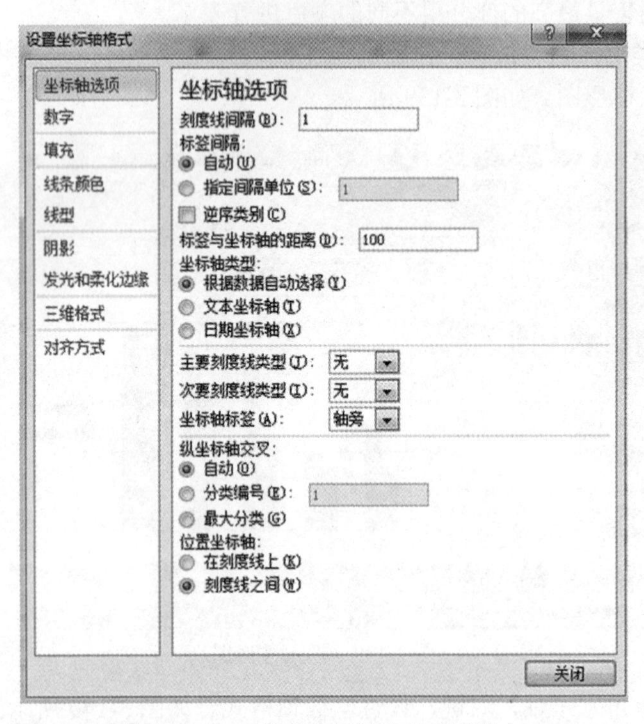

图 3-141　设置坐标轴格式对话框

4. 点击柱形，就会选中所有矩形，右击，设为其他颜色。如图 3-142 所示。

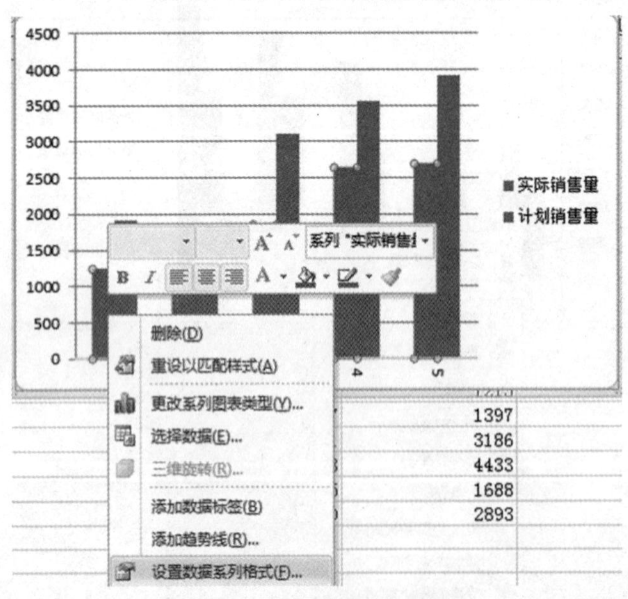

图 3-142　设置数据系列格式

5. 此时在 E22 单元格输入公式：=IF(E2=MAX($E$2:$I$2),E2,NA())，横向填充到 I22 单元格。公式的意思是将 E2 到 I2 的最大值标识出来，其余的用 NA（）错误值标识。如图 3-143 所示。

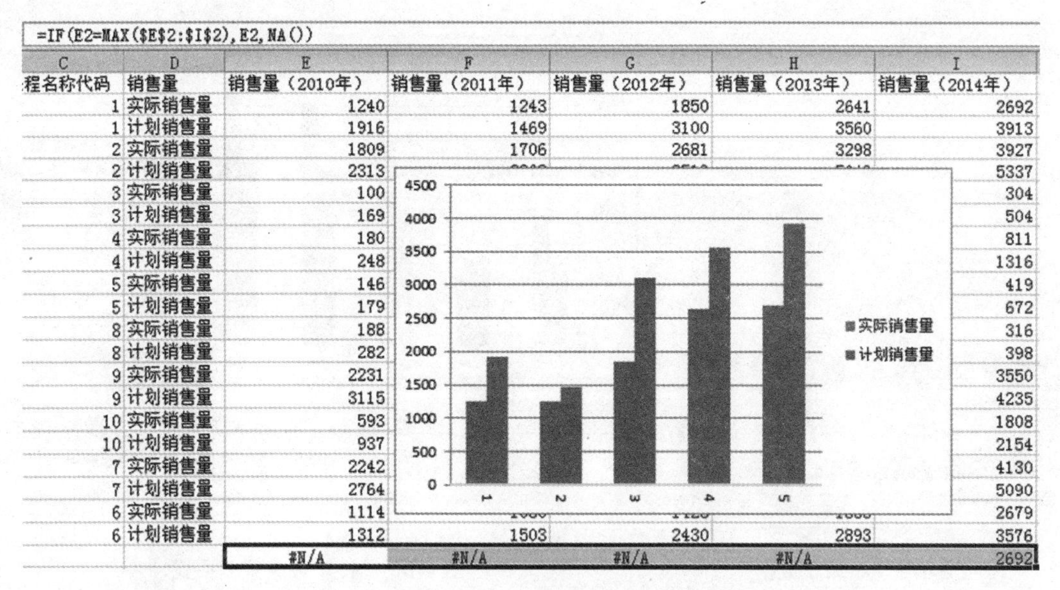
=IF(E2=MAX($E$2:$I$2),E2,NA())

C	D	E	F	G	H	I
程名称代码	销售量	销售量（2010年）	销售量（2011年）	销售量（2012年）	销售量（2013年）	销售量（2014年）
1	实际销售量	1240	1243	1850	2641	2692
1	计划销售量	1916	1469	3100	3560	3913
2	实际销售量	1809	1706	2681	3298	3927
2	计划销售量	2313	[illegible]	[illegible]	[illegible]	5337
3	实际销售量	100				304
3	计划销售量	169				504
4	实际销售量	180				811
4	计划销售量	248				1316
5	实际销售量	146				419
5	计划销售量	179				672
8	实际销售量	188				316
8	计划销售量	282				398
9	实际销售量	2231				3550
9	计划销售量	3115				4235
10	实际销售量	593				1808
10	计划销售量	937				2154
7	实际销售量	2242				4130
7	计划销售量	2764				5090
6	实际销售量	1114	[illegible]	[illegible]	[illegible]	2679
6	计划销售量	1312	1503	2430	2893	3576
		#N/A	#N/A	#N/A	#N/A	2692

图 3-143　输入公式

6. 右击图表空白区域，在弹出的菜单中选择数据。如图 3-144 所示。

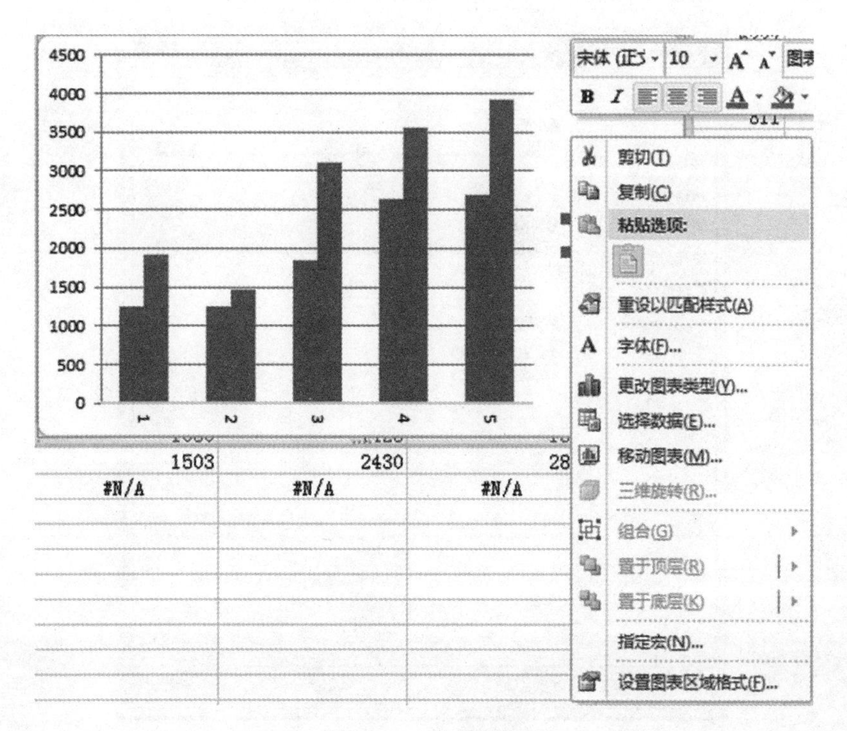

图 3-144　选择数据

7. 添加新数据，选择区域：E2：I2。确定。如图 3-145 所示。

8. 此时“5”那一项会出现一个柱形，选中右击，设置数据系列格式。如图 3-146 所示。

编辑数据系列
系列名称(N)：
选择区域
系列值(V)：
=计算机类书籍销售信息工作表!$ = , , , , 2692,
确定　取消

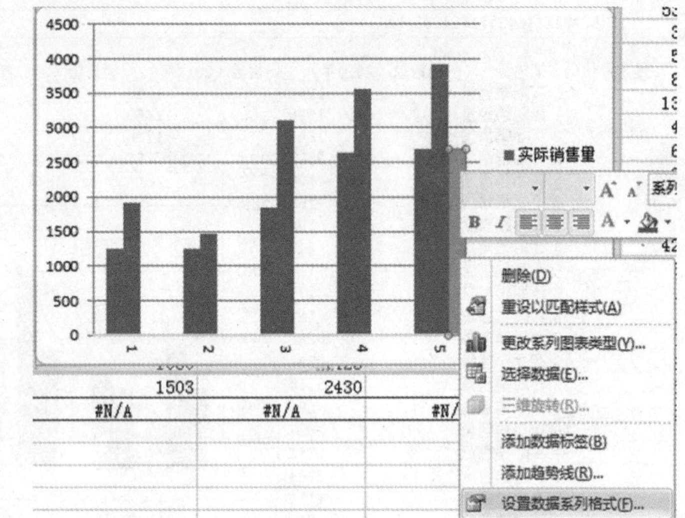

图 3-145　添加新数据　　　　图 3-146　设置数据系列格式

9. 将系列绘制在次坐标轴，然后删除不需要的部件，如图表标题、图例、网格线、垂直轴等。如图 3-147 所示。

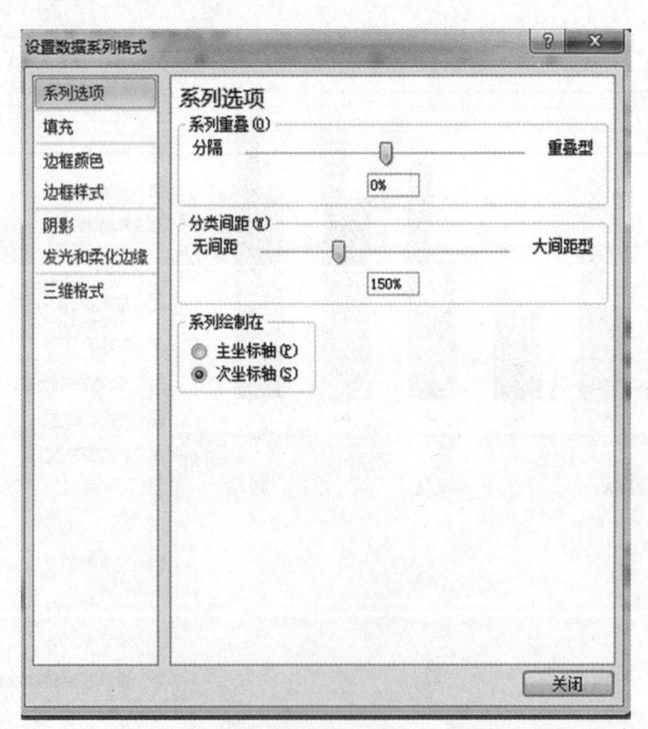

图 3-147　设置数据系列格式对话框

10. 添加文本框，完成最终的效果设计。如图 3-148 所示。

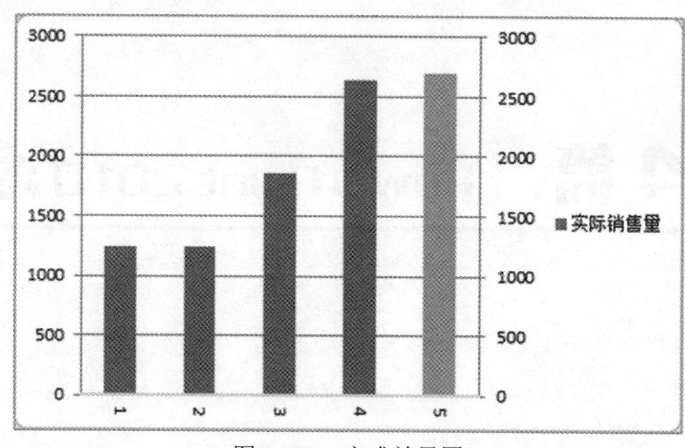

图 3-148　完成效果图

▶▶ 3.6.4　任务小结

本项目主要学习了如何利用图表将数据以更加直观的方式呈现，主要包括图表的创建及对图表坐标轴、数据系列格式等相关设置。

▶▶ 3.6.5　课后练习

对某公司人事数据完成以下要求数据报表。

1）　制作销售部门工资信息报表，如图 3-149 所示。

**公司销售部门工资信息

工号	姓名	性别	民族	部门	学历	参加工作时间	职称	入职工资	提薪		工资
									2010年提薪	2011年提薪	
17	王海强	男	汉	销售	大专	1978/12/10	助理经济师	5200	100	200	5500
18	刘刚	女	汉	销售	大专	1988/8/10	助理会计师	5160	100	200	5460
19	张严	男	汉	销售	初中	1965/12/10	助理会计师	5160	100	200	5460
20	魏寒	男	汉	销售	初中	1968/11/10	助理工程师	5280	100	200	5580
21	吴妍	男	汉	销售	大专	1987/7/10	工程师	5800	200	400	6400
22	刘思云	男	汉	销售	大专	1981/10/10	技术员	4980	200	400	5580
23	周韵	男	汉	销售	大专	1981/10/10	助理政工师	5160	100	200	5460
24	薛利恒	男	汉	销售	大学	1983/8/10	高级工程师	8200	400	600	9200
25	杜晋	女	汉	销售	大学	1983/7/10	政工师	5400	200	400	6000
26	张倩倩	男	汉	销售	中专	1974/1/10	工程师	5580	200	400	6180
27	萧潇	男	汉	销售	中专	1965/12/10	助理经济师	5200	100	200	5500
28	詹仕勇	男	汉	销售	大专	1980/11/10	助理经济师	5200	100	200	5500
29	刘泽安	男	汉	销售	高中	1978/2/10	助理经济师	5200	100	200	5500
30	刘会民	男	汉	销售	中专	1970/10/10	助理工程师	5280	100	200	5580
31	伊然	男	汉	销售	大专	1969/1/10	助理工程师	5280	100	200	5580
32	司徒春	男	汉	销售	大专	1985/7/10	工程师	5580	200	400	6180
33	黎辉	女	汉	销售	高中	1977/12/10	工程师	5580	200	400	6180
34	李爱晶	男	汉	销售	大专	1981/9/10	经济师	7800	200	400	8400
35	肖童童	男	汉	销售	大专	1971/1/10	政工师	5400	200	400	6000
36	钟幻	男	汉	销售	高中	1973/3/10	政工师	5400	200	400	6000
37	戴威	男	汉	销售	大专	1978/12/10	工程师	5580	200	400	6180
38	刘惠	男	汉	销售	相当中专	1974/3/10	助理经济师	5200	100	200	5500
39	魏玲玲	男	汉	销售	大专	1982/7/10	助理经济师	5200	100	200	5500

图 3-149　销售部门工资信息报表

2）以图表形式呈现公司销售部门工资分布情况。

第 4 篇 PowerPoint 2010 高级应用

 4.1 PowerPoint 设计技巧

▶▶ 4.1.1 演示文稿的整体设计

一、明确设计思路

制作演示文稿，用户首先要明确自己要实现的目标，了解自己制作 PPT 的目的，清楚明白要让观众在观看自己的作品后能了解、记住或做些什么？其次，不同的受众，他们的知识背景、人生阅历各不相同，因而对 PPT 的风格、版式、配色和音效等的喜好也各不相同。设计者要仔细分析，明确设计主题，根据受众特点，思考用何种风格来制作 PPT 才能最好地展示主题达到目的。最后，PPT 的适用场合一般分为公开演讲、书面阅读和展会自动播放三个类别。不同的播放场合，对作品的要求不同，风格也迥异。

在全面分析了作品的目标、受众和场合后，设计者再对作品的结构、版式、配色、动画和所需表达的情感进行设计，并在制作过程中合理选择使用文本、图片、图形、表格、视频、音频和动画等不同的表现形式。如图 4-1 所示。

优秀的作品有不同的定义，但万变不离其宗。作品的最终目标就是要让观众了解作者的思想，作品的设计能吸引观众眼球。一个优秀的作品，其内容的丰富详实、模板的合理搭配、动画的精准应用、演讲者的演说水平和与观众的互动都非常重要。每一个部分的设计都需要设计者认真思考，用心制作。

在完成了前期对作品制作的认真思考之后，再开展相关的搜集组织材料和页面排版工作，在 PPT 制作过程中，搜索要展示的素材所需时间可能要占到整个 PPT 制作时间的 80%。因此，目标明确才能保障这些工作的价值。

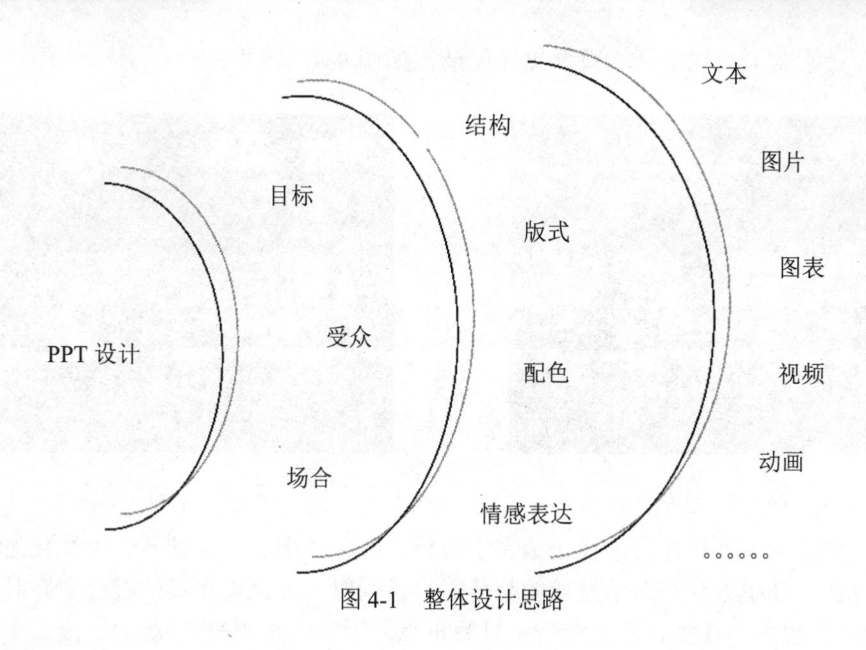

图 4-1　整体设计思路

二、整体设计原则

在 PPT 的设计中首先须遵循三个原则：主题性原则、规范性原则和一致性原则，再开始概念设计和具体制作。概念设计包括拟定大纲，设计内容和版面、统一格式与色调。具体制作包括准备素材，初步制作，装饰处理，修改与优化，预演播放等。同时，简洁也是 PPT 制作的指导原则。如图 4-2 所示。

简洁即美：麻省理工学院教授、设计师 John Maeda 说："简洁是指减去明显的部分，同时增加有意义的部分。一般来说在一张幻灯片中只阐述一个观点。大脑偏爱简洁，画面简单，使观众一目了然。然而，大多数人认为空白的地方必须填上东西，好像不那样做就白白浪费了资源。然而，正是空白，或称作负空间或留白使设计中积极的元素脱颖而出。如果你持有必须避免空白的观念，就很可能会造设计臃肿而凌乱。而下意识地利用空白不仅能产生美感，同时也能作为一种有效的工具，引导观众的视线，突出设计的重点部分。这样说来，空白对于阐明信息至关重要。如图 4-3 所示。

一张幻灯片，只说一个观点

图 4-2　简洁即美

"留白"的艺术

图 4-3　留白

适当的使用剪影效果的背景图片，会给幻灯片带来不一样的艺术效果。同时使画面元素更加突出。使用单一颜色的背景可以突出幻灯片上的元素，按照一定的规则进行排版，可以使画面元素变得更加清晰，设计更加简洁。如图 4-4，图 4-5 所示。

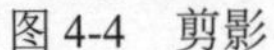

图 4-4 剪影

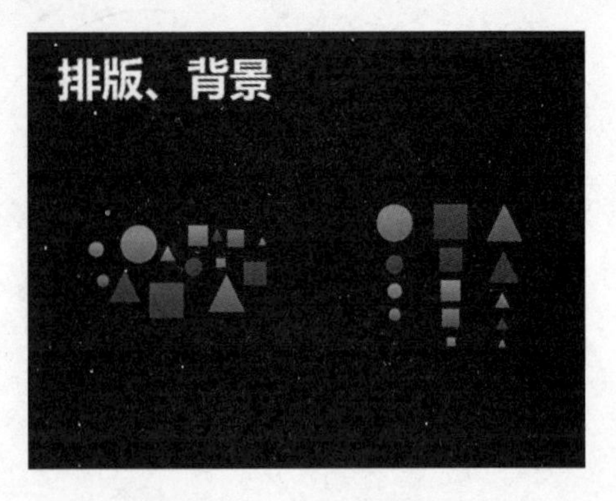

图 4-5 排版与背景

在演示文稿的设计制作，主要包括文字设计、颜色搭配、外观统一、可视化思维与表达、图片设计、动画设计与演示技巧的整体配合。同时，在谋篇布局的过程中有几个要注意的要点：1）内容不在多，贵在精干：只写重点，因为一张 PPT 的版面有限，不但要有文字和图片，适当的留白也是很重要的。内容要精挑细选，恰当地反映制作者的中心思想或观点；2）色彩不在多，贵在和谐：切忌乱用颜色、不用颜色和背景喧宾夺主的制作；3）动画不在多，贵在适当：反之，不恰当或过多的动画，会混淆观众的视听，令人反感。PowerPoint 中提供的每个动画效果不一定都适合你的主题，所示要因需要而设置。

▶▶ 4.1.2 演示文稿的文字设计

一、字大且少

“字大且少”，将这种方法运用到极致的是一位日本工程师高桥。人们也将这种利用超大字、超少字的演示方法称为“高桥流”或“高桥法”。高桥认为，采用几个特大字突出报告关键词，有极强的视觉冲击力，让人难忘。用极端简单的方法呈现文字，每一页 PPT 不超过 10 个文字，采用极大的字体凸显在屏幕中央。前苹果公司 CEO 乔布斯演讲用的 PPT，也是“字大且少”的典型代表。如图 4-6，图 4-7 所示。

高桥法

图 4-6 高桥法

乔布斯

图 4-7 字大且少的范例

二、字体的选择

对于没有专门研究过字体的人来说，最保险的办法就是用一些已经非常成熟的字体，例如中文字常用宋体和黑体。因宋体比较严谨，显示清晰，适合正文，office 默认的字体也是宋体；黑体比较端庄严肃，醒目突出，适合标题或强调区；隶书和楷体艺术性比较强，但投影效果很差，所以如果所做的 PPT 需要投影的话，千万不要用这两种字体，另外商用 PPT 中，这两种字体也尽量少用，因为容易产生不信任感。如图 4-8 所示。

把握小处，才能大处适宜

36号　黑体　宋体　楷体　隶书

32号　黑体　宋体　楷体　隶书

28号　黑体　宋体　楷体　隶书

24号　黑体　宋体　楷体　隶书

20号　黑体　宋体　楷体　隶书

16号　黑体　宋体　楷体　隶书

宋体严谨，适合正文，显示最清晰

黑体庄重，适合标题，或者强调区

隶书楷体，艺术性强，不适合投影

图 4-8　中文字体的选择

英文字体一般用 Arial、Verdana、Times New Roman 这三种比较多。Arial 是一种很不错的字体，端庄大方，间距合适，即使放大后也没有毛边现象。Sans Serif 字体（例如 Arial 和 Verdana）比较清晰一些，一般宜用作文件标题和正文标题。而 Serif 字体（例如 Times New Roman）适合于大段的文本，可方便阅读。另外，Comic Sans MS 也是很不错的一款字体，比较轻快活泼，有手写的感觉。如图 4-9 所示。

Our Father,
who art in heaven,
hallowed be thy name.
Times New Roman

图 4-9　英文字体的选择

三、下载字库、装载（卸载）字体

在任何一个 PPT 作品中，文字所占比重都较大且地位举足轻重，因此字体的选择显得尤为关键。Windows 系统自带的中文字体较少，通常难以满足不同类型 PPT 作品的字体样式的需求。用户可以在某些提供下载字库的网站中下载各式各样的字库，从而满足 PPT 作品文字样式的多样化需求。下载字库的网址主要有：http://www.sj00.com/soft/2/、http://www.font.com.cn/、http://ziti.cndesign.com/和 http://font.knowsky.com/等。

从下载字库的网站中将字库下载至本地计算机之后就要进行装载字库。

Windows 系统中单击“开始”菜单栏→“控制面板”，将“查看方式：类别”选为“小图标”，双击打开“字体”文件夹。将下载至本地计算机的字体文件（后缀名为.ttf 或者.TTF）复制，粘贴到“字体”文件夹中，字体便安装成功，如图 4-10 所示。

图 4-10　Windows 中装载字库 1

Windows 系统中单击“开始”菜单栏→“控制面板”，在弹出的对话框的左上角单击“切换至分类视图”，双击打开“字体”文件夹。将下载至本地计算机的字体文件（后缀名为.ttf 或者.TTF）复制，粘贴到“字体”文件夹中，字体便安装成功。当重新启动 PPT 时就可以使用新安装的字体，如图 4-11 所示。

图 4-11　Windows 中装载字库 2

卸载字体的方法按照上述路径双击打开字体文件夹，选中要卸载的字体文件，按 Delete 键删除，即可卸载字体。

四、嵌入字体

若在 PPT 制作中使用了特殊字体，但播放 PPT 的电脑中却没有装载此字体，PPT 中的特殊字体将丢失，字体样式将默认变为宋体。这时则需要将字体嵌入到 PPT 中以防丢失。嵌入的步骤为：单击 PPT 中的“文件”→“选项”→“保存”，在弹出的对话框的底端勾选“将字体嵌入文件”。如图 4-12 所示。

有两种嵌入的方式可供选择。第一种是“仅嵌入演示文稿中使用的字符（适于减小文件大小）”，这种嵌入字体的方式可减小文件的大小，但是他人在打开 PPT 时只能以“只读”的方式打开而不能进行编辑。第二种是“嵌入所有字符（适于其他人编辑）”，这种嵌入方式会使文件的大小增大，但是便于他人进行编辑修改。

图 4-12　嵌入字体

在一个 PPT 作品中不要使用三种以上的字体，要使整个作品具有统一风格。对于一些有权限不能嵌入的字体可以将文字另存为图片的格式，这样做的优势在于可以不用嵌入字体以减小文件大小，他人无需安装字体文件便可读取。

五、在线生成毛笔字

在 PPT 中加入书法字体无疑会为 PPT 增色不少，字库中会提供些书法字体，诸如“叶根友毛笔”字体。但是因为字库中的书法字体都经过修整（保证计算机能用矢量计算的方式存储），边缘都变得比较整齐和光滑，如果缺乏毛笔书写的边缘毛刺感，就会失去书法字体的神韵。所以我们可以使用在线书法字体生成工具，比如在线书法，网址为：http://www.ooopic.com/zaixianshufa/。如图 4-13 所示。

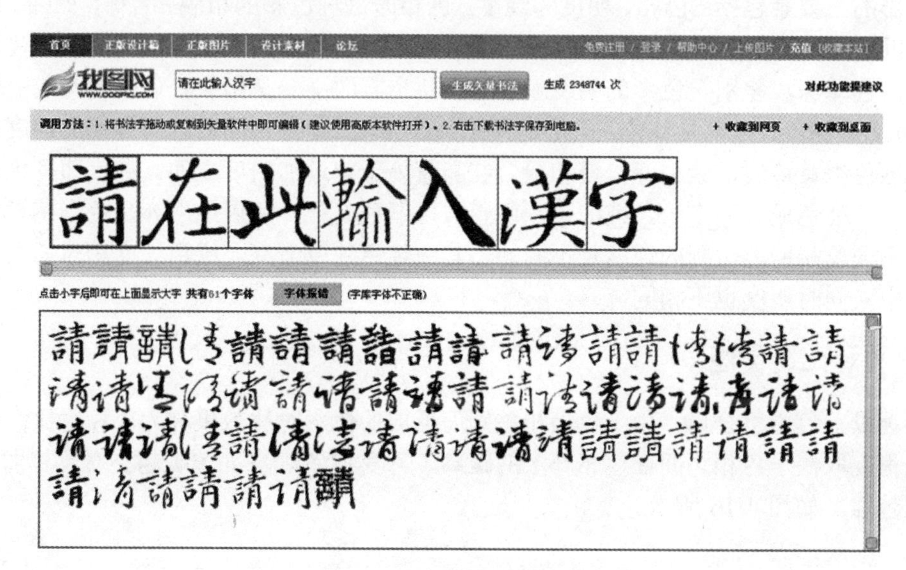

图 4-13　在线生成毛笔字

只需输入文字，即可生成书法文字，选择好相对应的字体后，单击右键将书法字体另存为图片，即可插入到PPT当中。插入的书法文字实际是用矢量格式存储的，单击右键“取消组合”才能编辑。通常情况下，要连续取消两次才能编辑，取消组合后可以对字的颜色进行编辑。

4.1.3 演示文稿的颜色搭配

在设计幻灯片时，应注意避免模糊匹配色的搭配，谨记清晰匹配色的搭配。如图 4-14，图 4-15 所示。

模糊匹配色

模糊匹配色的搭配					
背景	黄	白	红	红	黑
前景	白	黄	绿	蓝	紫

图 4-14 模糊匹配色

清晰匹配色

清晰匹配色的搭配					
背景	黑	紫	蓝	绿	黄
前景	黄	黄	白	白	蓝

图 4-15 清晰匹配色

一、色彩的三要素

色彩的三要素包括：色相、明度和纯度。色相即每种色彩的相貌、名称，如红、橘红、翠绿、湖蓝、群青等。色相是区别色彩的主要依据，是色彩的最大特征。**明度**即色彩的明暗差别，也即深浅差别。色彩的明度差别包括两个方面：一是指某一色相的深浅变化，如粉红、大红、深红，虽都是红色，但是一种比一种深。二是指不同色相间存在的明度差别，如六标准色中黄最浅，紫最深，橙和绿、红和蓝处于想近的明度之间。**纯度**即各色彩中包含的单种标准色成分的多少，纯的色、色感强，即色度强，所以纯度亦是色彩感觉强弱的标志。不同色相所能达到的纯度是不同的，其中红色纯度最高，绿色纯度相对低些，其余色相居中，同时明度也不相同。

二、色相对比的类型

两种以上色彩组合后，由于色相相差别而形成的色彩对比效果称为色相对比。色彩对比强弱程度取决于色相之间在色相环上的距离（角度），距离（角度）越小对比越弱，反之则对比越强。如图 4-16 所示。

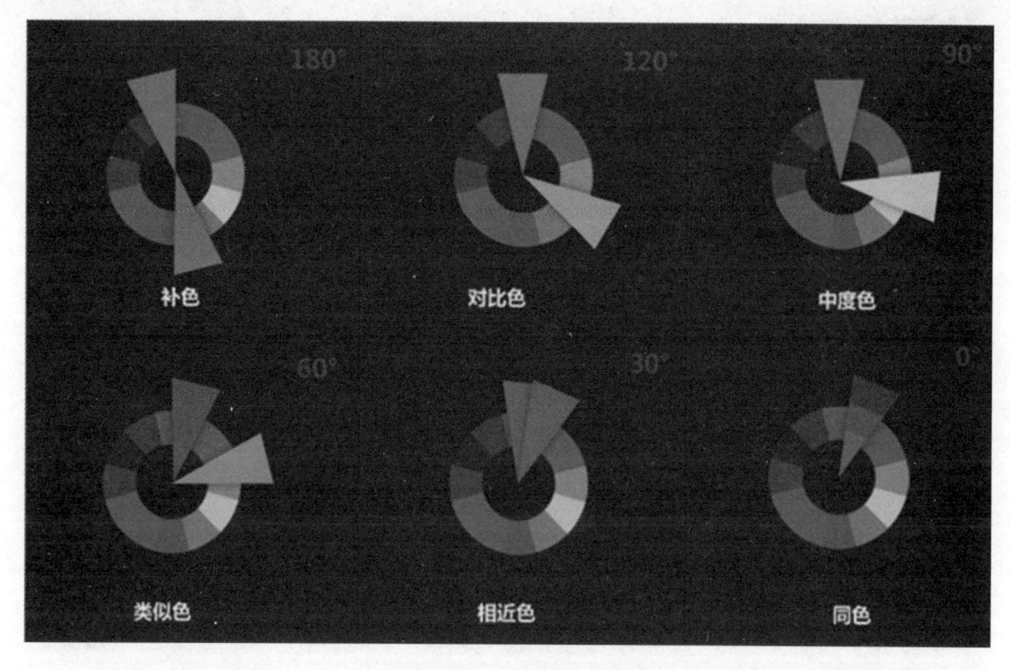

图 4-16 色彩的对比

从图 4-17 和图 4-18 可以看出：明暗对比强、色相反差大、饱和度高、细节丰富的图片容易被人眼识别。

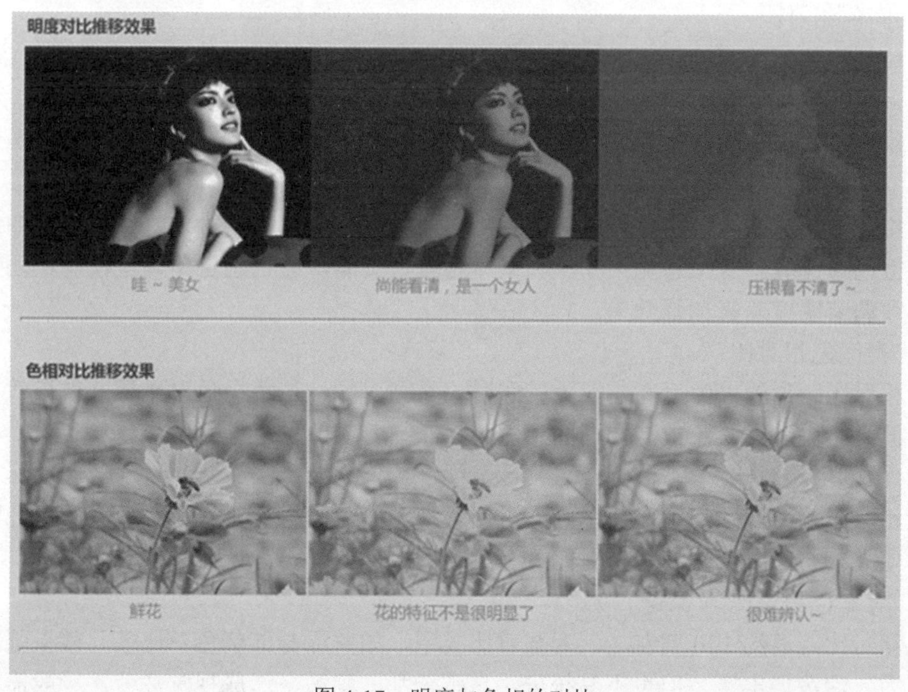

图 4-17 明度与色相的对比

图 4-18　饱和度与清晰度的对比

三、常见色彩搭配方案

- 同色相对比

一种色相的不同明度或不同纯度变化的对比，俗称同类色组合。如蓝与浅蓝（蓝+白）色对比，绿与粉绿（绿+白）与墨绿（绿加黑）色等对比。对比效果统一、文静、雅致、含蓄、稳重，但也容易产生单调、呆板的弊病。

- 相近色相对比

色相环上相邻的二至三色对比，色相距离大约 30 度左右，为弱对比类型。如红橙与橙、黄橙色对比等。效果感觉柔和、和谐、雅致、文静，但也感觉单调、模糊、乏味、无力，必须调节明度差来加强效果。

- 类似色相对比

色相对比距离约 60 度左右，为较弱对比类型，如红与黄橙色对比等。效果教丰富、活泼，但又不失统一、雅致、和谐的感觉。

- 中度色相对比

色相对比距离约 90 度左右，为中对比类型，如黄与绿色对比等，效果明快、活泼、饱满、使人兴奋，感觉有幸福，对比既有相当力度，但又不是调和之感。

- 对比色相对比

色相对比距离约 120 度左右，为强对比类型，如黄绿与红紫色对比等。效果强烈、醒目、有力、活泼、丰富，但也不易统一，易感杂乱、刺激、造成视觉疲劳，一般需采用多种调和手段来改善对比效果。

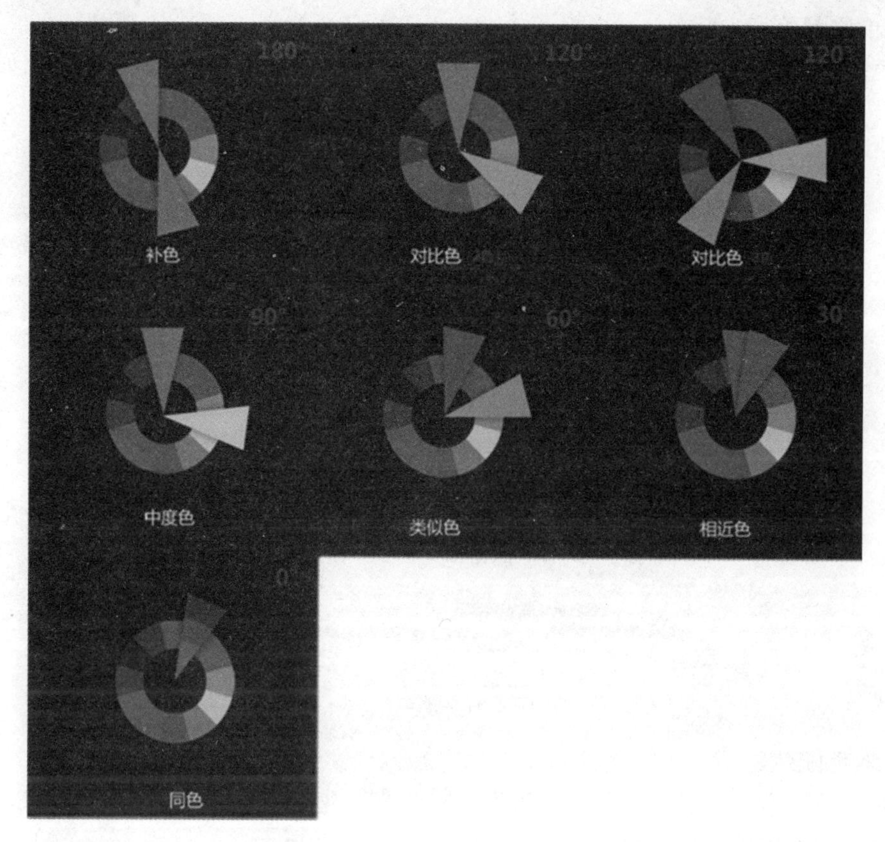

图 4-19　色彩的搭配

四、色彩搭配实例

- 无色配色

无色配色即背景为纯白、纯黑与字体为单一色彩的配色；或背景色彩为其他纯色，字体为黑字或白配色方法。如图 4-20 所示。

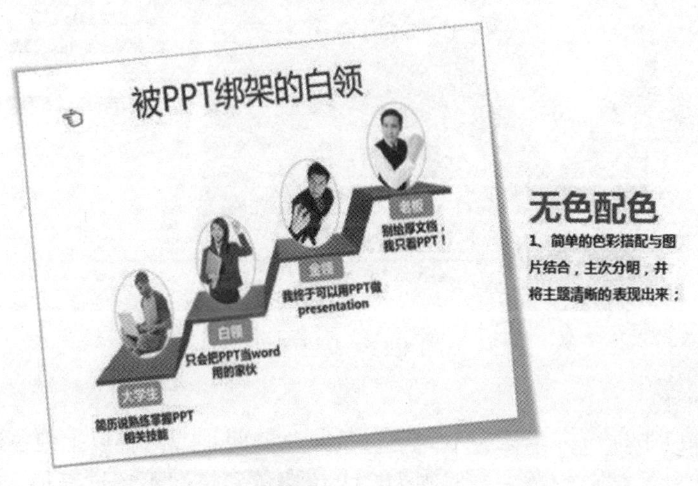

图 4-20　无色配色

● 单色配色

单色配色即背景为某一纯色，字体为不同于背景纯色的单一纯色的配色方法。如图 4-21 所示。

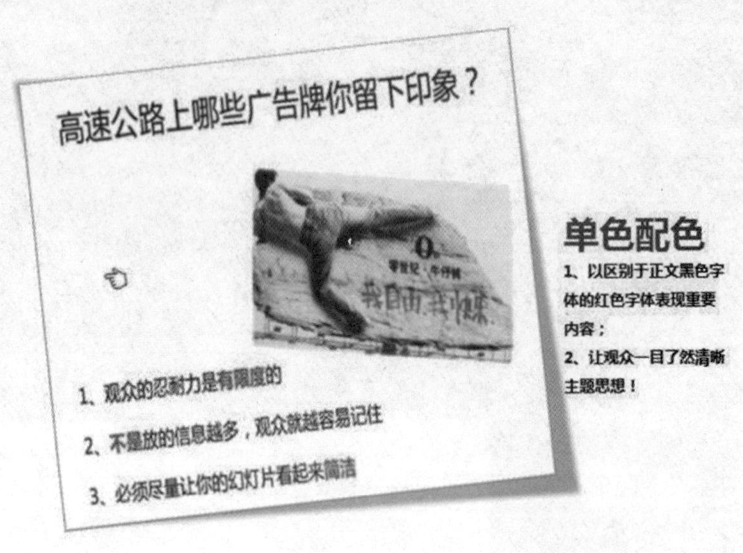

图 4-21　单色配色

● 双色配色

双色配色即背景为某一纯色，字体为不同于背景纯色的两种纯色的配色方法，或背景为某两种纯色，字体为单一纯色的配色方法。如图 4-22 所示。

图 4-22　双色配色

● 组合色配色

背景为两种以上纯色，字体为不同于背景纯色的两种或两种以上纯色的配色方法，即为多色配色。注意：多色配色一般原则为：大色块色彩搭配不超过三种。如图 4-23 所示。

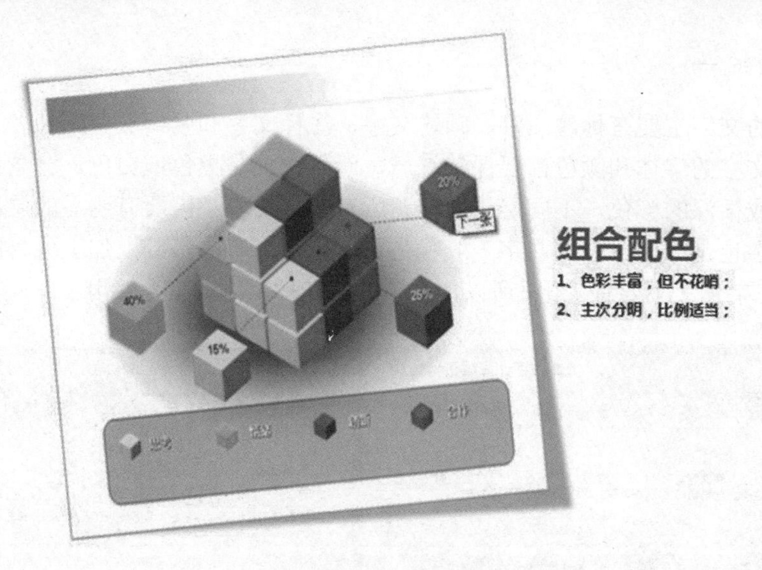

图 4-23　组合色配色

- 渐变色配色

渐变色的配色是基于纯色配色的几个要点之上的，一般而言渐变的选择是以应用在背景为主，且不超过 2 个，渐变本身就是多色的一种组合了，只不过其基本色一样，体现在明暗上有所不同。如图 4-24 所示。

图 4-24　渐变色配色

▶▶ 4.1.4　风格统一

在 PPT 的设计制作过程中，实现整套幻灯片的风格一致，并不是非常困难，关键在于设计者要有意识地去实现。统一风格包括配色、字体、背景、样式、动画和细节的设计。讲求的是所有页面的一致性。追求统一的目的主要是为了美观和便于理解。

一、文字的统一

PPT 中的文字主要有标题文字、阐述文字、注释文字和强调文字四种。一般情况下，所有的标题文字的字体和颜色都要保持统一，而且主要是黑色或白色，背景比较特殊时也可以用灰色或很深的彩色，不同层级的标题所有字号的大小区要有明显的层次性。阐述文字、注释文字也是如此。强调文字一般就是在前三类文字的基础上加上醒目的颜色，或者增大字号，在字体上不要有变化。所以，一套 PPT 三种字体基本上够用了。如图 4-25 所示。

图 4-25　文字的统一

二、色彩的统一

色彩主要指图表的色彩，在应用过程中，应注意两点。1）同级对象色彩饱和度接近：一般来说，图表中的标题按钮颜色较重，解释性文字的背景按钮颜色稍弱，同一个层级的颜色分量相当。有一个简单的方法配出分量相当的颜色：在自定义调色板里，选择同一水平的色彩即可（也即颜色的饱和度接近）。如图 4-26 所示。

图 4-26　色彩的统一

上例中，作为主题色的红色因本身颜色抢眼，将其饱和度降低作为标题色；其余三个颜色处于同一层级，那么颜色的饱和度相同，分别选中右键+O，即可查看他们的颜色设置。如图 4-27 所示。

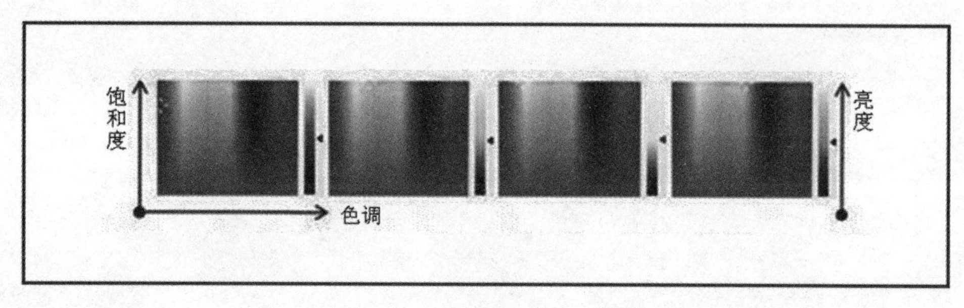

图 4-27　饱和度、色调、亮度

2）　多条突出色，一条调和色。图表的颜色整体上要与背景颜色有明显的对比，这样图表效果才能凸显。如图 4-28 所示。但同时，最好其中有一种贯穿始终的颜色与背景色保持一致，这样才能使图表更加融图。

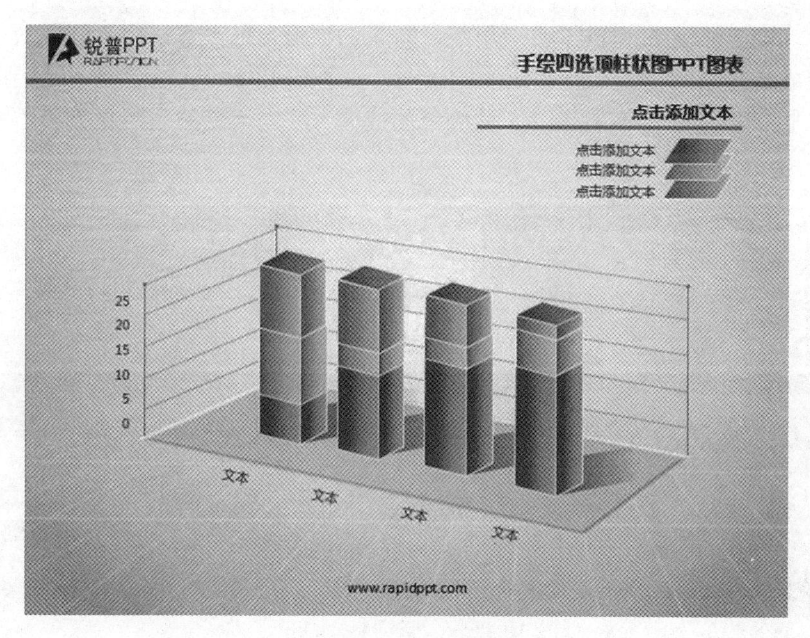

图 4-28　图表的颜色

三、质感的统一

三维 PPT 图表的引入为我们带来了琳琅满目的效果，PPT 一下子丰富多彩起来。但由于缺乏质感方面的系统指导，很多 PPT 进入眼花缭乱的状态。水晶质感、金属质感、塑料质感、花纹质感、卡通质感、线条质感全集中到一套 PPT 中了。

一套 PPT 只用一种质感，坚持保持图表与背景的兼容性。例如，下面这套 PPT 除了颜色鲜艳外，采用的质感都比较类似，看起来就像同一套图表。如图 4-29 所示。

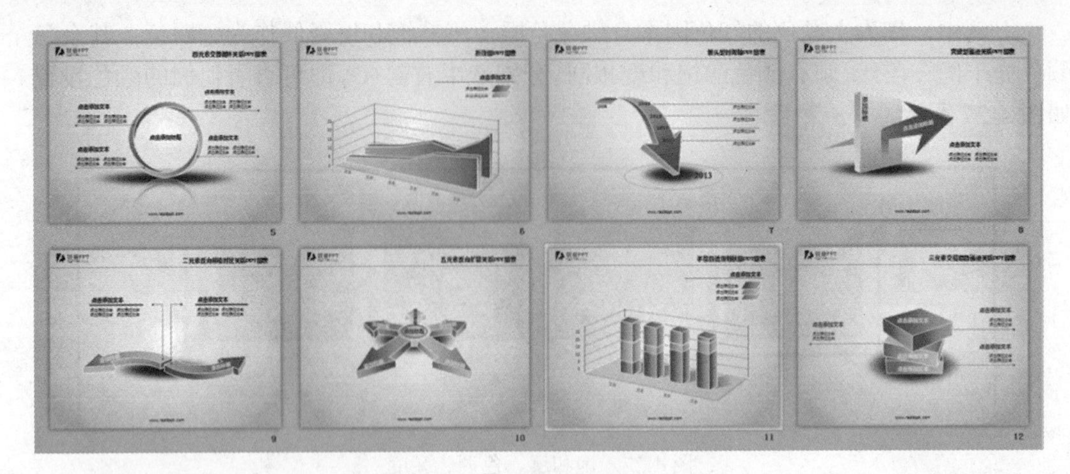

图 4-29　质感的统一

统一不是完全一样，绝对的统一会让 PPT 显得呆板和僵化。就像对齐讲求的是规则一样，我们对画面的统一主要强调画面的设计要有一定的规则，让人看起来自然、工整、美观，还要新奇。

下图中，设计师突破了 PPT 必须用统一背景的惯例，每一节采用不同的背景，而这些背景又相映成趣，共同构成了一幅炫丽的画面，观看该 PPT，就像走在一幅幅风景前；同时，该 PPT 也突破了一页不能超过 5 种颜色的戒律，因为渐变的色彩让人美不胜收。如图 4-30 所示。

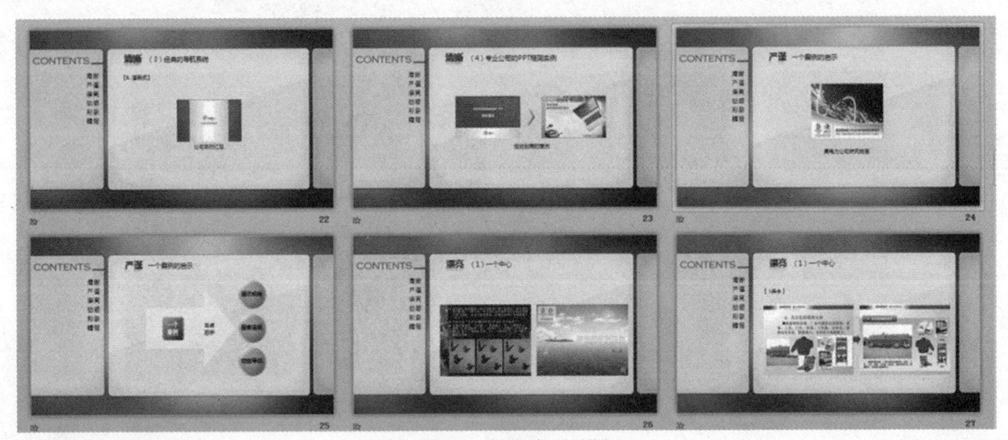

图 4-30　渐变色彩模板

四、善用母版

母版，是统一风格最有效也是最便捷的手段。微软提供了“幻灯片母版”这个超强的利器，并且不断地完善这个工具。单击“视图”→“母版”→“幻灯片母版”。如图 4-31 所示。

母版最大的好处就是“一次更改，全体更新”。假如你的幻灯片多达 100 页，要换标题字体，如果你是用母版生成的，只需要修改一次母版即可，否则就需要修改 100 次。

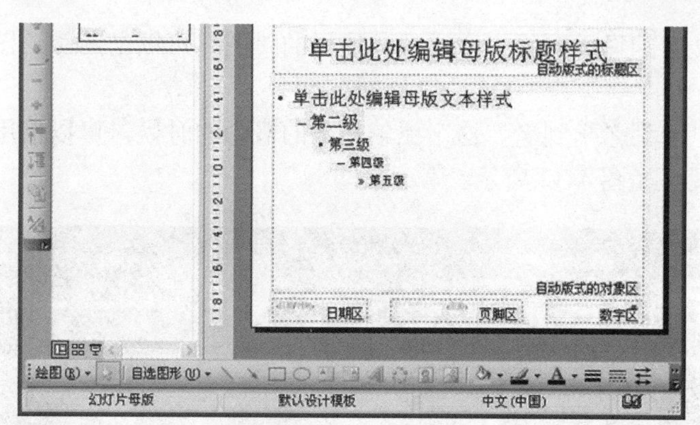

图 4-31　模板的设置

▶▶ 4.1.5　可视化思维与表达

设计 PPT 时，要充分考虑到整个幻灯片的可视化设计。采用可视化的图形表达，将主要的文字段落抽象归纳出关键词，使用关键词标注可视化图形；利用 PPT 的“自选图形”、“绘图”工具、“插入组织结构图”或 Windows 的“附件/画图”工具来设计可视化图形；给 PPT 加上可视化表达，还可以采用简笔画，图形组织法，概念图，示意图、照片等方法；借助可视化思维工具软件设计幻灯片，如 Inspiration、MindManager。如图 4-32 所示。

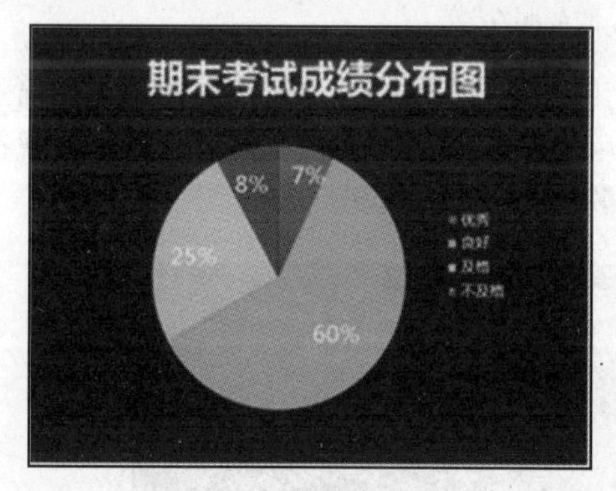

1. 图表

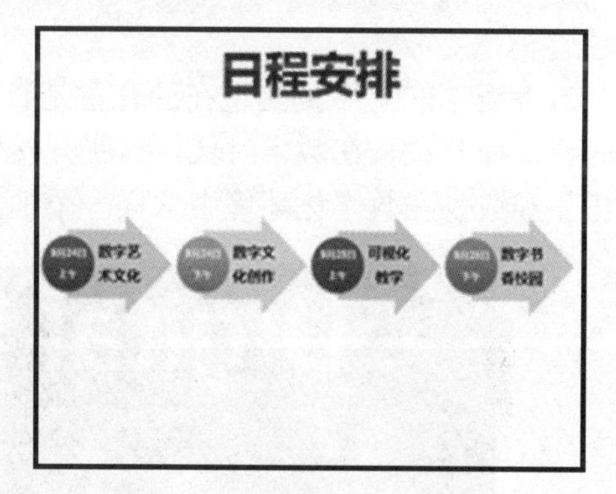

2. 图示

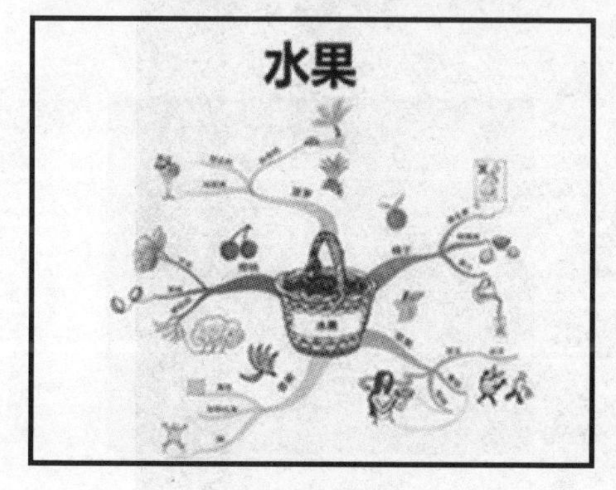

3. 概念图

4. 简笔画

图 4-32　将文字翻译成图片

可视化是将文字翻译成图的一个过程。这里的“图”可以是图片、图表、图示、简笔画、概念图等。

例如，阐述“活到老学到老”这个比较抽象的概念的时候，可以借用这幅图让整个表达更加地形象直观。如图 4-33 所示。

图 4-33　阐述抽象概念

《21 世纪技能》中提到现在的儿童是数字土著民，意思就是说现在的儿童不仅出生在数字时代，而且成长在数字时代。这张儿童使用各种数字化产品的图片，可以表达现在的儿童出生和成长在数字化环境中这样一个抽象的概念。如图 4-34 所示。

图 4-34　阐述抽象概念

▶▶ 4.1.6 图片设计

在制作 PPT 时，图片是主力军，在选择使用图片时注意图片与文字的匹配度，因为图片的作用是对文字的补充说明，突出强调。尽量使用高清晰度的图片，图片上不要带有水印。带有水印的图片可以使用去水印的工具 Inpaint 消除水印。如图 4-35 所示。

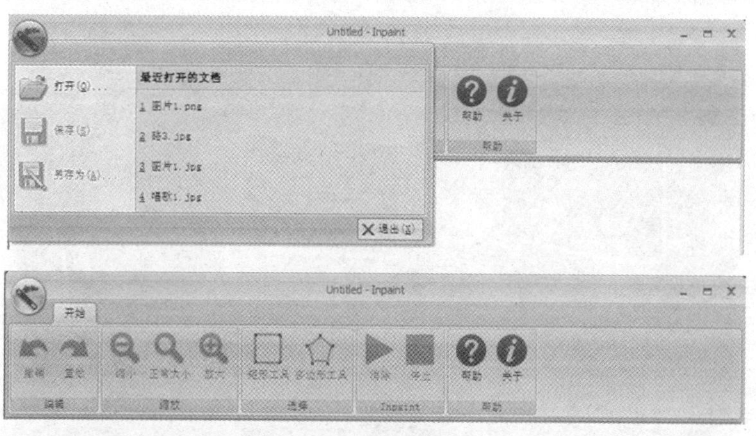

图 4-35　Inpaint 消除水印

单击 ，在弹出的对话框中单击“打开”，选择需要去水印的图片，按照需要去水印的区域形状单击“矩形工具”或者“多边形工具”，选中区域后单击“消除”后即可将水印消除，单击该按钮，在弹出的对话框中单击“另存为”，即将消除水印的图片保存至本地计算机中。

PPT 本身会自带很多图片处理的效果，在 PPT2007 以及 PPT2010 中增添了许多对图片的处理工具。以下介绍 7 种图像处理的样式。

一、便签效果

给图片添加阴影效果，像平常使用的便利贴，背景是个虚化的矩形边框，可以自行调节阴影的颜色和透明度。是胶带的效果，也可以换成图钉之类的作为点缀，会使图片更加的活泼。如图 4-36 所示。

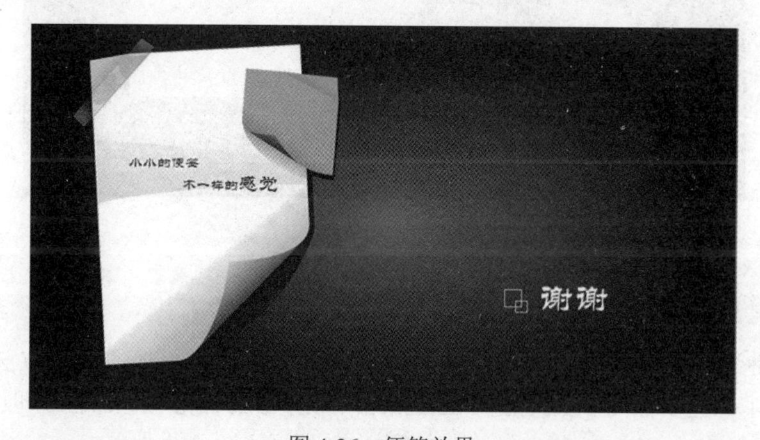

图 4-36　便签效果

平时可以多多积累些这样的效果备用，阴影的，邮票边框等，这样做 PPT 时可以对图片进行个性化的处理。

圆形边框，不规则的正方形等的图片处理，图片看起来会比正常的图片小，但没关系。只要保留住图片的有用信息，能看懂即可。如图 4-37、图 4-38 所示。

图 4-37　边框 1

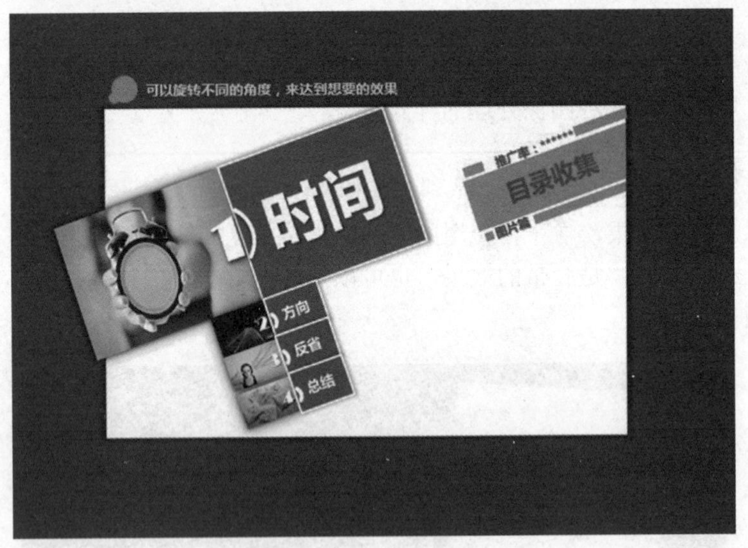

图 4-38　边框 2

二、异形剪纸

用剪纸的效果突出人物，给人不一样的效果。这种裁剪图片的处理方法需要一定的 Photoshop 技术。但步骤简单，“拖进 Photoshop→修剪相应的轮廓→保存”即可。可以从网上下载绿色版的 Photoshop，节省空间。如图 4-39 所示。

图 4-39　异形剪纸

三、电影胶片

电影胶片的处理效果适合展示一些“事物背景”“项目展示”等。Presentationload、Slideshop 上会提供一些类似电影胶片的效果，大多都是可编辑的，可根据图片的数量自行手动调节。如图 4-40 所示。

图 4-40　电影胶片

四、格子罗列

这种方格子式的罗列，专业叫“栅格系统”，简单来说就是将页面等分，配以相应的文字，达到页面干净、整洁的效果。如图 4-41 所示。

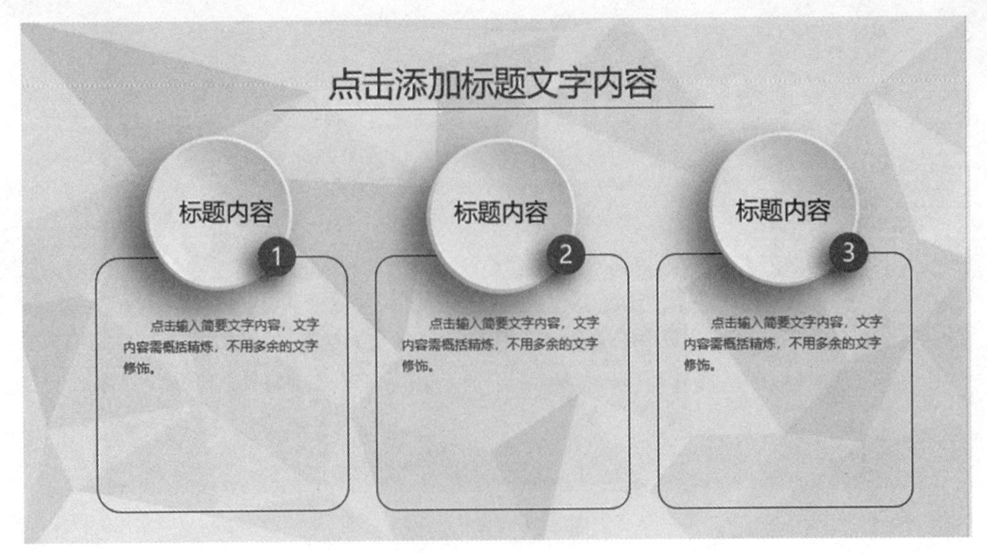

图 4-41　格子罗列

五、蒙版效果

这种遮罩蒙版的效果，适合处理全图型图片。左边：拉一条渐变的矩形色块，调整矩形一边的透明度。如果有多张图片，随意罗列到一边，不需要刻意整齐。右边：同样是画一条矩形，只是简单调整了矩形的透明度，隐约能看到底图。如图 4-42 所示。

图 4-42　蒙版效果

六、全图型展示

全图型展示主要是以图片为载体，配以文字。这种样式要求图片品质高并且符合主题。这样的效果视觉冲击力会比较强。所示，平时多注意积累图片，建立个人图片库。如图 4-43 所示。

图 4-43　全图型展示

七、剪贴画效果

微软自带很多剪贴画效果，只要下载后稍微编辑下即可。如图 4-44 所示。

图 4-44　剪贴画效果

▶▶ 4.1.7　动画设计

一、动画的用法

很多人说，好的 PPT 要有动画，同时又有一些人反对使用动画，觉得动画严重干扰了与观众的沟通。在使用动画时要注意不要让动画过于抢眼球，除非能突出内容。PowerPoint 软件提供了很多动画效果，但是在一个 PPT 里不要过多地使用不同的动画效果。

1. 动画的第一种用法：你方唱罢我登场

如果一页幻灯片当中有三四个要点，这个时候可以使用动画，让这些要点按照要求的顺序一个一个展示出来。

2. 动画的第二种用法：引导观众的视线

如果页面内容比较复杂，这时可以使用动画。如此观众的视线将跟随动画。在展示复杂的流程的时候较有效。

3. 动画的第三种用法：过程再现

有些事情本身就是由一组动作组成，而描述这个动作最好的方法莫过于通过动画再现这组动作。

二、动画的要义

在 PPT 里，要想做出有特色的动画，必须掌握 PPT 中的自定义动画的主要技术，并拥有足够的创意，就可以给你的观众一个惊喜。

在 PPT 中的动画主要有两大类：自定义动画和页面切换动画。

自定义动画包含进入动画、强调动画、退出动画、路径动画 4 种。

1. 进入动画

进入动画是最基本的自定义动画效果，即 PPT 页面里的对象（包括文字、图形、图片、组合及多媒体素材）从无到有、陆续出现的动画效果，一般人对 PPT 动画的认识局限于进入动画。

进入方法：选中对象，单击“动画/自定义动画”，会弹出自定义动画对话框，单击“添加效果/进入”，即可为其添加进入动画效果了。

2. 强调动画

强调动画是在放映过程中引起观众注意的一种动画，它不是从无到有，而是一开始就存在，进行动画时形状或颜色发生变化。经常使用的效果是放大、缩小、闪烁、陀螺旋等。有时候对一些对象组合后在做强调动画，会收到意想不到的效果。

进入方法：选中对象，单击“动画/自定义动画”，会弹出自定义动画对话框，单击“添加效果/强调”，即可为其添加强调动画效果了。

强调动画一般用在两种场合：

一是，在进入动画完成后，这样会更加自然，其遵循这样一个逻辑：上台——表演。

二是，在进入、退出和路径动画进行过程中添加强调效果，就不会使进入、退出和路径动画过于僵化。因为同时也赋予了形状的变化，这样更加立体、逼真。

3. 退出动画

退出动画效果与进入动画完全对应，对图形、图片等对象来说，有些进入动画不能做，相应的退出动画也做不了；反之亦然。一般情况下，以下对象可以做：文本框——可以做所有的动画；图形、图片、组合——可以做除淡出式回旋、展开、颜色打字机、挥鞭式、空翻、挥鞭以外的所有动画。

在制作退出动画时要考虑两个因素：一是注意与该对象的进入动画保持呼应，一般怎样进入的，就会按照相反的顺序退出；二是注意与下一页或下一个动画的过渡，能够与接下来的动画保持连贯。

4. 路径动画

路径动画是指让对象按照绘制的路径所运动的动画效果。这是较高级的PPT动画效果，能够实现PPT画面的千变万化，也是让PPT动画炫目的根本所在。

选中对象，在“动画/自定义动画/添加效果/路径”中即可添加。除了最近使用的路径效果外，还有“绘制自定义路径”“其他动作路径”选项。绘制自定义路径提供了4种绘制线。从理论上说，这4条线可以绘制出任何的图形，但还是尽量选用“其他动作路径”，以提高效果。

PPT提供了较丰富的路径动画效果，但成也萧何，败也萧何。很多PPT就是因为这些路径动画使用不当，导致整个画面让人眼花缭乱。因此，需要注意一下4点：

（1） 在路径动画里，绿色三角形是路径的起始点，其三角形的底边的中点是对象开始运动的中心点。

（2） 红色三角形为路径的终止点，其三角形的顶点是对象停止运动时的中心点。

（3）拖动绿色箭头，起点和路径会发生改变；拖动红色箭头终点和路径会发生变化；拖动对象，路径也随对象自动变化。

（4） 在圆形路径里，起始点与终止点重合，因此只能看到绿色箭头。

三、动画制作的基本法则

1. 醒目原则

PPT动画的初衷在于强调。用片头动画集中观众的视线；用逻辑动画引导观众的思路；用生动的情景动画调动观众的热情；在关键处，用夸张的动画引起观众重视。

2. 自然原则

自然就是遵循事物本来的变化规律，符合人们的常识。

在PPT动画中的表现是：任何动作都是有原因的，任何动作与前后的动作、周围的动作都是关联的。在制作动画时既要考虑该对象本身的变化，也要考虑受周边环境、前后关系的影响，还要考虑与PPT背景、演示环境的协调。

3. 简洁原则

简洁有两个含义：一是，对于一些严谨的上午场合、时间宝贵的工作报告，修饰性动画要尽可能去掉，一针见血，直接演示内容；二是，在PPT里要尽可能把节奏调快一点，把数量精简一点，把与主题毫无关系的动画大胆删除，让画面干净利落。

4. 适当原则

动画没有好坏之分，只有合适与否。动画有多少之分：过多的动画会冲淡主题、消磨耐心；过少的动画则效果平平、显得单薄。动画还有强弱之分：该强调的强调，该忽略的忽略，该缓慢的缓慢，该随意的则一带而过。总之，动画要因人、因地、因用途而变，才能收到应有的效果。

5. 创意原则

如果说动画是 PPT 的灵魂，创意则是动画的灵魂。

因为创意，动画才能千变万化；因为创意，动画才能不断出奇。再美的动画，如果司空见惯，就变得索然无味了。而改变靠的是什么？当然不是 PPT 功能的本身，毕竟，技巧的东西人人都能掌握，但创意，却让这些功能发挥到淋漓尽致。动画之所以精彩，根本就在于创意。

创意没有规律可循，只有一些方向让我们不断去探索。一是新，出其不意的东西总是能够夺尽眼球；二是巧，也许是因为我们中国人比较含蓄，所以对巧的东西分外喜爱。因此，一些看似无关紧要的动画，最后往往给人一份惊喜。三是趣，幽默是生活的润滑剂。四是准，精准是 PPT 制作的根本要求。

四、设置某几页 PPT 背景音乐的播放

PPT 背景音乐的停止数字设计方法：

□→a□→□→□→c□→b□→　　（小写英文为当前幻灯片的编号序数）

在 a 张幻灯片插入音乐，在 b 张幻灯片停止音乐，播放设置数字=（b-a）+1；

在 a 张幻灯片插入音乐，在 b 张幻灯片前面 c 停止音乐，播放设置数字=（b-a）。

按照上述方法算好播放设置数字后，在选定的这一页中插入音乐，用鼠标右键单击小喇叭图标，在弹出菜单中点击“自定义动画”，在右边出现“自定义动画窗格”，单击对象的下拉按钮，点击“效果选项”，打开“播放声音”对话框。在弹出的对话框中将之前算好的播发设置数字输入到“停止播放中”→“在[　]张幻灯片后”中，单击“确定”即将某几页的 PPT 背景音乐设置好了。如图 4-45 所示。

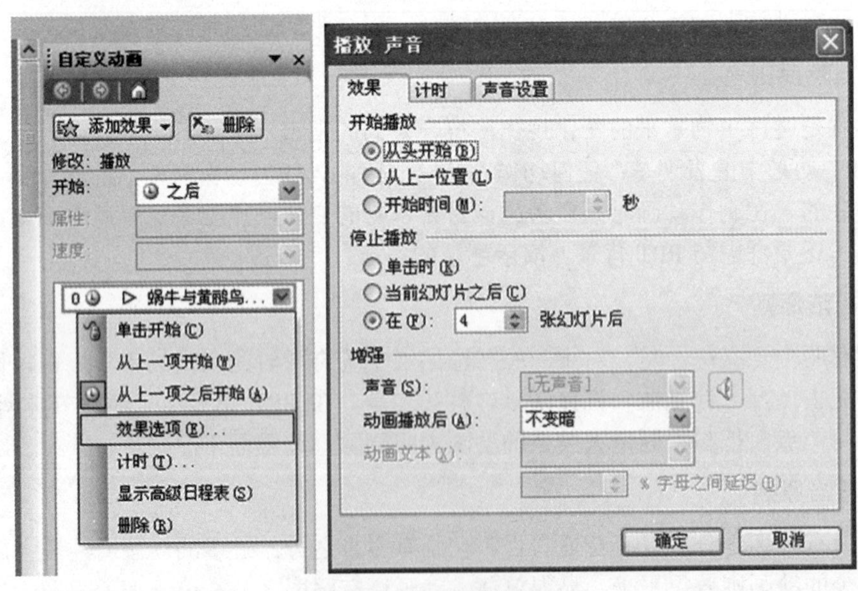

图 4-45　设置背景音乐

4.1.8 高级应用

一、基本设置

1. 保护你的 PowerPoint 演示文稿

在“工具”菜单上，单击“选项”，再单击 “安全性”选项卡，根据你保护文档不被查看或是不被更改的要求，把密码键入“打开权限密码”或“修改权限密码”框中，单击“确定”。

2. 重复上一动作（F4 键）

例如，将一些文字设置为粗体，然后再选择另外一些文字，按一下 F4 键，这些字也变成了粗体。

3. 更改 Undo 的次数

一般 PowerPoint 可以撤消的操作数的默认值是 20 次。点击菜单“工具”→“选项”→“编辑”→“最多可取消操作数”，即可更改。注：最高限制次数为 150 次。此数值越大占用系统资源越多，这是很简单的道理。

4. 幻灯片自动更新日期与时间

如果想实现自动更新日期与时间，可以进行下述操作：单击“插入→日期和时间”命令，在打开的对话框中选择 “自动更新”，则每次打开文件，系统会自动更新日期与时间。如图 4-46 所示。

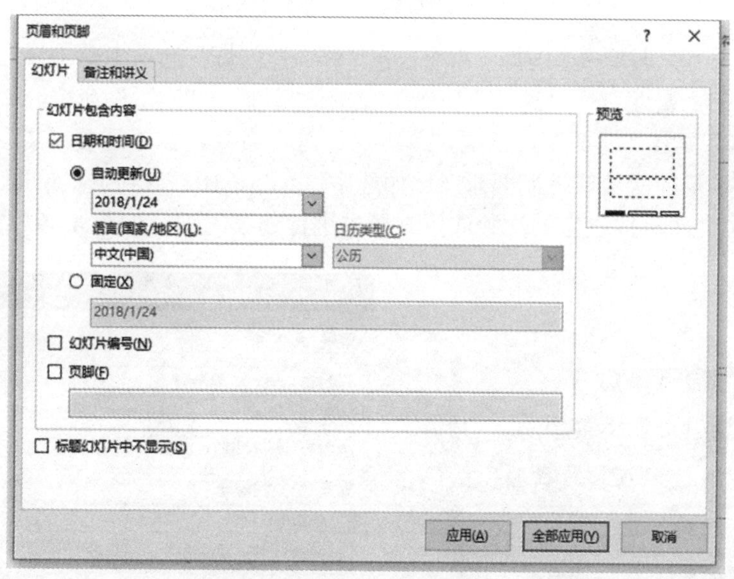

图 4-46 自动更新日期

假如想在幻灯片的任何位置上添加日期、时间，可按下列步骤进行：

在幻灯片上，定位占位符或文本框内的插入点。点击“插入→日期和时间”，系统弹出“日期和时间”对话框，用户可以选择自己喜欢的时间格式。选完以后单击“确定”就可以了。

5. 让文字闪烁不停

在 PowerPoint 中可以利用“自定义动画”来制作闪烁文字，但无论选择“慢速”“中速”还是 “快速”，文字都是一闪而过，无法让文字连续闪烁。其实在这种情况下，我们只需要按照下例步骤做，就可以实现连续闪烁：选中要闪烁的文字，单击鼠标右键选择“自定义动画（M）...”命令，在出现的“自定义动画”中单击“添加效果”命令，如图 4-47 所示。

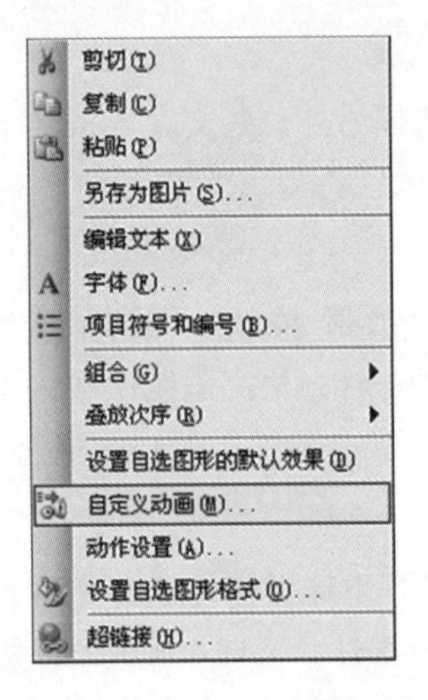

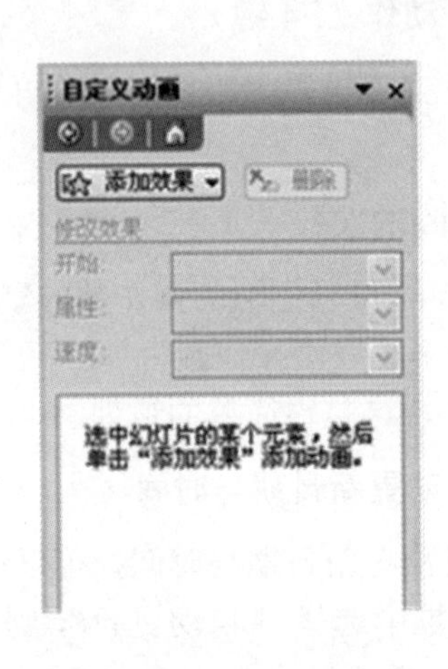

图 4-47 文字闪烁

依次单击“强调”→“闪烁”命令；在“修改：闪烁”选项中单击属性下拉式菜单（即在“开始”→“属性”→“速度”下方），选择“计时（T）...”命令，如图 4-48 所示：

系统自动弹出“闪烁”对话框，单击“计时”命令，在“重复（R）...”的下拉式菜单中单击要重复的次数或控制要求（比如选中“2、5、10、直到下次单击”等），然后单击“确定”，文字即可按设定的次数或控制要求进行连续闪烁。如图 4-49 所示。

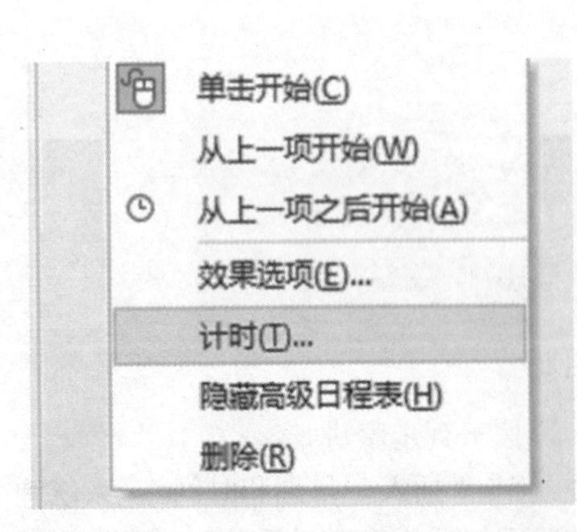

图 4-48 计时

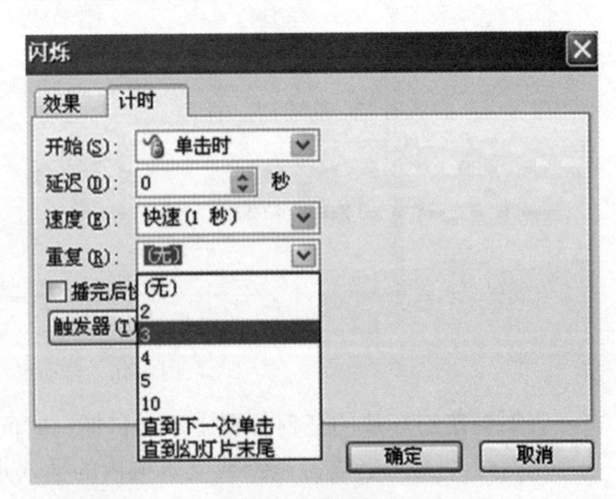

图 4-49 重复次数

6. 计算字数、段落

Powerpoint 能否像 Word 那样计算字数呢？可以，不过形式略有不同。执行“文件”→“信息”，右侧即会列出页数、字数等信息。如图 4-50 所示。

属性	
大小	742KB
页数	24
隐藏幻灯片张数	0
字数	1253
便笺	11
标题	PowerPoint 演示文稿
标记	添加标记
备注	添加备注

图 4-50　计算字数

二、演示技巧

1. 放映时指定跳到某张幻灯片

如果在放映过程中需要临时跳到某一张，如果你记得是第几张，例如是第 6 张，那么很简单，键入“6”然后回车，就会跳到第 6 张幻灯片。或者按鼠标右键，选择“定位”。如图 4-51 所示。

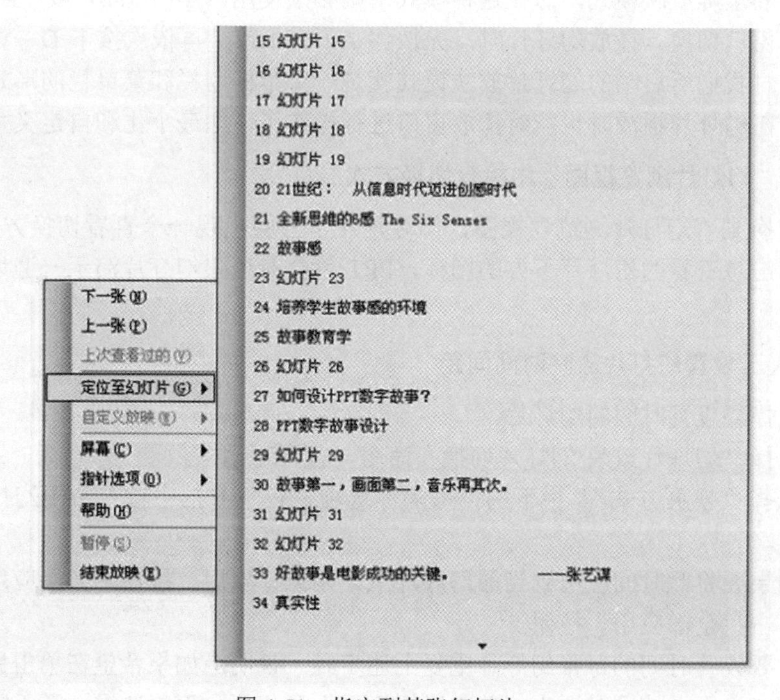

图 4-51　指定到某张幻灯片

2. 放映时进到下一张幻灯片

进入到下一张幻灯片：N、Enter、PageDown、右箭头、下箭头、空格键（或单击鼠标）。

3. 放映时退到上一张幻灯片

退到上一张幻灯片：P、PageUp、左箭头、上箭头。

4. 终止幻灯片放映

退出幻灯片: Esc 或“-”键。

5. 放映时鼠标指针的隐藏与显现

隐藏鼠标指针：Ctrl+H　　　　显示鼠标指针：Ctrl+A

6. 在播放的 PPT 中使用画笔标记

CTRL+P；擦除所画的内容：E 键。

7. 控制放映时白屏或黑屏

上课时，如果想让学生的注意力集中到讲课上，而屏蔽掉幻灯片画面对讲课的干扰，可设置为白屏或黑屏。按一下“B”键会显示黑屏，再按一次则返回刚才放映的那张幻灯片。按一下“W”键会显示一张空白画面，再按一次则返回刚才放映的那张幻灯片。

8. 窗口播放模式

在实际使用 PowerPoint 的演示文稿过程中，往往需要与其他程序窗口的数据配合使用以增强演示的效果，可是用鼠标点击 PowerPoint 幻灯片放映菜单中的“观看幻灯片”选项，将启动默认的全屏放映模式，而在这种模式下则必须使用“Alt＋Tab”或“Alt＋Esc” 组合键与其他窗口切换。播放幻灯片时，先按住 Alt 键不放，再依次按下 D、V 键激活幻灯片播放，这时我们所启动的幻灯片放映模式就是一个带标题栏和菜单栏的形式了。这样一来，就可以在幻灯片播放时也能对播放窗口进行操作了，如最小化和自定义大小等。

9. 在“幻灯片浏览视图”中检查切换方式

1） 切换到“幻灯片浏览”视图，幻灯片左下方会出现一个查看切换方式的小图标。

2） 单击想查看的幻灯片下方的图标，PPT 就会对该张幻灯片演示一遍切换效果。如图 4-52 所示。

10. 人工设置幻灯片放映时间间距

1） 选择要设置时间的幻灯片。

2） 选择“幻灯片放映/幻灯片切换”命令，打开对话框。

3） 选择“换页方式” 栏下的“每隔”选项，在下方框中输入希望幻灯片在屏幕上出现的秒数。

4） 如果要将此时间应用到当前幻灯片上，则点“应用”按钮，如果应用到所有幻灯片上，就单击“全部应用”按钮。

5） 对要设置时间的每张幻灯片重复上述步骤。说明：如果希望在单击鼠标和经过预定时间后都能换页，请同时选中“单击鼠标换页”和“每隔”复选框。至于哪个起作用，则以较早发生者为准。

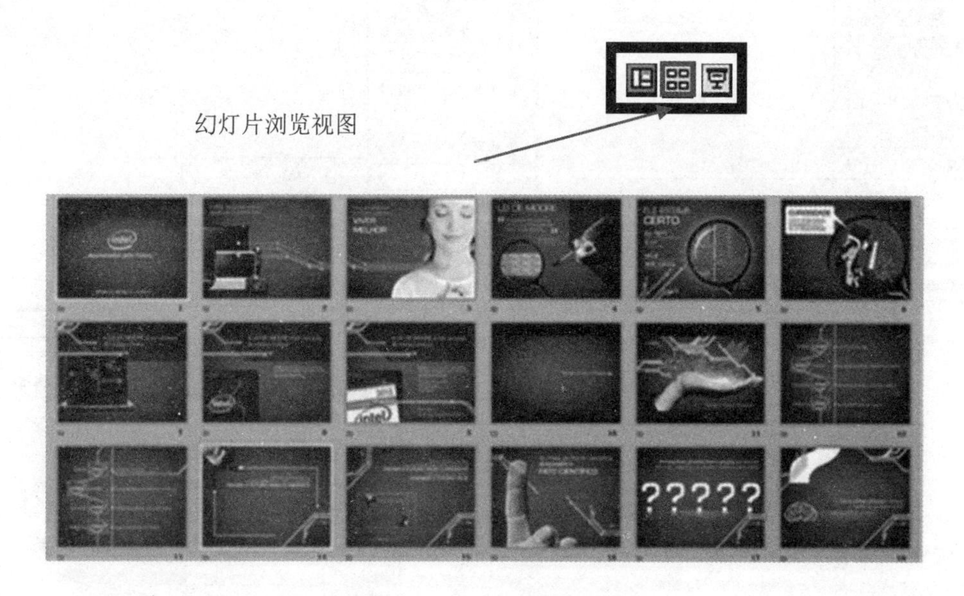

图 4-52 “幻灯片浏览”视图

11. 幻灯片上做标记

1） 在放映时，单击鼠标右键，在打开的快捷菜单中选择 “指针选项”命令，在打开子菜单“圆珠笔”→“毡尖笔”→“荧光笔”。

2） 如果你对绘图笔颜色不满意，还可在右击幻灯片时弹出的快捷菜单中选择“指针选项”命令，再选择“墨迹颜色”，你就可以挑一种喜欢的颜色啦。如图 4-53 所示。

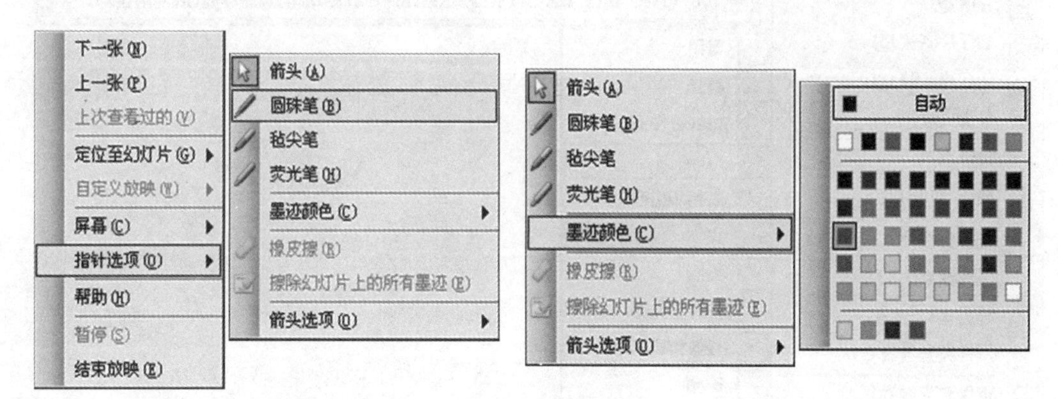

图 4-53 标记的设置

3） 做这些标记不会修改幻灯片本身的内容，在右键弹出的菜单中选择“指针选项”中的“擦除幻灯片上的所有墨迹”命令，幻灯片就复原了。

4） 如果不需要进行绘图笔操作时，可以再次在屏幕上单击鼠标右键，在“指针选项”中选取“自动”，就把鼠标指针恢复为箭头状了。如图 4-54 所示。

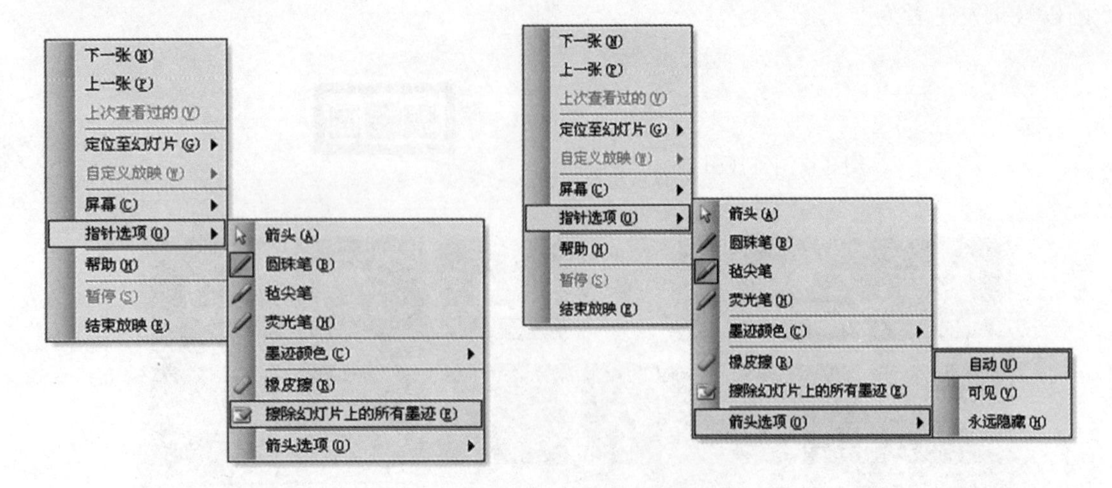

图 4-54 标记的擦除与切换

三、PowerPoint 与多媒体

1. 利用 PowerPoint 上网

运行 PowerPoint 时也可轻松上网，而不用打开 IE 浏览器。方法是：在“幻灯片”视图下，单击“视图→工具栏→Web”可发现在工具栏上有地址栏，在此地址栏中输入地址即可上网。另外，它还将 IE 中浏览过的地址也记录于其下，做到了完全与 IE 的兼容。如图 4-55 所示。

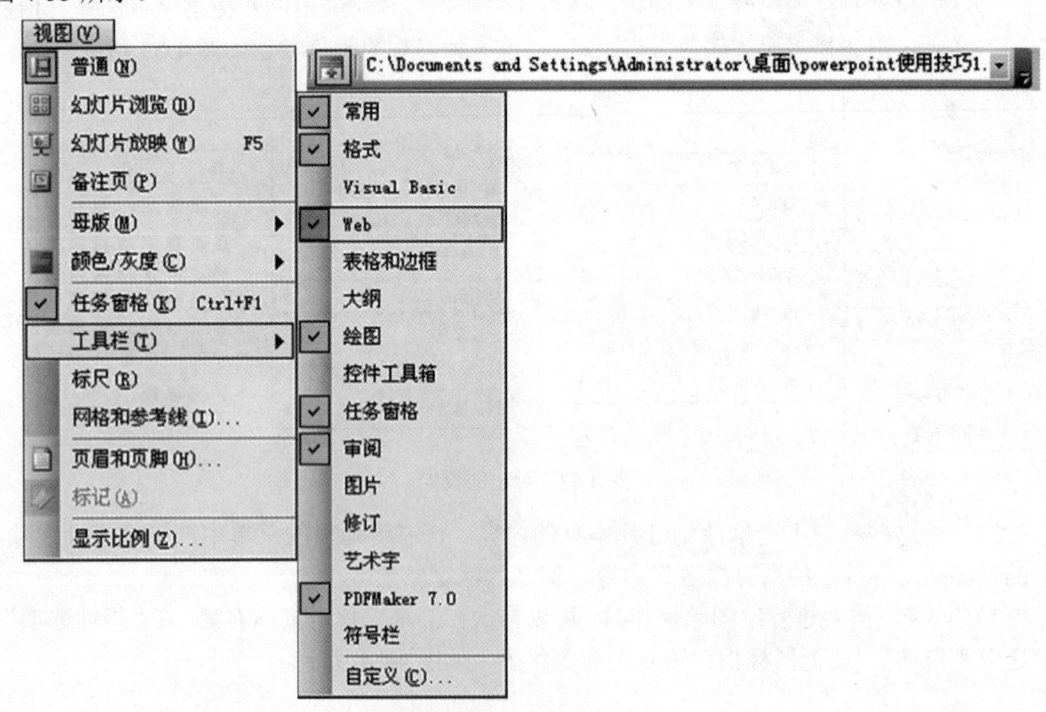

图 4-55 用 PowerPoint 上网

在 PowerPoint 中往往通过“插入→影片和声音→文件中的影片（或文件中的声音）”来播放音频视频文件，这种方法不方便对音视频进行控制。

现在介绍一种利用 Media Player 控件控制音视频播放的方法。步骤如下:

1） 在 PowerPoint 中插入 Media Player 控件，具体方法:

① 打开视图→工具栏→控件工具箱。如图 4-56 所示。

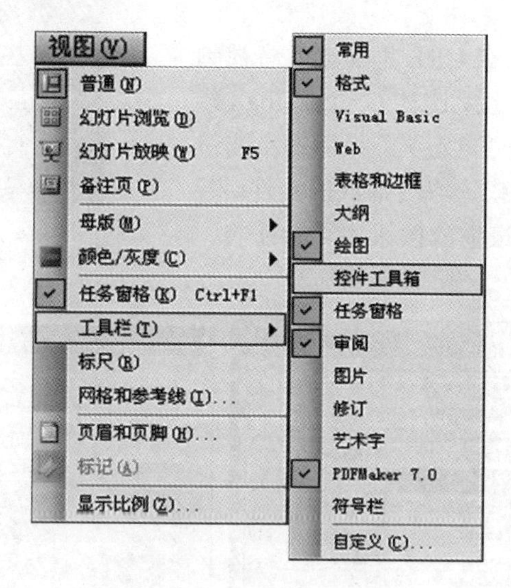

图 4-56 打开空间工具箱

② 选择控件“Windows Media Player”。如图 4-57 所示。

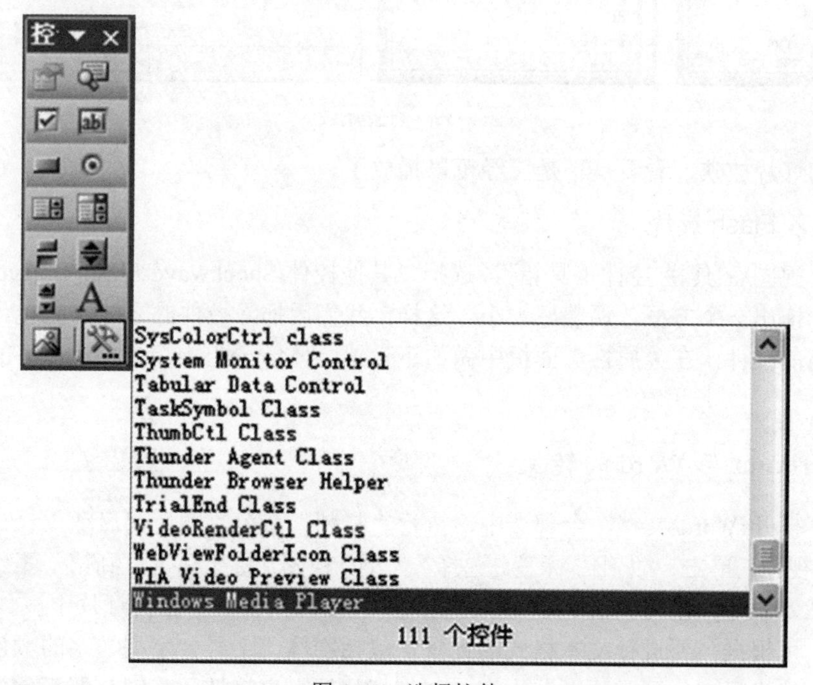

图 4-57 选择控件

③ 然后用“+”字形在 PowerPoint 页面上画出一个矩形，即嵌入一个 Media Player 播放器。如图 4-58 所示。

④ 双击该播放器，或在拖画的区域内按鼠标右键→在弹出的快捷菜单中选“属性”，出现控件属性窗口。

2）控件属性窗口中，在 URL 里面输入音视频文件名（包括扩展名）的地址，比如 G:\AA.mpg（建议使用相对路径），或点击“自定义”栏后的小按钮出现如图 4-59 所示，输入或选取要播放的文件，若取消“自动启动”选项，则按播放按钮才开始播放。

图 4-58　嵌入 Media Player 播放器

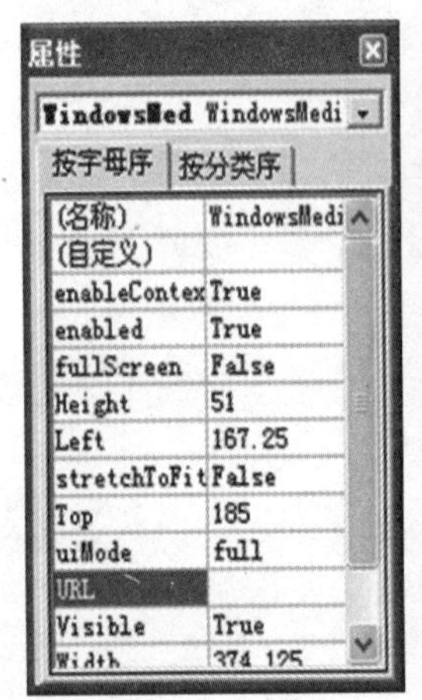

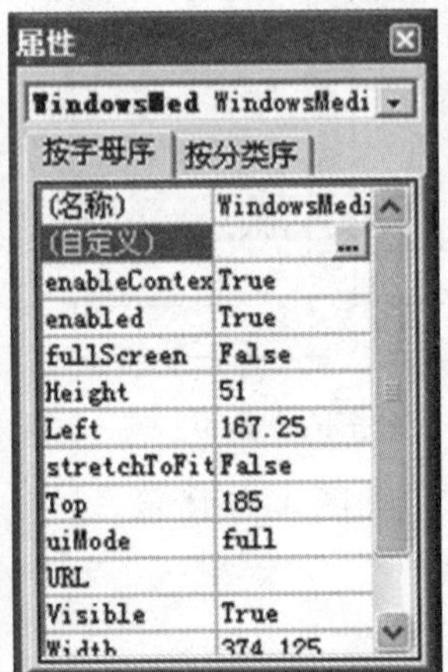

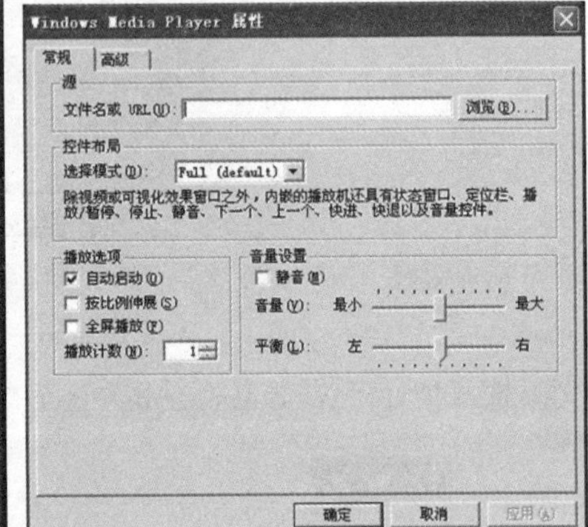

图 4-59　设置属性

3）幻灯片放映，看看是不是已经可以播放了。

2.　插入 Flash 影片

单击“视图/工具栏/控件工具箱”，选择“其他控件/Shockwave Flash Object”，在幻灯片中用鼠标拖出一个方框，调整好大小。这样，我们用插入控件的方法插入一个 Flash 控件，选择当前控件，在“属性”面板中做如下设置：“Movie”中填入所需的 Flash 影片所在的位置。

四、PowerPoint 与 Word 的转换

首先，打开 Word 文档，全部选中，执行“复制”命令。然后，启动 PowerPoint，选择“普通”视图，单击 “大纲”标签。选择“大纲”视图，将光标定位到第一张幻灯片处，执行“粘贴”命令，则将 Word 文档中的全部内容插入到了第一张幻灯片中。

接着，可根据需要进行文本格式的设置，包括字体、字号、字型、字的颜色和对齐方式等。然后将光标定位到需要划分为下一张幻灯片处，直接按回车键，即可创建出一张新的幻灯片。如果需要插入空行，按[Shift+Enter]。经过调整，很快就可以完成多张幻灯片的

制作。

最后，还可以使用“大纲”工具栏，利用“升级”“降级”“上移”“下移”等按钮进一步进行调整。反之，如果是将 PowerPoint 演示文稿转换成 Word 文档，同样可以利用“大纲”视图快速完成。方法是将光标定位在除第一张以外的其他幻灯片的开始处，按[BackSpace](退格键)，重复多次，将所有的幻灯片合并为一张，然后全部选中，通过复制、粘贴到 Word 中即可。

4.1.9 持续改进

终点又是新的起点。持续改进要做到反思总结、观摩学习以及讨论交流。每次设计 PPT 后，要反思，注意收集观众对 PPT 的反馈。关于“观摩学习”，这里需要强调一点，观摩学习的内涵不仅仅局限于多看几本 PPT 设计的书籍或者是多观摩一些优秀的 PPT 作品，而是要做一个有心人，注意从生活中收集可以用于 PPT 设计的一些元素和思想，留心身边的可视化设计范例，如电影海报、街头广告、设计类杂志、各种展览会的广告和展板的设计等等，提高自己的视觉设计素养。与同伴交流设计 PPT 的经验，持之以恒，不断改进。如图 4-60 所示。

图 4-60　持续改进

 4.2　任务 10“古诗欣赏”主题 PPT 制作

4.2.1 任务背景

制作关于古诗欣赏演示文稿。

4.2.2 任务分析

主要运用幻灯片母版、幻灯片切换方式、动画效果、超级链接等设置。

4.2.3　任务实现

1. 利用文件菜单中新建命令创建一个空白演示文稿。

2. 幻灯片母版设计

1）利用视图选项卡中母版视图命令进入幻灯片母版编辑界面。如图 4-61 所示。

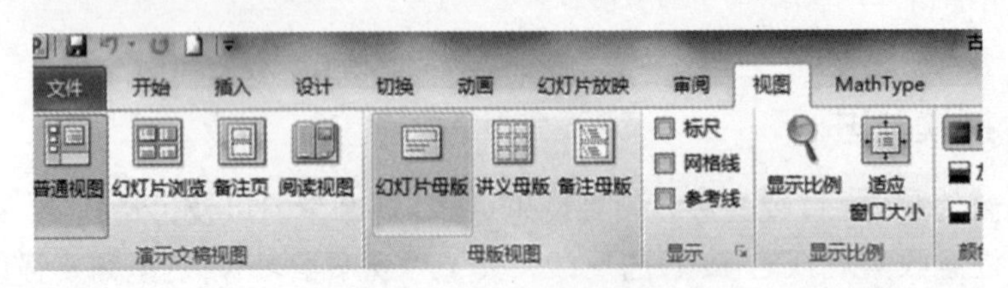

图 4-61　母版编辑界面

2）选中母版中“标题幻灯片”版式，通过插入选项卡中插入图片命令，插入背景.jpg 文件，作为此幻灯片的背景图案，适当调整图片大小，以充满整张幻灯片。

3）选中母版中第一张主体幻灯片，插入图片(兰花.jpg)，适当调整图片位置，放置在幻灯片左下方。

4）选中母版中“标题与内容”版式，首先将其标题格式调整为“字体为华文新魏，字号为 44，字间距为稀疏”，其次将其内容占位符的格式调整为“字体为华文新魏，字号为 28”，同时将其内容占位符大小调整，与已插入图片不要重叠。

5）关闭母版视图，回到正常幻灯片编辑状态。

3. 选中第一张幻灯片，在其标题栏中输入文字“古诗欣赏”，其字体设为华文新魏，字号设为 80，字符间距设为 24 磅。

4. 新建“标题与内容”版式的幻灯片作为演示文稿的第二张幻灯片，其标题栏输入“早梅”，内容栏输入“一树寒棒白玉条，迥临村路傍溪桥。不知近水花先发，疑是经冬雪未销。”对内容栏取消项目符号，其行间距设为 2 倍行间距。如图 4-62 所示。

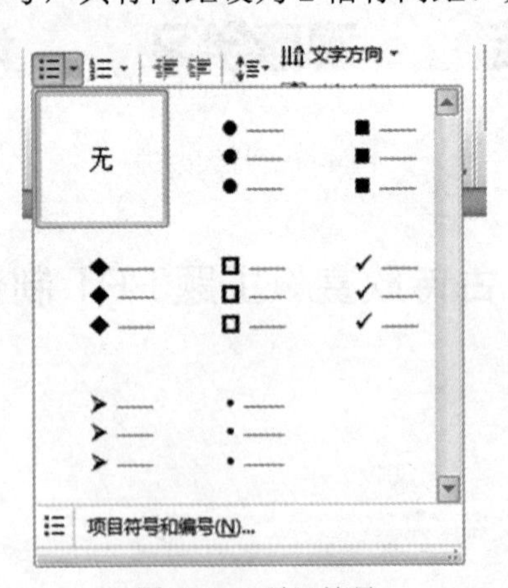

图 4-62　项目符号

5. 同样方式创建第 3 张，第 4 张幻灯片。其中第 3 张幻灯片标题为“竹里馆”，内容为“独坐幽篁里，弹琴复长啸。深林人不知，明月来相照。”第 4 张幻灯片标题为“秋霁”，内容为“雨霁长空荡涤清，远山初出未知名。夜来江上如钩月，时有惊鱼掷浪声。”

6. 选中第 4 张幻灯片，将其版式调整为“垂直排列标题与文本”版式。重新调整标题栏的格式为“字体为华文新魏，字号为 44，字间距为稀疏”。其次将内容栏的格式调整为“字体为华文新魏，字号为 28”。如图 4-63 所示。

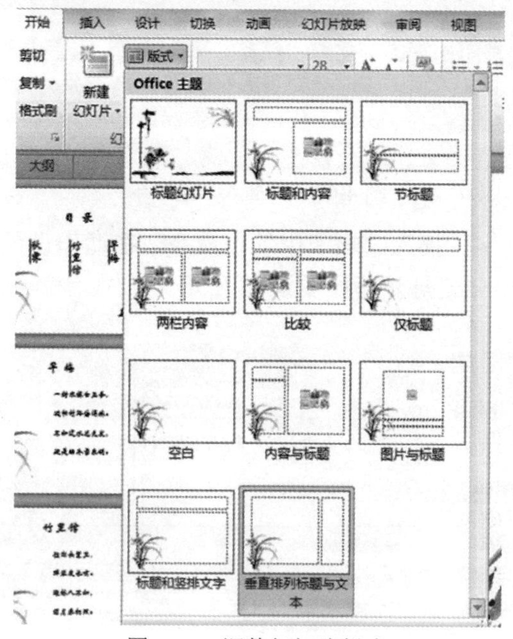

图 4-63 调整幻灯片版式

7. 插入超链接。

1）先在第 1 张幻灯片后插入“空白”版式的新幻灯片，其次在本幻灯片中插入横排文本框，输入文字“目录”（字体：华文新魏，字号：48），再次在本幻灯片中插入竖排文本框，分段落输入文字“早梅”“竹里馆”和“秋霁”（字体：华文新魏，字号：44，行间距：3 倍行间距）。

2） 选中文字“早梅”，利用插入选项卡中超链接命令，为文字插入超链接。在对话框中选定“本文档中的位置”选项，文档位置设为第 3 张幻灯片。同样操作为“竹里馆”和“秋霁”文字分别链接到第 4 张，第 5 张幻灯片。如图 4-64 所示。

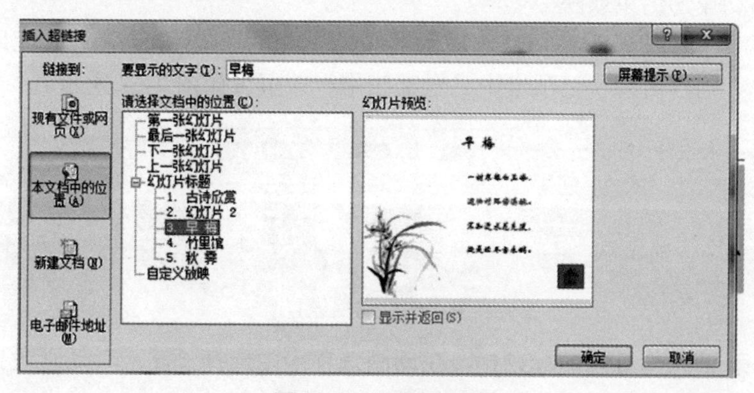

图 4-64 设置超链接

8. 动作设置

1）在第 3 张幻灯片编辑状态中，利用插入选项卡中插入文本框，输入文字“返回”（字体：华文新魏，字号：28）。如图 4-65 所示。

图 4-65　“插入”选项卡

2）选中“返回”文字，插入选项卡中动作命令，在动作设置对话框中设置单击鼠标时的动作为超链接到第 2 张幻灯片。如图 4-66 所示。

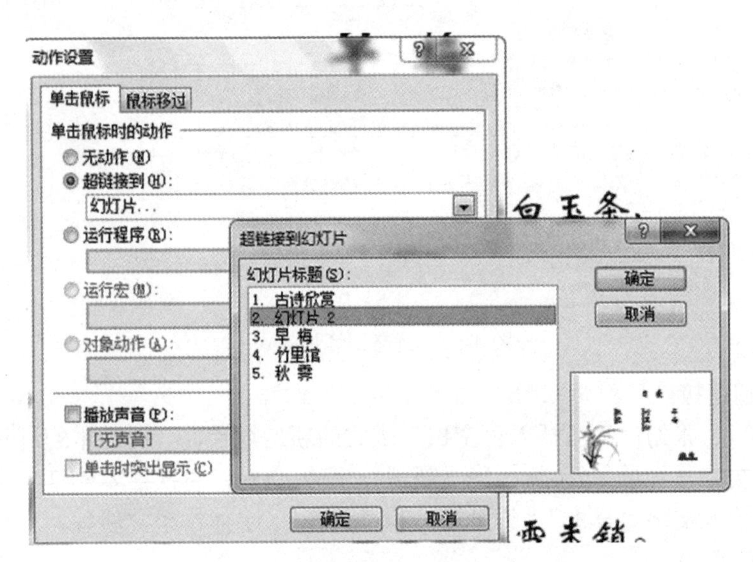

图 4-66　动作设置

3）将对象“返回”依次复制到第 4 张，第 5 张幻灯片合适位置。

4）同样操作，在第二张幻灯片的右下角设置“结束”文字动作按钮，其动作设置为单击鼠标时的动作为结束放映。

9. 选择第 1 张幻灯片，在切换选项卡中选择“溶解”切换效果，若要应用到本演示文稿所有幻灯片，则单击切换选项卡中“全部应用”即可。如图 4-67 所示。

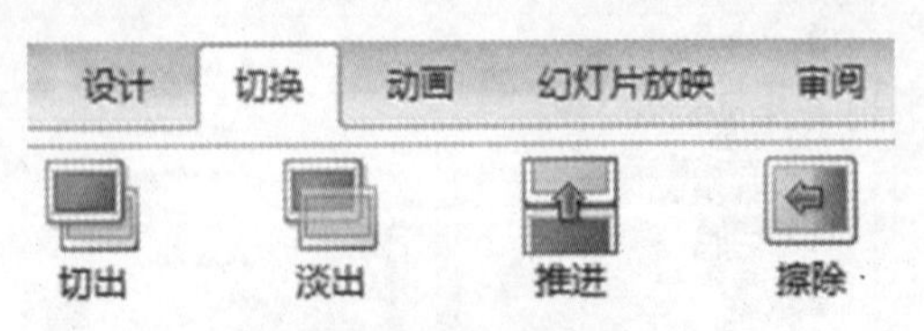

图 4-67　切换设置

10. 选择第 1 张幻灯片的标题栏，在动画选项卡中选择“浮入”动画效果，具体参数可以在效果选项中选择不同浮入效果。如图 4-68 所示。

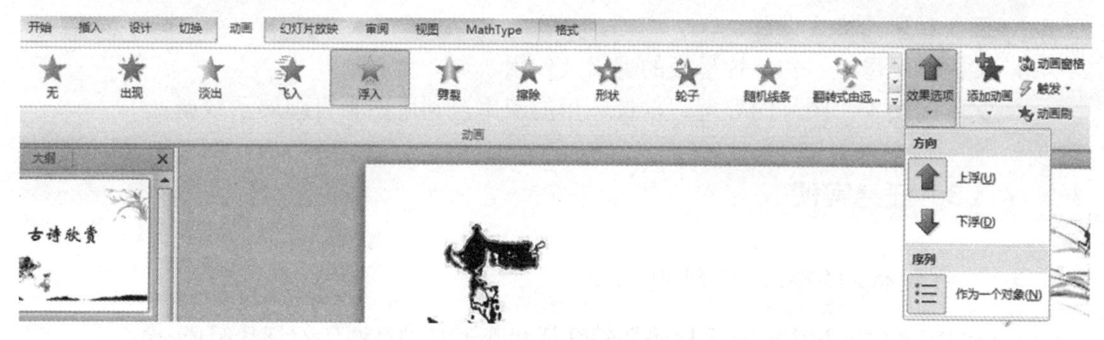

图 4-68　动画设置

若要标题文字的动画效果逐字呈现，则打开“动画窗格”中选择要修改动画效果的对象，在其右击菜单中选择效果选项命令，在对应的对话框中将“动画文本”参数设置为“按字母”，且延迟百分比设为 50%，即可。

其他幻灯片的文字动画效果设置可按此步骤来实现。

▶▶ 4.2.4　任务小结

主要掌握幻灯片母版、幻灯片切换方式、动画效果、超级链接等设计与应用。

▶▶ 4.2.5　课后练习

收集有关家乡美食的相关文字和图片资料，制作家乡美食推荐为主题的演示文稿。要求如下：1、在母版中进行相关统一设置（例如家乡标志图片）2、设置相关图片资料作为背景（例如美食图片）3、根据内容的划分模块并设置 PPT 之间的超链接 4、设置 PPT 动画及放映方式。

4.3　任务 11“读书汇报”主题 PPT 样式设计

▶▶ 4.3.1　任务背景

某班级为了提高同学的阅读兴趣，开展了“我阅读　我分享”活动，要求每位同学在阅读完一本书籍之后配合 PPT 演示文稿进行读书汇报演讲。

本例中需要完成的工作包括：

1. 拟定演示文稿的大纲，设计演示文稿的内容和版面。
2. 确定幻灯片上的对象的统一格式和主色调。
3. 演示文稿的放映设置。

▶▶ 4.3.2　任务分析

本项目主要涉及如下操作。

1. 设计模板的使用，注意样式模板和主题模板的区别。

2. 插入对象的格式设置。

3. 掌握标题母板、幻灯片母板的编辑及使用。

4. 文本的输入、图片的处理、自选图形的应用，利用图表直观展示数据。

▶▶ 4.3.3　任务实现

一、新建标题幻灯片并应用主题

一份演示文稿通常由一张“标题”幻灯片和若干张“普通”幻灯片组成。

1.　新建标题幻灯片

1）启动 PowerPoint 程序，系统默认打开的就是一张标题幻灯片，如图 4-69 所示。

2）在标题幻灯片上键入标题文本“现在就改变”，副标题文本“——《高绩效人士的五项管理》读后感 ”。

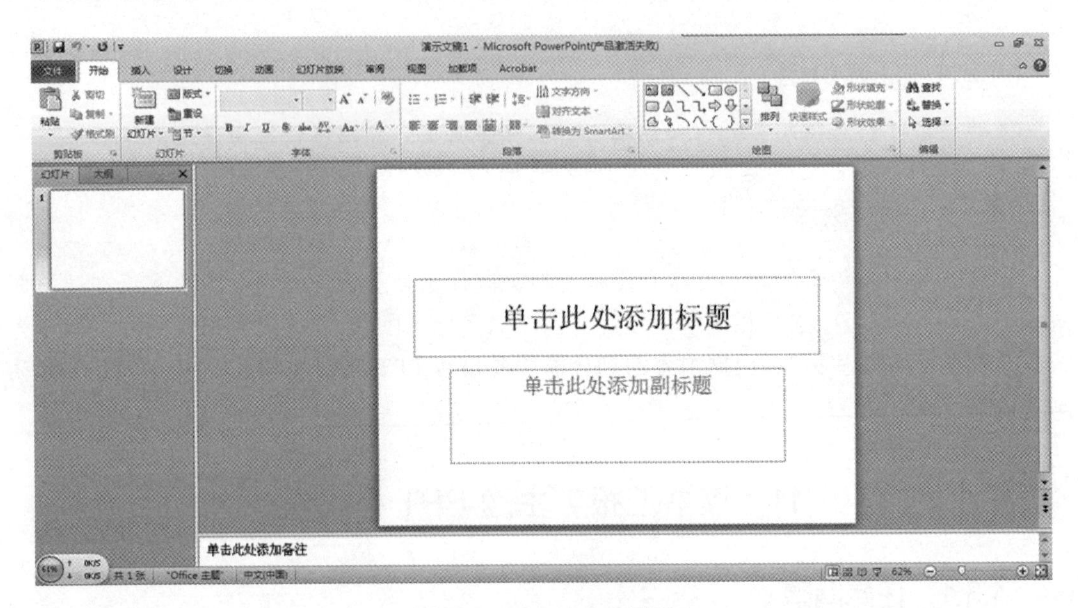

图 4-69　PowerPoint 界面

2.　设计“主题”

PowerPoint 中提供了很多模板，它们将幻灯片的配色方案、背景和格式组合成各种主题，这些模板称为“幻灯片主题”。通过选择“幻灯片主题”并将其应用到演示文稿，可以将所有幻灯片设置为相同主题。

1）单击“设计”菜单中的“主题”组，单击主题组右下角的“其他”按钮，打开内置的主题和 office.com 中的主题，将鼠标移动到某个主题上，就可以实时预览效果，单击应用“波形”主题。在此基础上新建幻灯片，保持统一的背景、配色及字体效果。如图 4-70 所示。

2）通过鼠标指向“主题”中的幻灯片主题，可以直接预览主题在应用后的实际效果。

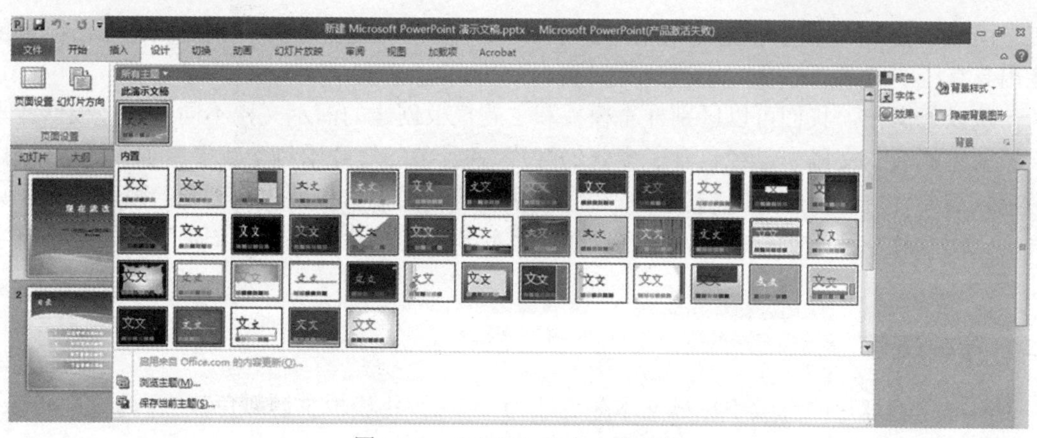

图 4-70　“主题”组中内置主题

3. 样本模板和主题模板

模板是指在外观和内容上已经进行了一些预设的文件，通过模板创建演示文稿，用户不用完全从头开始制作，从而提高了工作效率。Powerpoint 2010 中有样板模板和主题模板两种类型的模板，它们的侧重点在于内容和外观两个方面。

1） 样板模板调用

单击“文件”菜单→“新建”，在“可用的模板和主题”栏中选择“样板模板”选项，在中间栏中显示出计算机中已经存在的文稿模板。选择任一文稿模板，在右侧栏中会显示出其预览效果，单击“创建”按钮，即可创建出包含已有内容的演示文稿。如图 4-71 所示。

图 4-71　“样本模板”

2） 主题模板调用

单击“文件”菜单→“新建”，在“可用的模板和主题”栏中选择“主题”选项，则在中间栏中会显示不同外观效果的主题模板，选择其中一项，单击“创建”按钮，即可创建出具有统一背景及配色方案的演示文稿。

从以上操作，我们可以区别样本模板和主题模板创建的演示文稿不同之处。根据样本模板新建的演示文稿中已经包含了多张幻灯片，并且各幻灯片中包含较多内容和提示信息，用户只需要针对自己的实际情况进行相应调整即可。而根据主题模板创建的演示文稿中只有一张幻灯片，其中没有内容，但在此基础上新建的幻灯片将保持统一的背景、配色及字体效果。

二、母版设计

将标题幻灯片的母版中标题文本颜色改为“红色”，将模板主题颜色改为内置的“office”颜色，应用背景样式 9。

1） 单击“视图”→“母版视图”→“幻灯片母版”打开母版视图。在 PowerPoint 2010 中，母版设计与版式相关联，此时左边“幻灯片母版缩略图”窗格顶端的主模板，主模板以下略小的缩略图为版式母版，包括标题版式、标题和内容版式、两栏内容版式等 11 种内置版式。主模板能影响所有版式母版，通过对各版式母版修改，可单独控制配色等格式设置，这样，在兼顾共性的情况下也有“个性”表现，如图 4-72 所示。

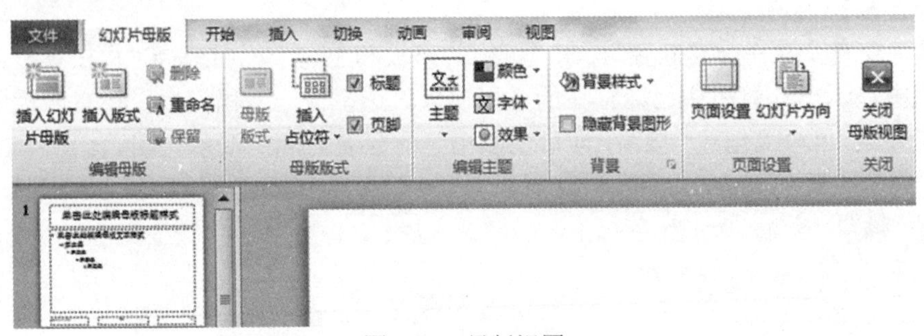

图 4-72　母版视图

2） 点击“标题幻灯片”版式模板，选择标题文本框，点击“开始”→“字体”组中“字体颜色”下拉菜单，将字体颜色设置为“红色”。

3） 点击“幻灯片母版”→“编辑主题”组中的“颜色”下拉菜单，选择 office 颜色。

4） 点击“背景样式”，选择样式 9。

5） 设置完成，点击“关闭母版视图”按钮，回到幻灯片视图。

三、插入图形和图片对象

1. 使用绘图工具栏设计“目录”幻灯片

1） 点击“开始”→新建幻灯片→“标题与内容”版式命令，插入第二张幻灯片设计目录；

2） 在标题框输入“目录”左对齐；

3） 点击“开始”→“绘图”→“圆角矩形”，在合适的地方画出每条目录的底层圆角矩形，鼠标右键点击图形，在弹出的鼠标菜单中选择“设置形状格式...”命令，设置渐变色颜色；右击画好的圆角矩形，选择“编辑文字”命令添加目录文字。如图 4-73 所示。

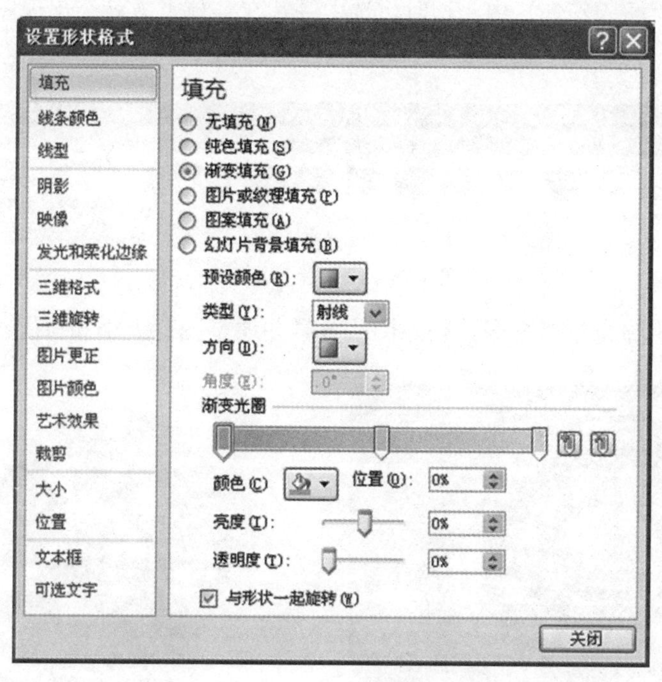

图 4-73　设置图形格式

4） 通过复制粘贴的方法，依次设置“A 五项管理主要内容，B 时间管理之感悟，C 学习管理之感悟，D 目标管理之思考目录”。修改每个圆角矩形不同的填充渐变色，如图 4-74 所示。

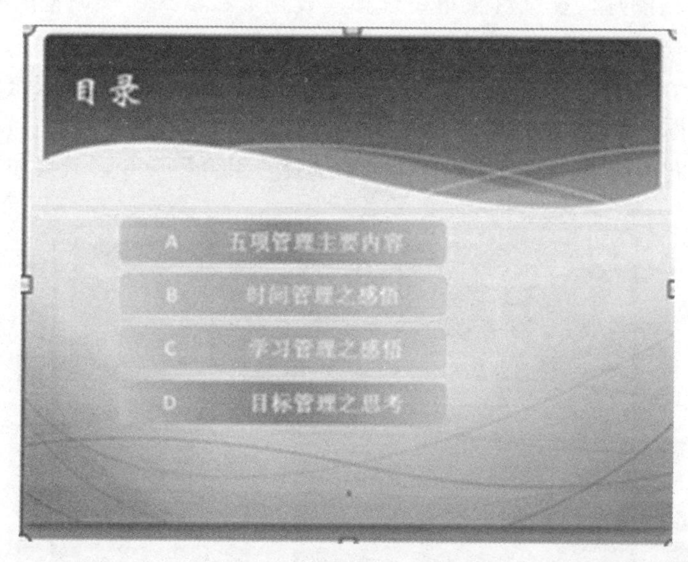

图 4-74　第二张幻灯片效果

2. 图片处理

1） 新建第三张“标题与内容”版式幻灯片，输入标题文本“时间管理十大方法”；

2）点击“插入”→图像组中的“图片”命令→打开“插入图片”对话框，选择素材中的“时钟”图片插入幻灯片中。这时，选中图片在菜单上方就会出现图片工具菜单，如图 4-75 所示。

图 4-75　“图片工具”栏

3）选择“删除背景”命令，删除图片背景并调整图片大小和位置。如图 4-76 所示。

图 4-76　图片“删除背景”前后效果图

4）点击选择“开始”→“绘图”组基本形状中的“圆柱形”，在幻灯片上绘出一个圆柱形，右击圆柱图片，在鼠标菜单中选择“设置形状格式”→调整渐变光圈和线性方向。

5）复制五个圆柱形，点击“视图”菜单→显示组右下角的箭头按钮→打开“网格线和参考线”对话框，取消“对象与网格对齐”复选框，对图形进行微调，设置完成后，选择所有圆柱形，右击所选图形，在鼠标菜单中选择“组合”命令，效果如图 4-77 所示。

图 4-77　图片位置效果

6） 压缩图片，减少 PPT 大小。双击图片打开“图片工具 格式”菜单→点击调整组中“压缩图片”→不选择“仅应用于所选图片”复选项→“确定”按钮，如图 4-78 所示。

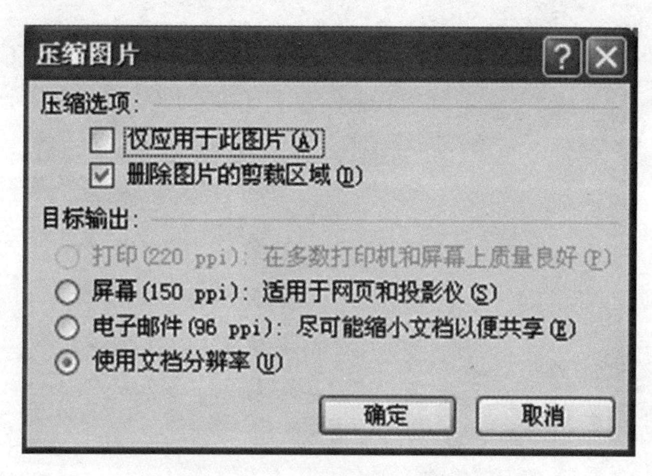

图 4-78 “压缩图片”窗口

3. SmartArt 图形

1） 选择“插入”→“插图”组中的 SmartAr 命令中的“步骤上移”流程图。如图 4-79 所示。

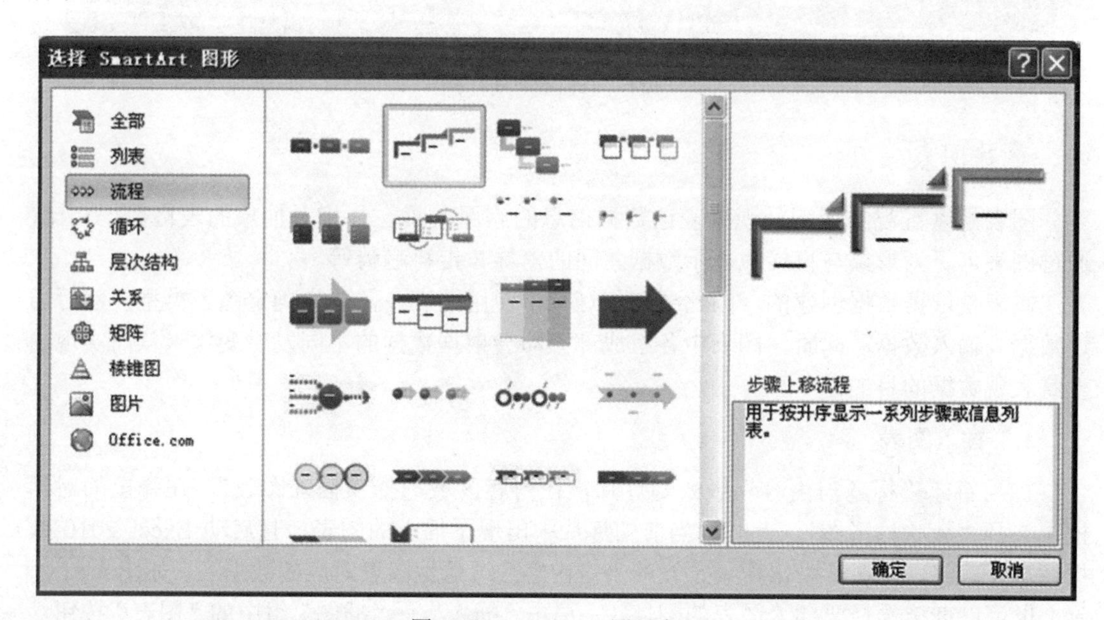

图 4-79 SmartAart 图形窗口

2） 将流程图“取消组合”，设置步骤阶梯不同颜色，然后重新组合；

3） 选择“插入”→文本组中“文本框”→“竖直文本框”，添加文本。

4） 插入“成功”图片；

5） 插入“竖直文本框”，添加文本“时间就是金钱”。

第三张幻灯片效果如图 4-80 所示。

图 4-80 第三张幻灯片效果

四、创建图表

图表是以直观的图形外观来表达数据信息的有用工具，与相对抽象的表格数据相比，通过图表可更为形象与直接地表示数据之间的差异、走势趋势等。

图表是依据数据创建的，因此要在幻灯片中使用图表，需要先确定图表类型，然后通过数据表输入数据，此时，图表中各组成部分即会根据数据的不同发生变化，从而实现由形状表现数据的目的。

1. 插入图表

1） 新建“标题与内容”版式幻灯片，在内容区域选择“插入图表”，在弹出的对话框中选择“簇状柱形图”。此时，当前幻灯片中出现了插入的图表，且启动 Excel 2010 数据源电子表格，并在其中出现了预设的表格内容，这就是图表对应的数据表，如图 4-81 所示。也可以直接选择要插入图表的幻灯片，单击“插入”→“插图”组中的“图表”按钮，打开“插入图表”对话框。

2） 增加 ppt 图表中的系列。根据 Excel 数据源表格中的提示，拖动数据区域右下角，添加 E 列为系列 4，修改 Excel 数据源表格为以下内容，PPT 中图表各部分也随之变化，如图 4-82 所示。

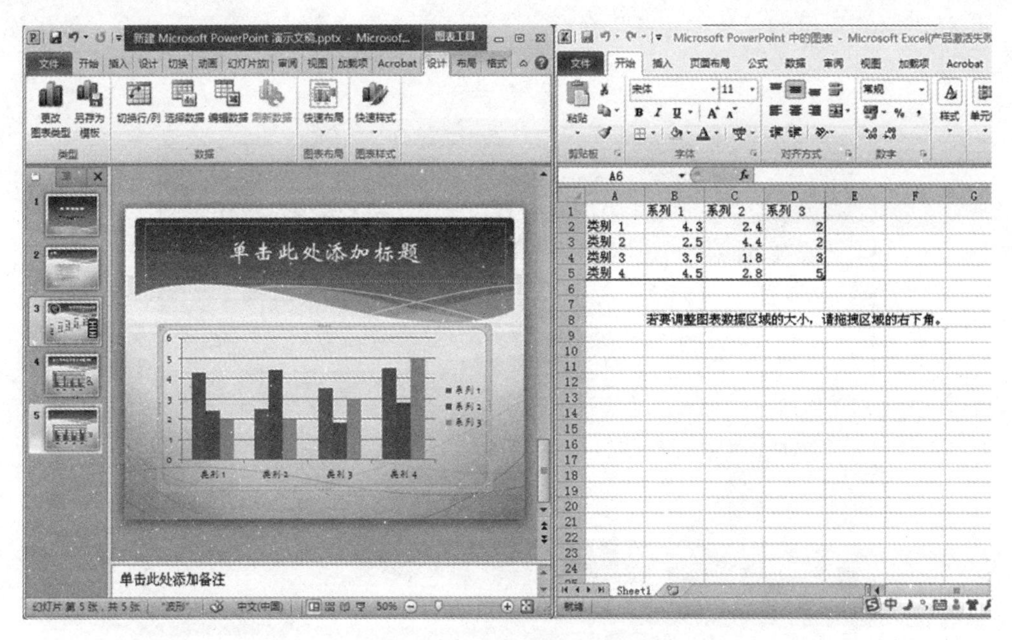

图 4-81　“图表选项”数据表

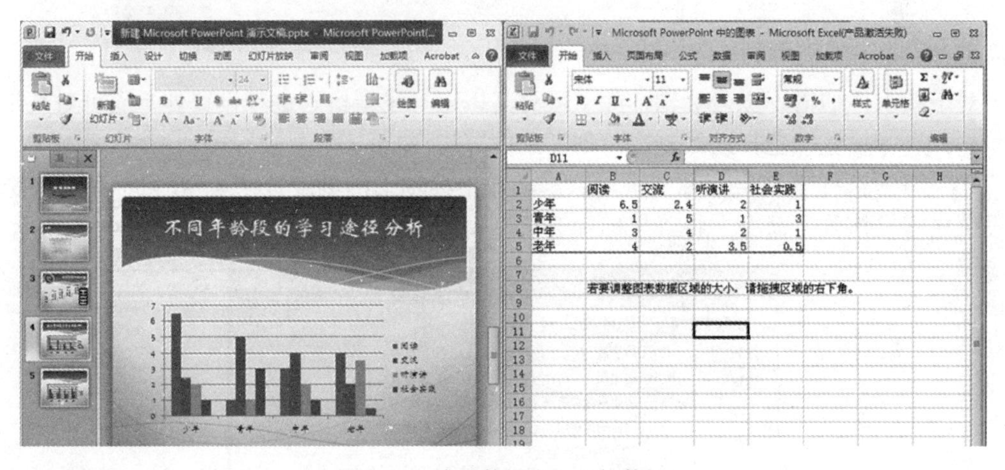

图 4-82　给“数据表”添加数据

2. 添加数据标签

在完成图表内容制作后，选择图表，在菜单栏中出现“图表工具”选项卡，选择其中的“布局”选项卡，如图 4-83 所示。

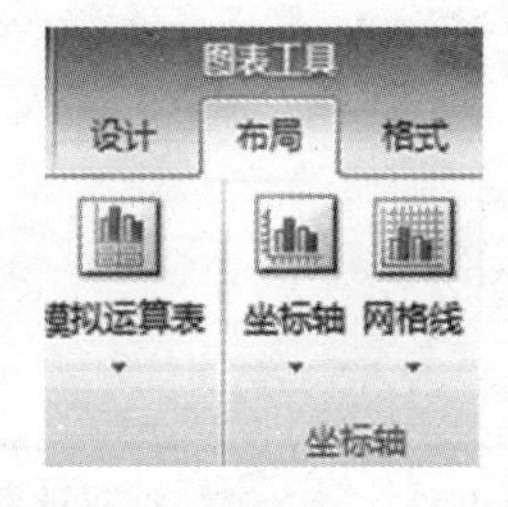

图 4-83　“图表工具”栏

选择“标签”组的“数据标签”命令，选择菜单中的“数据标签外”命令。效果如图 4-84 所示。

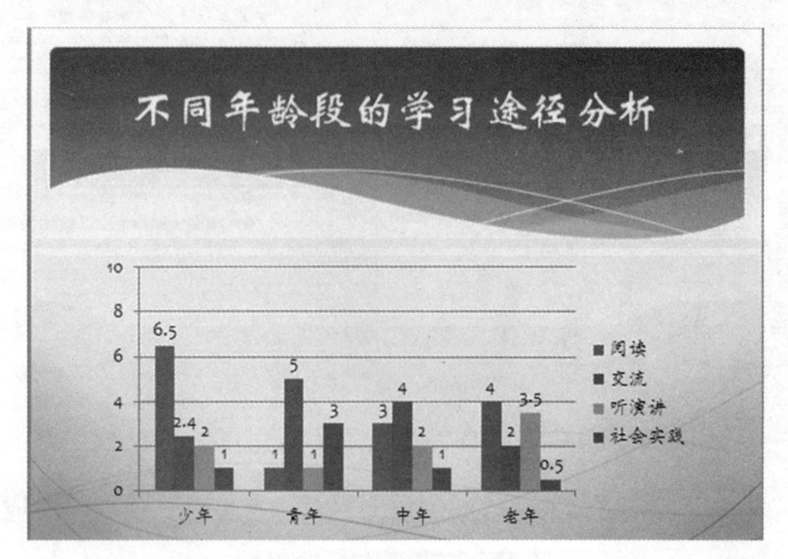

图 4-84　图表数据标签

3. 修改纵坐标轴刻度为 0-10

对于图表中的横、纵坐标轴，除了可对其填充与线型格式进行设置外，还可对其坐标轴的格式进行设置，包括起始刻度，刻度单位等。

1） 右击选择垂直坐标轴（可以点击垂直坐标轴上的刻度数字），在鼠标菜单中选择“设置坐标轴格式”命令，将“坐标轴选项”中的最大值改为固定 10，如图 4-85 所示。

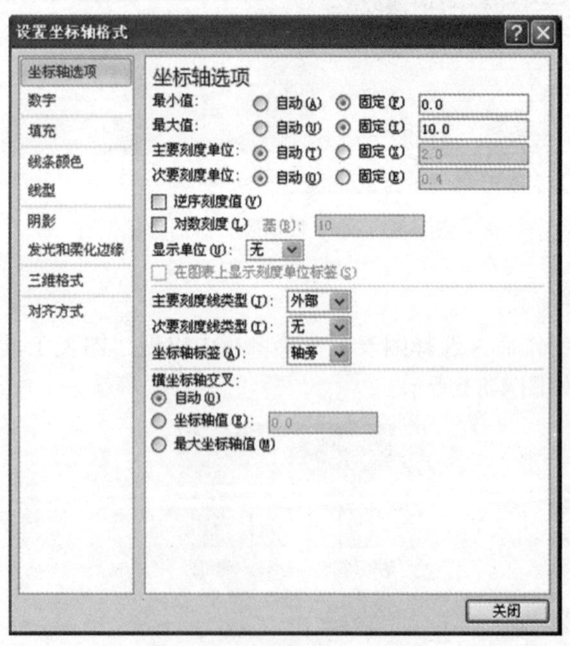

图 4-85　修改坐标轴对话窗

五、设置幻灯片大小和背景

1. 新建一张“仅标题”版式幻灯片

点击“开始”→“幻灯片”组的“新建幻灯片”下拉三角菜单，选择“仅标题”版式，也可以在该组中的“版式”下拉菜单中选择修改版式。如图 4-86 所示。

图 4-86 “仅标题”版式幻灯片

2. 设置幻灯片大小

点击“设计”菜单中的“页面设置”组中的“页面设置”命令，设置幻灯片的大小为宽度 10.5 英寸，高度 8 英寸。如图 4-87 所示。

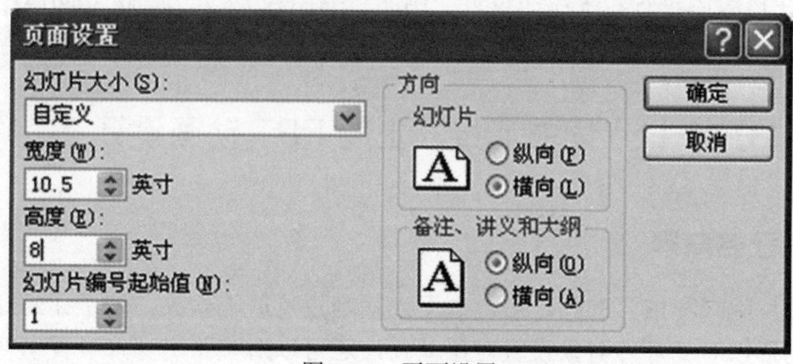

图 4-87 页面设置

3. 设置插入的这张幻灯片背景填充色为“麦浪滚滚”

点击“设计”菜单，在“背景”组中选择“背景样式”下拉菜单中的“设置背景格式”命令，在弹出的对话框中选择“填充”→“渐变填充”→“预设颜色”，在下拉菜单中通过鼠标指示显示文字找到“麦浪滚滚”，将其预设填充背景并点击应用，然后关闭该对话框。

注意，如果点击“全部应用”则应用于该演示文稿所有幻灯片。如图 4-88 所示。

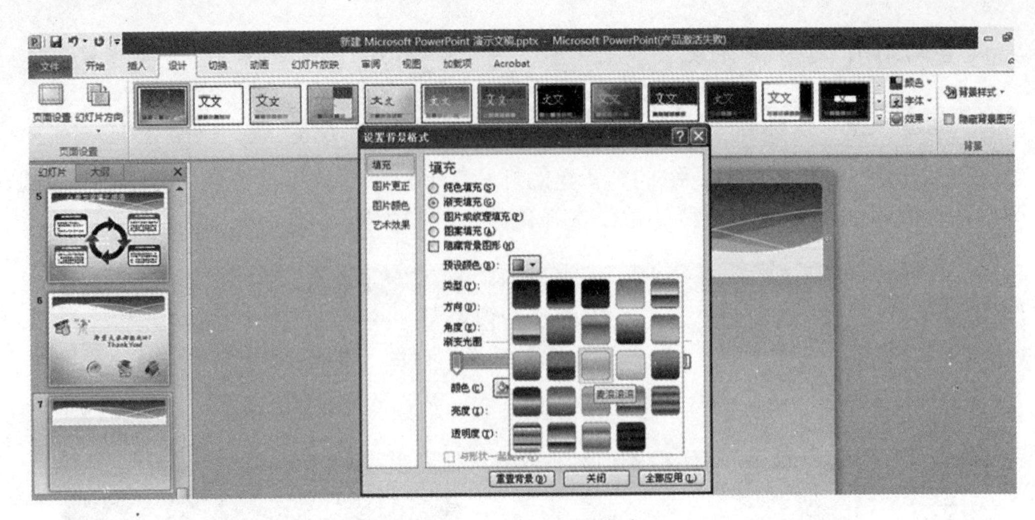

图 4-88　设置背景格式

▶▶ 4.3.4　任务小结

本任务主要介绍了幻灯片版面布局设计中的几个基本核心问题，包括主题、模板、版式、母版的设计布局应用，以及幻灯片大小、背景填充等版面设计，这些都需要我们在具体设计中结合文本内容灵活使用。另外，还介绍了幻灯片设计中常用的图片和图表对象的基本应用。

▶▶ 4.3.5　课后练习

收集某本书籍的相关文字、图片和数据资料，制作以新书推荐为主题的演示文稿。要求如下：1、在母版中进行相关统一设置（例如新书图片）。2、添加 SmartArt 图形（结合 PPT 设计需要）。3、根据收集的数据创建相应图表。4、设置 PPT 动画及放映方式。

 4.4　任务 11“读书汇报”主题 PPT 动画设计

▶▶ 4.4.1　任务背景

完成幻灯片版式和内容的制作后，接下来就是查看放映效果，为了让幻灯片的展示过程更加生动，可以对幻灯片对象设置对象动画，还可以对整张幻灯片设置切换效果。

▶▶ 4.4.2　任务分析

本项目中将涉及如下的操作：

幻灯片动画设置：自定义动画的设置、动画延时设置、幻灯片切换效果设置、切换速度设置、自动切换与鼠标单击切换设置、动作按钮的使用。

幻灯片放映：幻灯片隐藏、实现循环播放。

演示文稿输出：掌握将演示文稿发布成 WEB 页的方法、掌握将演示文稿打包成 CD

的方法。

4.4.3 任务实现

一、自定义动画

Powerpoint 为幻灯片对象提供了 4 种类型的自定义动画，分别是“进入”类、“强调”类、“退出”类和“动作路径”类。

1. 将目录页中“A 五项管理主要内容”入场动画设置为“飞入”，入场效果也就是进入动画。

1） 选择动画设置对象“A 五项管理主要内容”文本框。

2） 点击“动画”菜单→动画组中预设动画框右下角的下拉三角按钮，如图 4-89 所示。在展开的动画效果选项中选择“进入”效果中的“飞入”选项。或者可以点击“动画”菜单→“高级动画”组中“添加动画”按钮，也可以展开动画效果进行选择。

图 4-89 “动画”菜单

2. 目录页中“A 五项管理主要内容”强调效果设置为“对象颜色”，在飞入之后 2 秒自动出现。

1） 给同一个对象添加多个动画效果，必须选中对象，点击“动画”菜单→“高级动画”组中“添加动画”按钮→选择“强调”效果“对象颜色”。或者点击“添加动画”按钮展开菜单中的“更多强调效果”，选择“强调”效果“对象颜色”。如图 4-90 所示。

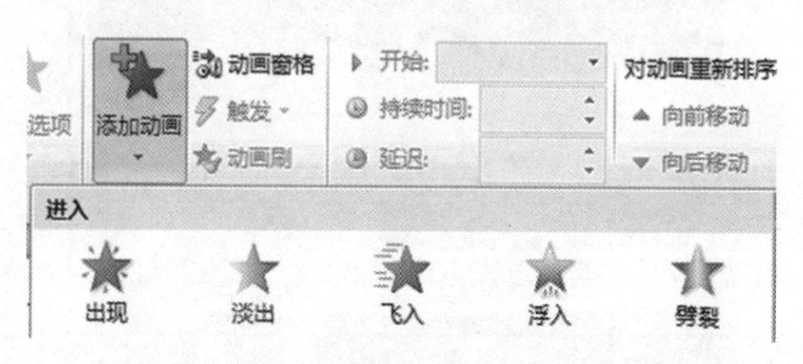

图 4-90 “添加效果”展开菜单

2） 点击“动画”菜单→“高级动画”组中“动画窗格”命令，打开动画窗格视图，可以看到前面设置过的两个动画依次显示，选择强调效果，点击下拉菜单中的“计时”，如图 4-91 所示。打开“效果选项”对话框“计时”选项卡，设置“开始”为“上一动画之后”，延时 2 秒。如图 4-92 所示。

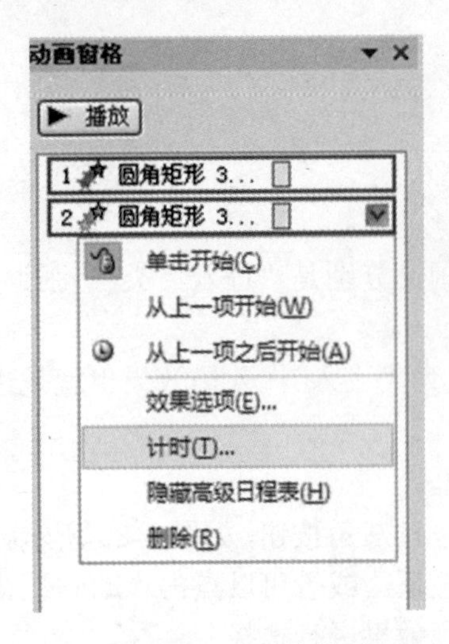

图 4-91　动画窗格

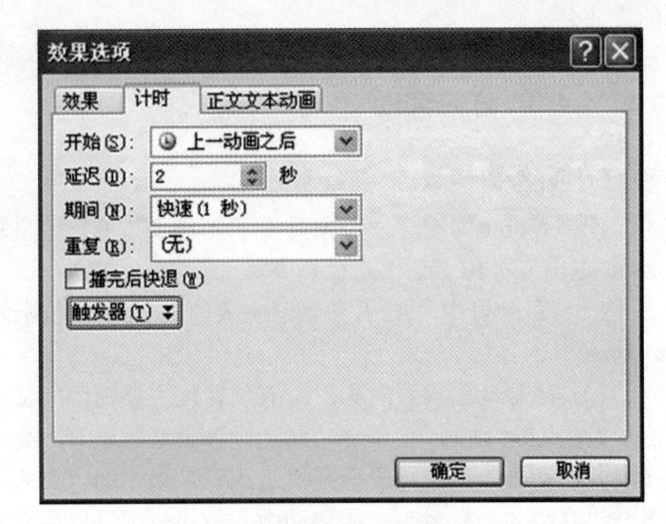

图 4-92　“效果选项”对话框

3. 将“B 时间管理之感悟”文本框的动作路径设置为“圆形扩展”并复制到“C 学习管理之感悟”。

1） 选中“B 时间管理之感悟”文本框→点击“动画”菜单→“高级动画”组中“添加动画”按钮→选择“动作路径”效果“形状”圆形。如图 4-93 所示。

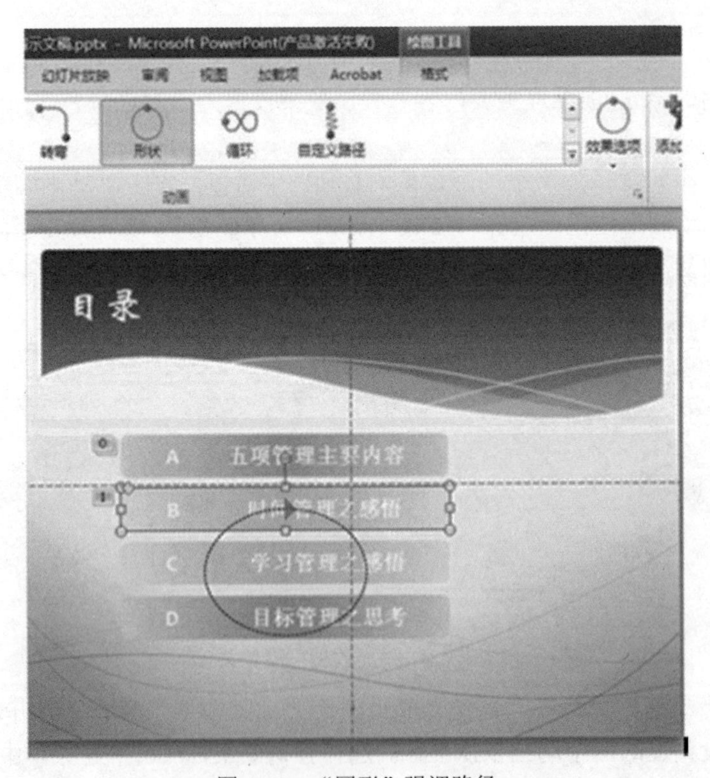

图 4-93　“圆形”强调路径

2） 选中“B 时间管理之感悟”文本框，点击“动画”菜单→“高级动画”组中“动画刷”，然后单击“C 学习管理之感悟”文本框，动画就被复制到该文本框中。如图 4-94 所示。

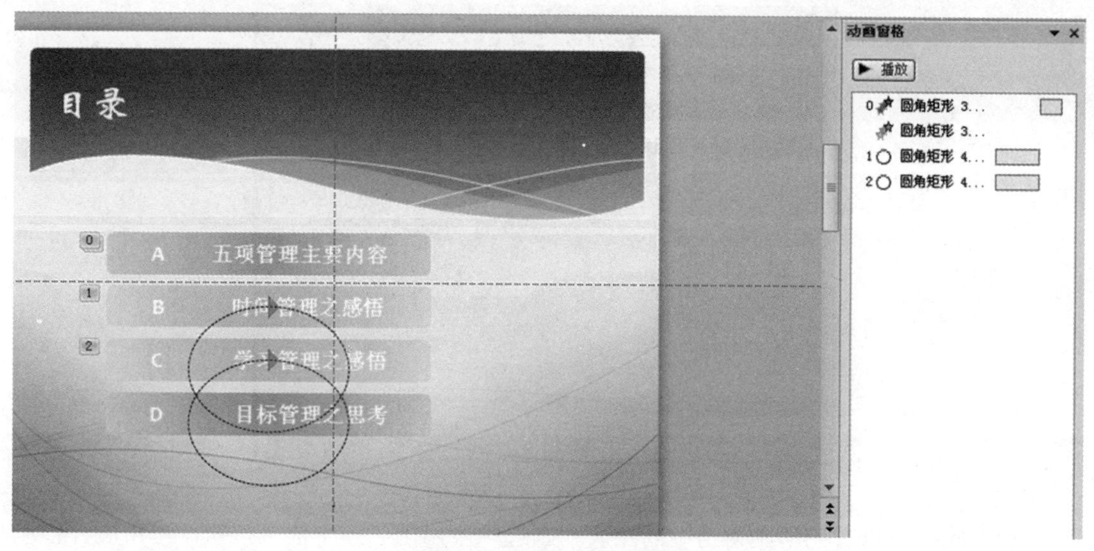

图 4-94　复制动画后效果

4. 设置第四张幻灯片中的图表动画，先设置图表背景进入效果“淡出”，单击鼠标依次设置每个系列的动画效果“飞入”。

1） 选中第四张幻灯片中的图表→“动画”菜单→“动画组”动画效果框右下角按钮→“更多进入效果”选项，弹出如图 4-95 所示对话框，选择“细微型”中的“淡出”效果。

2） 打开动画窗格，单击图表对应的动画下拉菜单，选择“效果选项”命令，如图 4-96 所示。

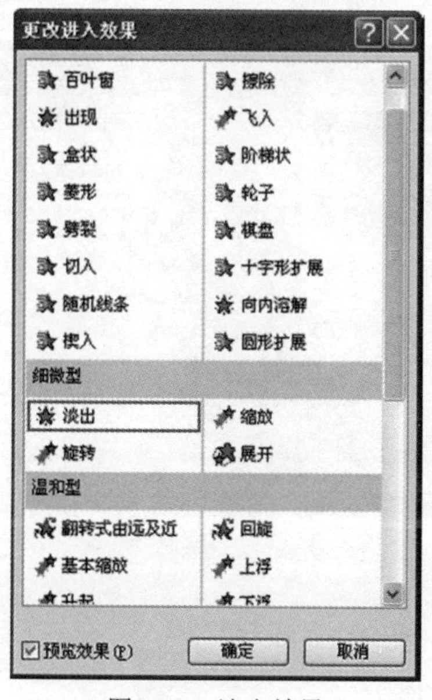

图 4-95　淡出效果

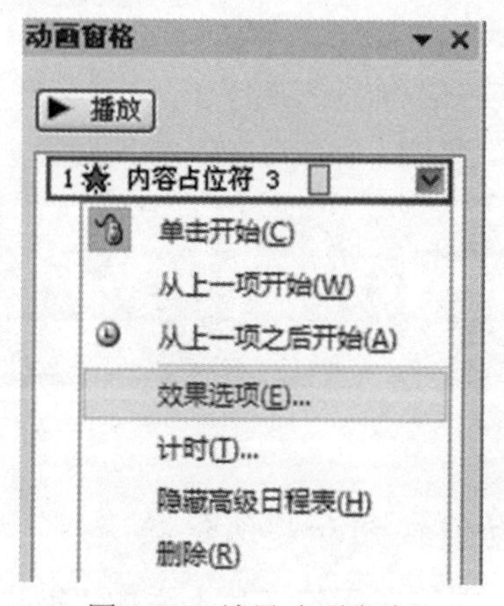

图 4-96　效果选项命令

3） 单击弹出的“淡出”对话框中的“图表动画”选项卡，在“组合图表”下拉列表框中选择“按系列”选项，单击“确定”按钮，如图 4-97 所示。

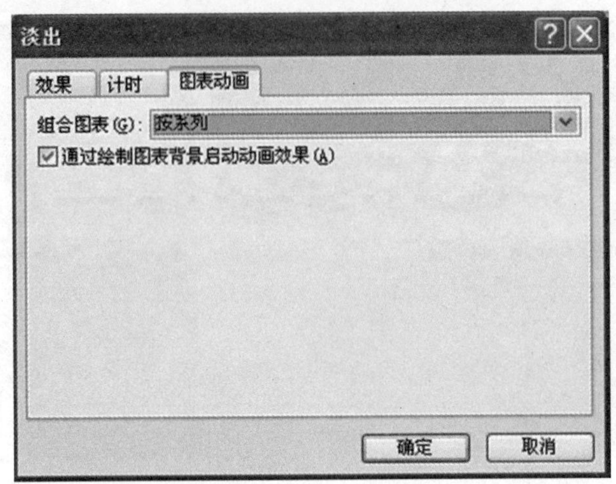

图 4-97　图表“淡出”动画效果选项

4） 此时可以看到动画窗格中的图表动画选项下出现了一个箭头按钮，单击展开该动画的分支动画选项，即背景和各系列对应的动画，默认前一步设置的进入效果“淡出”动画，并按系列前后排列，如图 4-98 所示。

5） 选中系列动画分项，点击“动画”菜单→“动画组”动画效果框中的进入动画“飞入”选项将其改为进入动画“飞入”。这样放映该图表时，将先出现图表背景和坐标轴，依次单击鼠标将依次显示各系列的柱形对象。

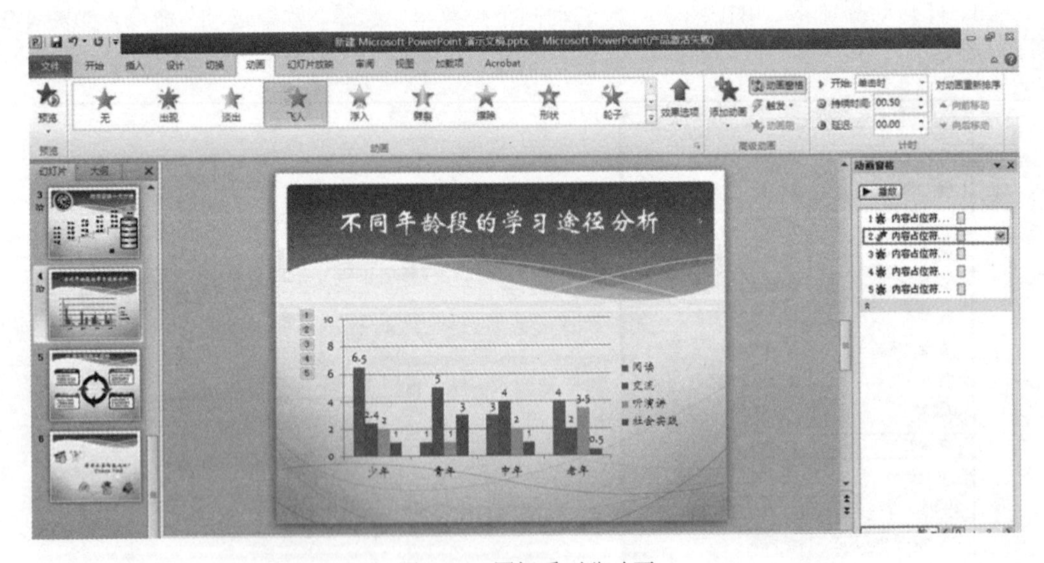

图 4-98　图标系列分动画

二、动作按钮和超级链接

1. 在第三张幻灯片上添加“前进”“后退”动作按钮

1） 选中第三张幻灯片，单击“插入”→“插图”组“形状”下拉菜单→“动作按钮”

中“后退”按钮。如图 4-99 所示。

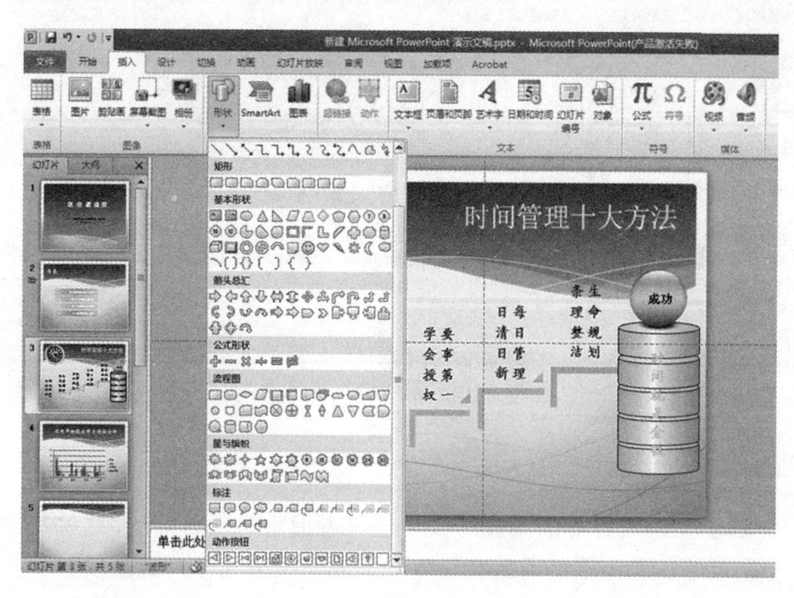

图 4-99 “动作按钮”视图

2） 在幻灯片的适当位置用鼠标拖出一个矩形，即画出一个按钮，此时弹出“动作设置”对话框。使用默认设置，直接点击“确定”按钮即可。如图 4-100 所示。

图 4-100 后退按钮动作设置

3） 按照相同的方法添加“前进”按钮。

2. 将第二张幻灯片上的文本“时间管理之感悟”链接到第三张幻灯片。

① 选中第二张幻灯片上的文本“时间管理之感悟”，点击“插入”→“链接”组“超链接”按钮，弹出超链接对话框，选择链接到“本文档中的位置”中的幻灯片标题“3 时间管理十大方法”。如图 4-101 所示。

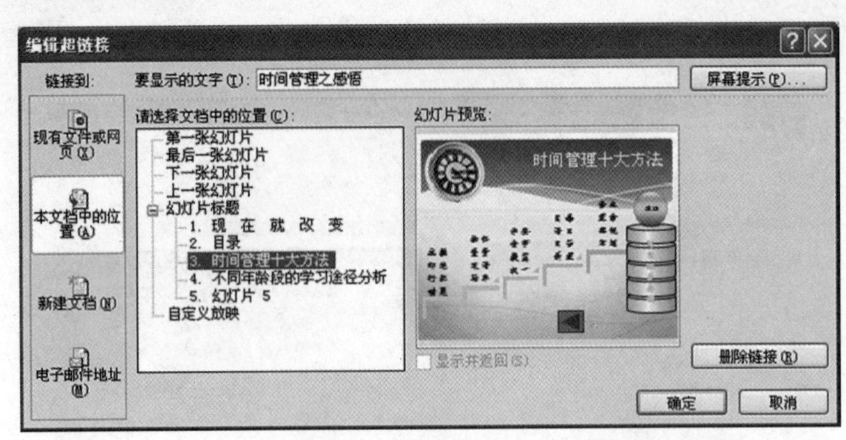

图 4-101　超级链接对话框

三、使用触发器

在 ppt 中，对于已经设置好的动画可以通过单击指定对象时播放，这就是触发器功能。一旦某对象设置为触发器，单击后就会引发一个或一系列动作，该触发器下的所有对象就能根据预先设定的动画效果开始运动。

1. 依次设置第三张幻灯片文本“立即行动 拒绝拖延”进入动画效果为“浮入”，文本“检查追踪 任务清单”进入动画效果为“形状”，通过“成功”组合对象触发器触发该动画。

① 选中文本框“立即行动 拒绝拖延”，点击“动画”菜单→“动画”组“动画设置”框→进入动画“浮入”；

② 选中文本框“检查追踪 任务清单”，点击“动画”菜单→“动画”组“动画设置”框→进入动画“形状”；

③ 点击动画窗格中动画 1 的下拉菜单，选中“计时”命令，如图 4-102 所示。打开“效果设置”对话框，设置触发器“单击下列对象时启动效果”指定为“成功”圆形组合，改组合的名称可以通过动画设置查看。如图 4-103 所示。

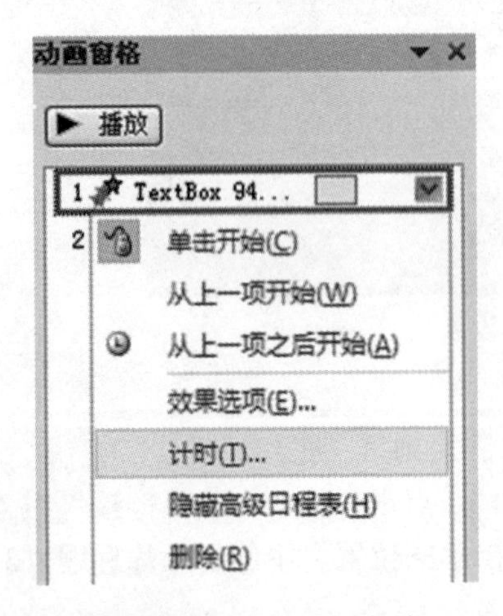

图 4-102　“计时”选项

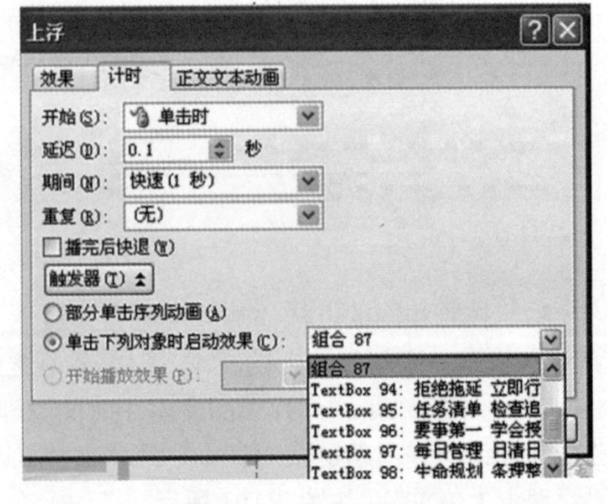

图 4-103　“触发器”设置

四、设置切换效果

为演示文稿中的幻灯片添加切换效果，可以使演示文稿放映过程中幻灯片之间的过渡衔接更为自然。

设置演示文稿的切换效果为百叶窗，可以单击鼠标切换或者每隔5秒自动切换

1） 选择演示文稿中任一张幻灯片，点击“切换”菜单→“切换到此幻灯片”组切换效果框右下角下拉菜单→选择“华丽型”效果中的“百叶窗”效果。

2） 点击“切换”菜单→“计时”组中“换片方式”复选框“鼠标单击时”和“设置自动换片时间”复选框，并设置5秒自动切换。如图4-104所示。

3） 点击“计时”组中的“全部应用”按钮，应用到所有幻灯片。

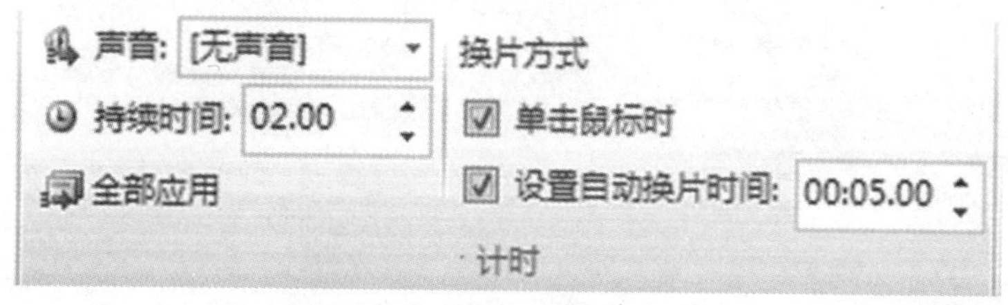

图4-104　幻灯片切换方式设置

五、设置放映效果

设置循环放映第2张到第4张幻灯片。

1） 点击“幻灯片放映”菜单→“设置”组中的“设置幻灯片放映”，打开“设置放映方式”对话框。如图4-105所示。

2） 设置放映第2张到第4张幻灯片，循环放映。

3） 点击“确定”按钮。

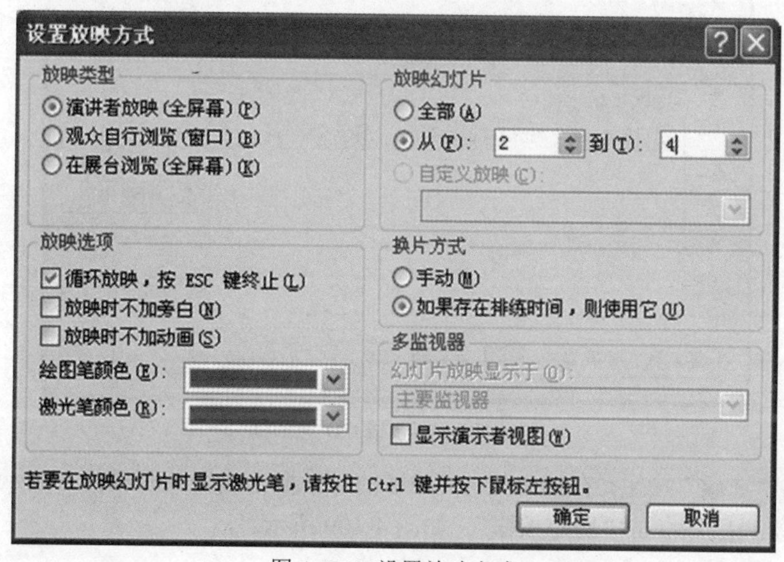

图4-105　设置放映方式

六、演示文稿打包发布

将演示文稿打包成 CD，可打包演示文稿和所有支持文件，包括链接文件，并从 CD 自动运行演示文稿。

① 单击“文件”→“保存并发送”→“将演示文稿打包成 CD”→“打包成 CD”按钮，弹出“打包成 CD”对话框。如图 4-106，图 4-107 所示。

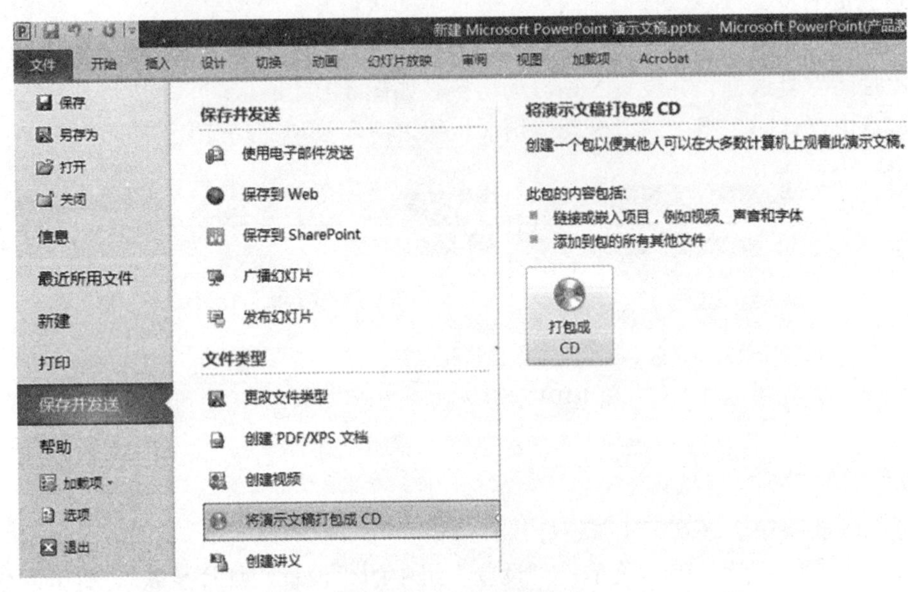

图 4-106　打包 CD 命令

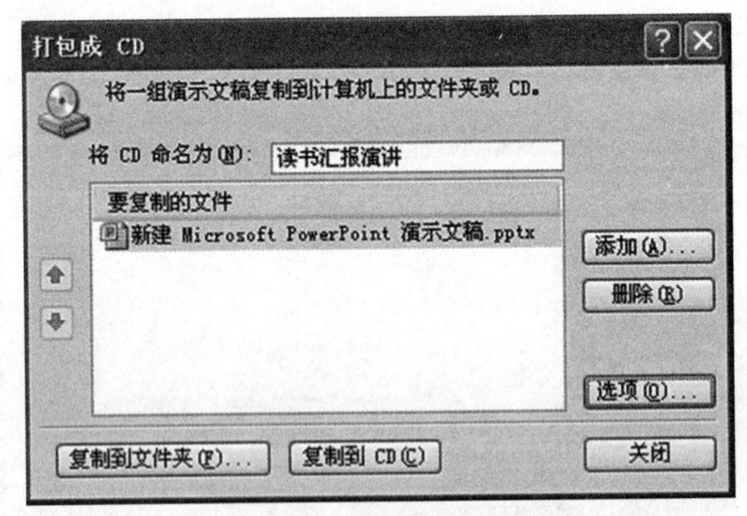

图 4-107　打包成 CD 对话框

② 点击“选项”按钮，在弹出如图 4-108 的对话框中设置打开和修改演示文稿时所用密码，输入密码后，点击“确定按钮”。如图 4-109 所示。

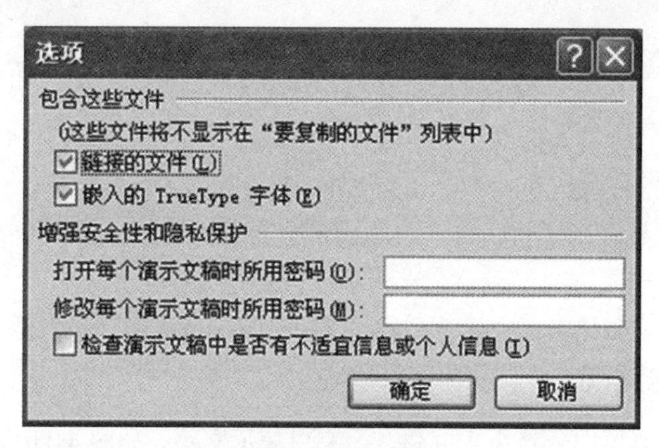

图 4-108　选项对话框

③ 点击中“复制到文件夹”按钮，打开对话框，输入文件夹名称“读书汇报演讲”。如图 4-109 所示。

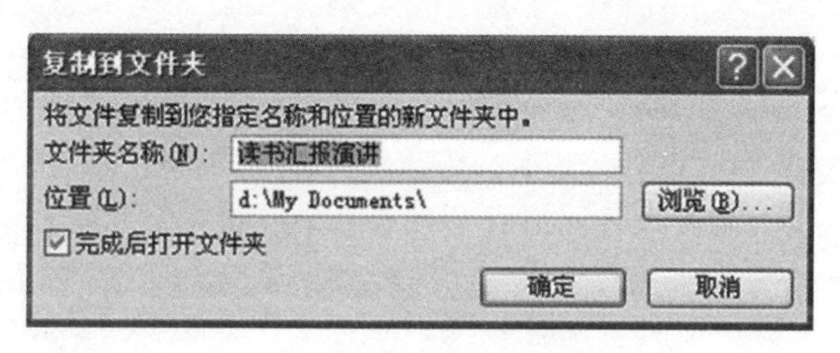

图 4-109　复制到文件夹对话框

4.4.4　任务小结

本例主要介绍了 PowerPoint 2010 演示文稿的动画设置方式，包括文字、图片等不同对象的自定义动画，并通过触发器控制动画的放映时间，设计动作按钮和超链接控制幻灯片的跳转方式，以及演示文稿放映中整体切换效果、放映效果的设置。通过各类动画设置使得幻灯片的放映更好地结合演讲者的讲述进行展示，通过适当的放映效果更好地表达内容，给观众留下深刻印象。

4.4.5　课后练习

收集某部影片的相关文字和图片，制作以某影片介绍为主题的演示文稿。要求如下：1、根据影片风格选择相应的主题。2、选取合适 PPT 版式。3、设置合理的 PPT 动画突出影片特色及风格。4、设置 PPT 的放映方式。5、打包发送文件。

4.5　任务 13 “月季花”主题 PPT 制作

4.5.1　任务背景

制作关于月季花的主题介绍。

▶▶ 4.5.2　任务分析

主要运用以下知识点：

1. 设计主题应用。
2. 幻灯片的基本操作。
3. 图片处理。
4. SmatArt 应用。

▶▶ 4.5.3　任务实现

1）利用文件菜单中新建命令创建一个空白演示文稿。如图 4-110 所示。

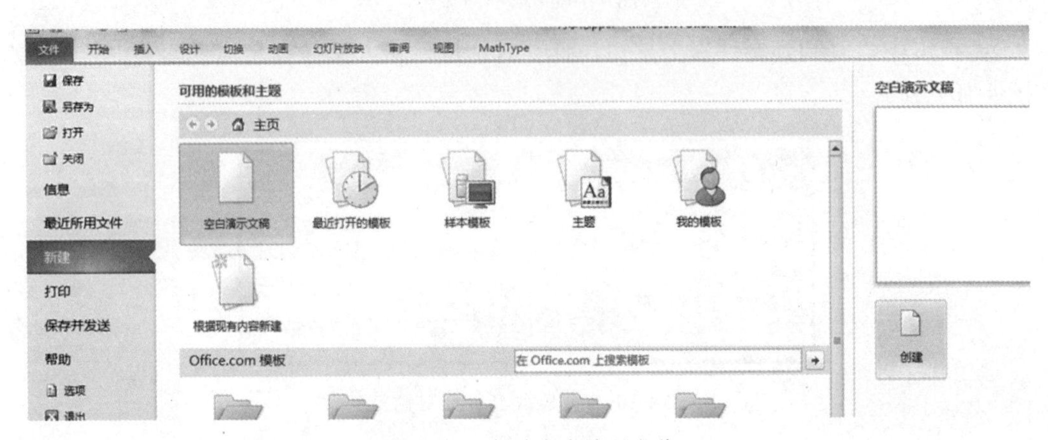

图 4-110　创建空白演示文稿

2）选择设计选项卡中“时装设计”主题。标题栏输入“月季花”信息，同时设置其为华文隶书，字号为 48。如图 4-111 所示。

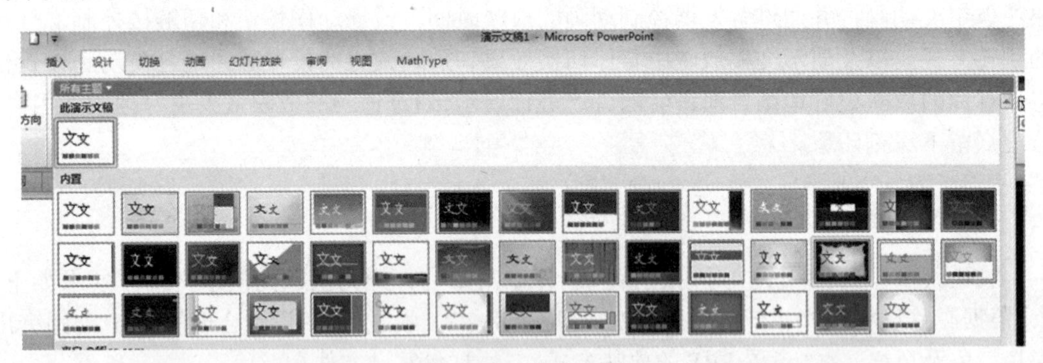

图 4-111　选取主题

3）选择文件选项卡中新建幻灯片，版式选择“图片与标题”。选中图片栏，插入图片（文件名称为 1.jpg）。在标题栏输入“月季花”，其格式为：字体为仿宋，字号为 24，居中对齐；文本栏输入“学名：Rosa chinensis Jacq，被称为花中皇后，又称“月月红”，是常绿、半常绿低矮灌木，四季开花，一般为红色，或粉色、偶有白色和黄色。”其格式：字体为仿宋，字号为 16，左对齐，如图 4-112 所示。

4）在幻灯片窗格中，选中第二张幻灯片，复制为第三张幻灯片。选中图片栏中图片，右击菜单中选择更改图片，将图片更新为2.jpg，文字栏中文字更改为“自然花期8月到次年4月，花成大型，由内向外，呈发散型，有浓郁香气，可广泛用于园艺栽培和切花。”如图4-113所示。

图4-112　设置版式

图4-113　设置图片

5）新建空白版式的幻灯片，插入SmartArt对象中“主题图片强调”。如图4-114所示。

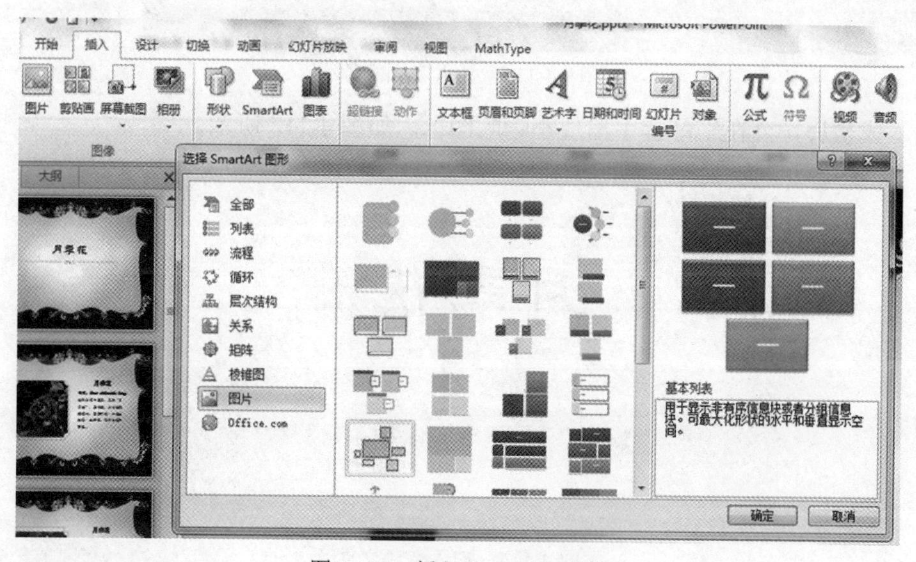

图4-114　插入SmartArt对象

在幻灯片的空白处插入文本框，文本框中输入“红色系“（字体：华文隶书，字号：46）。同时，在“主题图片强调”中双击图片图标，依次插入文件夹 red 中相关图片。如图 4-115 所示。

图 4-115　插入图片

6）按照步骤 5）依次做第 6，7，8 张幻灯片，文本栏中文字依次改为“粉色系”“黄色系”“紫色系”。图片依次插入相应文件夹中的图片。

7）回到第一张幻灯片，插入音频，音频文件为梅花三弄 .mp3。如图 4-116 所示。

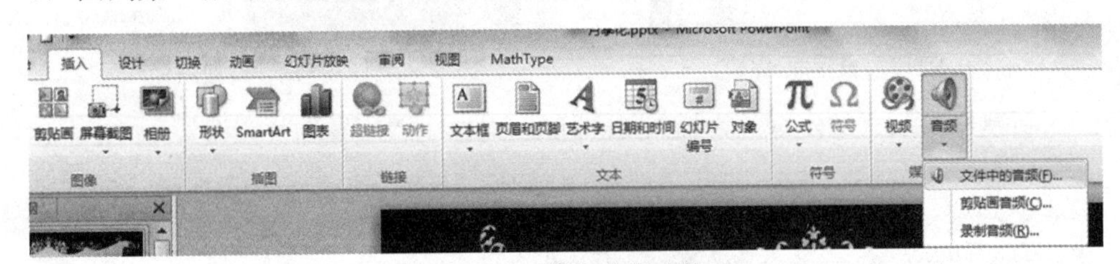

图 4-116　插入音频文件

插入成功后，会在幻灯片中出现小喇叭图标。如图 4-117 所示。

图 4-117　插入音频文件

先利用音频工具上的剪裁音频，将音频播放时间适当缩短，开始参数设为跨幻灯片播放，复选中放映时隐藏小喇叭图标。

▶▶ 4.5.4 任务小结

本例主要介绍了 PowerPoint 2010 演示文稿的配色布局，通过适当的设置使幻灯片的配色、布局更加合理、美观，达到更好的放映效果。

▶▶ 4.5.5 课后练习

收集某种植物的相关文字和图片，制作以某植物介绍为主题的演示文稿。要求如下：1、根据所选植物选择相应的主题。2、设计美观的配色方案和版式布局以突出所选植物的特点。3、设置 PPT 的动画和放映方式。

第5篇　常用办公设备

 5.1　打印机

打印机（Printer)是计算机的输出设备之一，属于外部设备，主要用于将计算机处理结果打印输出到相关介质上。

一般来说，衡量打印机好坏的指标有三项：打印分辨率，打印速度和噪声。

▶▶ 5.1.1　打印机的分类

按照打印机的工作原理，将打印机分为击打式和非击打式两大类。

一、击打式打印机

击打式打印机主要是针式打印机。针式打印机曾经在打印机历史的很长一段时间内占有重要的地位。针式打印机之所以在很长的一段时间内能流行不衰，这与它极低的打印成本和易用性，以及单据打印的特殊用途是分不开的。但它相对较低的打印质量、较大的工作噪声是它无法适应高质量、高速度的商用打印需要的根结。因此，现在只有在银行、超市等用于票单打印的少数地方还可以看见它的踪迹。如图5-1所示。

图5-1　击打式打印机

二、非击打式打印机

非击打式打印机主要有喷墨打印机和热激光印机两种。

1. 喷墨打印机

喷墨打印机是应用最广泛的打印机之一。喷墨打印机的基本原理是带电的喷墨雾点经过电极偏转后，直接在纸上形成所需字形。其优点是组成字符和图像的印点比针式点阵打印机小得多，因而字符点的分辨率高，印字质量高且清晰，可以灵活方便地改变字符尺寸和字体。打印时采用普通打印纸，也可利用这种打印机直接在某些产品（如光盘）上印字。字符和图形形成过程中无机械磨损，印字能耗小。打印速度可达 500 字符/秒。目前在喷墨式打印机中广泛应用的有电荷控制型（高压型）和随机喷墨型（负压型）喷墨技术，近年来又出现了干式喷墨印刷技术。

彩色喷墨打印机因其有着良好的打印效果与较低价位的优点因而占领了广大中低端市场。此外，喷墨打印机还具有更为灵活的纸张处理能力，在打印介质的选择上，喷墨打印机也具有一定的优势：既可以打印信封、信纸等普通介质，还可以打印各种胶片、照片纸、光盘封面、卷纸、T 恤转印纸等特殊介质。如图 5-2 所示。

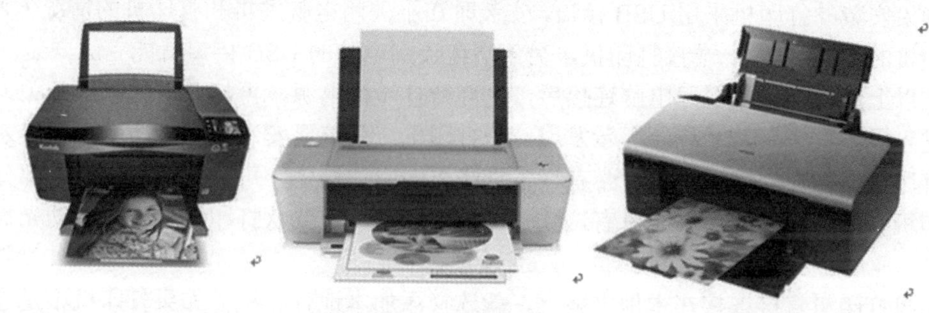

图 5-2　彩色喷墨打印机

2. 激光打印机

激光打印机则是近年来高科技发展的一种新产物，也是有望代替喷墨打印机的一种机型，分为黑白和彩色两种，它提供了更高质量、更快速、更低成本的打印方式。

低端黑白激光打印机的价格目前已经降到了几百元，达到了普通用户可以接受的水平。黑白激光打印机的工作原理是利用光栅图像处理器产生要打印页面的位图，然后将其转换为电信号等一系列的脉冲送往激光发射器，在这一系列脉冲的控制下，激光被有规律地放出。与此同时，反射光束被接收的感光鼓所感光。激光发射时就产生一个点，激光不发射时就是空白，这样就在接收器上印出一行点来。然后接收器转动一小段固定的距离继续重复上述操作。当纸张经过感光鼓时，鼓上的着色剂就会转移到纸上，印成了页面的位图。最后当纸张经过一对加热辊后，着色剂被加热熔化，固定在了纸上，就完成打印的全过程，这整个过程准确而且高效。

虽然激光打印机的价格要比喷墨打印机昂贵得多，但从单页的打印成本上讲，激光打印机则要便宜很多。激光打印机主要优点是打印速度高，可达 20000 行/分以上。印字的质量高，噪声小，可采用普通纸，可印刷字符、图形和图像。由于打印速度高，宏观上看，就像每次打印一页，故又称页式打印机。如图 5-3 所示。

与黑白激光打印机相比，彩色激光打印机的价位很高，应用范围较窄，很难被普通用户接受，在此就不做介绍了。

图 5-3　激光打印机

5.1.2　打印机的安装和使用

打印机的安装一般分为两个步骤：1）将打印机跟电脑连接；2）安装打印机的驱动程序。

如果安装的打印机采用 USB 接口，安装时在不关闭电脑主机和打印机的情况下，直接把打印机的 USB 连线一端接打印机，另一端连接到电脑的 USB 接口就能完成安装。

按以上步骤把打印机跟电脑连接后，先打开打印机电源，再打开电脑电源开关。

进入操作系统后，系统会提示发现一个打印机，系统要安装打印机的驱动程序才可以使用打印机。现在的操作系统自带有许多打印机的驱动程序，可以自动安装好大部分常见的打印机驱动。如果操作系统没有这款打印机的驱动，需要从打印机附带的驱动光盘进行安装。

如果打印机直接连接在本地电脑上，就选择添加本地打印机；如果打印机不是连接在本地电脑上，而是连接在其他电脑上（本地电脑通过网络使用其他电脑上的打印机），那么就选择添加网络、无线或 Bluetooth 打印机。如图 5-4 所示。

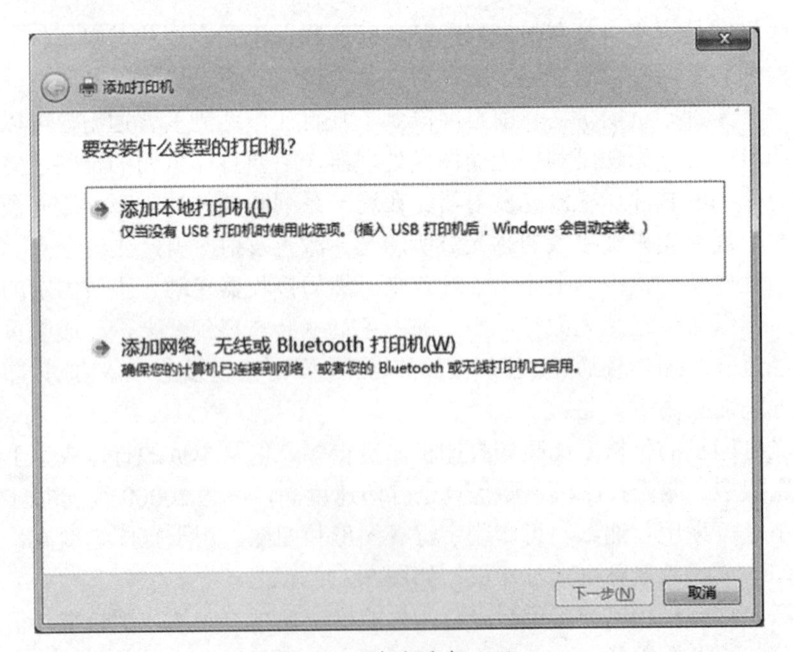

图 5-4　添加打印机（1）

在这个例子里面选择添加本地打印机。单击后，系统会提供打印机的制造厂商和打印机型号的列表，可以使用 Windows 操作系统提供的打印驱动程序，在列表中选择打印机的驱动程序，然后单击即可。如图 5-5 所示。

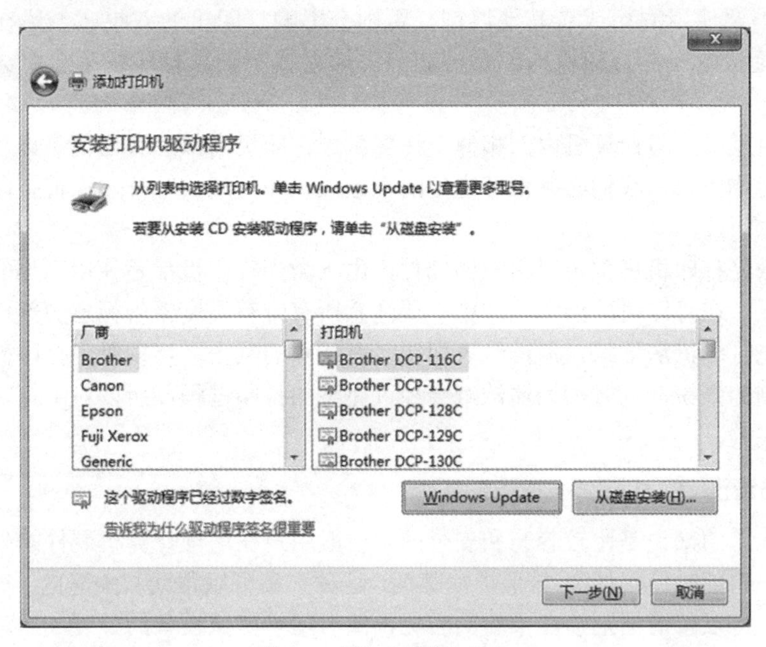

图 5-5　添加打印机（2）

如果列表里面没有这一款打印机的驱动，可以安装打印机中附带的由厂商提供的驱动程序，按照提示把驱动光盘放到光驱里面，单击"确定"按钮，此时系统开始搜索打印机的驱动程序，待系统找到打印机的驱动程序，再单击"确定"按钮，此时系统开始从光盘拷贝文件，安装驱动程序，最后提示安装完成，单击"完成"按钮即可。

▶▶ 5.1.3　打印机的维护

一、打印机的清洗

1.　内部清洗

由于打印机内部的部件比较精密，即使是普通的擦拭或者加润滑油都有可能会对打印质量产生不可低估的影响，所以内部的清理一定要谨慎小心，以下是可以清洗的墨粉保护装置。

打印机的墨盒都会有一些衬垫，它们的作用是在传输纸张的滚筒系统中吸收过剩的墨粉。用户可以把它从机器中取出，用手工的方式进行清理。一般在新的墨盒中也会包含一个新的衬垫。

（1）送纸滚筒：送纸滚筒是打印机的传送部分，将纸张从纸槽拖曳到打印机的内部。在这个过程中，纸张上玷污的油和灰尘也会在滚筒上沉淀，长时间不清洗就会导致卡纸和送纸错误，这也是打印机最容易出现的故障，可以用酒精泡过的棉花团或湿布清洗这些沉积物。

（2） 冠状电线：冠状电线是在打印机内部用来传送静电的专门电线。静电是用来将墨粉吸引到纸张上，但是灰尘的沉淀会影响静电的使用效率。用户可以使用棉布将灰尘轻轻擦去，不要使用酒精或者其他溶剂，否则会影响打印机的效果。一般在老式激光打印机当中，冠状电线在打印机内部是裸露的。如果找不到，打印机手册中会指明它们的位置。

（3） 通风口：与计算机内部相似，许多激光打印机内部也有内部风扇，常年的工作会被灰尘和污物阻塞。我们必须保证定期清理通风口和风扇的叶片，保持打印机内部的空气流动。

以上是激光打印机内部可以清洗的部件，由于激光打印机都是使用高热的方法将墨粉吸附到纸张上。在打印机的清洗工作中，要注意所有带有温度警告标志的部件。目前市场上出售的激光打印机清洁纸，清洁纸表面覆盖有特殊的纸张，可以吸附打印机纸张通路中的灰尘和过剩的墨粉，同时因为清洁纸会经过完整的打印过程，所以对于打印机内部的清洗也是最彻底的。

2. 外部清洗

外部清洗总的来说是比较容易和安全的。一般用户在清理计算机硬件的外表面时可以使用清洗汽车内部时使用的清洁/保护喷雾剂，这种产品可以帮助减少静电，对于塑料的表面比较安全。可以将清洁剂喷在柔软的布上，然后用它擦拭设备的外壳（注意不要将喷雾剂喷入机器内部）。同时，在清洗打印机外部的时候，我们也可以通过空气出口，风扇通道和纸槽中吹入压缩空气，来清除灰尘和污物。

打印机虽然算不上是娇贵的产品，但由于长期处于高温的环境下，定期的清洗与维护可以有效地延长它的寿命。一般一个月对外部进行一次清洗，两个月对内部进行一次内部清洗，可以大大提高打印机的工作效率。

二、使用打印机的注意事项

（1） 打印机工作过程中产生发热，冒烟，有异味，有异常声音等情况，请马上切断电源与信息人员联系。

（2） 打印机上禁止放其他物品。打印机长时间不用时，应把电源插头从电源插座中拔出。

（3） 打雷时，将电源插头从插座中拔出，否则机器有可能受到损坏。

（4） 打印纸和色带盒未设置时，禁止打印，打印头和打印辊会因此受到损伤。

（5） 打印头处于高温状态时，在温度下降之前禁止接触，以防止烫伤，受伤。

（6） 请勿触摸打印电缆接头及打印头的金属部分。打印头工作的时候，不可触摸打印头。

（7） 打印机工作的时候，禁止强行切断电源。

（8） 不要随意拆卸、搬动、拖动，如有故障，应由技术人员联系。

（9） 防止异物(如订书针，金属片，液体等)进入打印机，否则会造成触电或机器故障。

（10） 在打印量过大时，应让打印量保持在 30 份以内使打印机休息 5-10 分钟，防止打印机过热而损坏。

（11） 打印文档时，不允许使用厚度过高（超过 80g）的纸，也不允许使用有皱纹、折叠过的纸。

5.2 复印机

复印机属于模拟方式，只能如实进行文献或文档材料的复印。今后复印机将向数字式复印机方向发展，使图像的存储、传输和编辑排版（图像合成、信息追加或删减、局部放大或缩小、改错）等成为可能。它可以通过接口与计算机、文字处理机和其他微处理机相连，成为地区网络的重要组成部分。多功能化、彩色化、廉价和小型化、高速仍然是重要的发展方向。

按复印机内部处理的数据信号不同，可以将打印机分为模拟复印机和数码复印机两类。

5.2.1 模拟复印机

复印机是从书写、绘制或印刷的原稿得到等倍、放大或缩小的复印品的设备。复印机复印的速度快，操作简便，与传统的铅字印刷、蜡纸油印、胶印等的主要区别是无需经过其他制版等中间手段，而能直接从原稿获得复印品。复印份数不多时较为经济。

一、分类

模拟复印机按工作原理可分为光化学复印机、热敏复印机和静电复印机三类。我们通常所说的复印机是指静电复印机，它是一种利用静电技术进行文书复制的设备。

1. 光化学复印机

光化学复印有直接影印、蓝图复印、重氮复印、染料转印和扩散转印等方法。直接影印法用高反差相纸代替感光胶片对原稿进行摄影，可增幅或缩幅；蓝图法是复印纸表面涂有铁盐，原稿为单张半透明材料，两者叠在一起接受曝光，显影后形成蓝底白字图像；重氮法与蓝图法相似，复印纸表面涂有重氮化合物，曝光后在液体或气体氨中显影，产生深色调的图像；染料转印法是原稿正面与表面涂有光敏乳剂的半透明负片合在一起，曝光后经液体显影再转印到纸张上；扩散转印法与染料转印法相似，曝光后将负片与表面涂有药膜的复印纸贴在一起，经液体显影后负片上的银盐即扩散到复印纸上形成黑色图像。

2. 热敏复印机

热敏复印是将表面涂有热敏材料的复印纸，与单张原稿贴在一起接受红外线或热源照射。图像部分吸收的热量传送到复印纸表面，使热敏材料色调变深即形成复印品。这种复印方法现在主要用于传真机接收传真。

3. 静电复印机

利用物质的光电导现象与静电现象相结合的原理进行复印。常用的感光体有硒鼓、氧化锌纸、硫化镉鼓和有机光导体带。其复印方式分为间接式和直接式两种。

间接式静电复印步骤为：首先用高压电晕放电使感光体表面在暗处充上静电荷；然后对原件进行曝光，曝光部分静电荷消失，其余部分静电荷保留，形成肉眼看不见的静电潜像。再用显影剂将静电潜像显影成可见的墨粉图像。将墨粉图像转印到普通纸上，加热墨粉使其熔化而定影在纸上，即得到复印件。定影后的复印件和普通印刷品一样能长期保存。除去转印后残留在感光体上的墨粉，清洁后的感光体可立即再用。直接式静电复印的感光体为氧化锌纸，最终的图像直接定影在该纸上，不需转印和清洁。

静电复印机主要有三个部分组成：1）原稿的照明和聚焦成像部分；2）光导体上形成潜像和对潜像进行显影部分；3）复印纸的进给、转印和定影部分。

原稿放置在透明的稿台上，稿台或照明光源匀速移动对原稿扫描。原稿图像由若干反射镜和透镜所组成的光学系统在光导体表面聚焦成像。光学系统可形成等倍、放大或缩小的影像。

表面覆有光导材料的底基多数为圆形，称为光导鼓，也有些是平面的或环形带形式的。以等倍复印时，原稿的扫描速度与光导体线速度相同。光导材料在暗处具有高电阻，当它经过充电电极时，空气被电极的高压电所电离，自由离子在电场的作用下快速均匀地沉积在膜层的表面上，使之带有均匀的静电荷。

光导体接受从原稿系统来的光线曝光时，它的电阻率迅速降低，表面电荷随光线的强弱程度而消失或部分消失，使膜层上形成静电潜像。经过显影后，静电潜像即成为可见像。

显影方式分为干法和湿法两类，以干法应用较多。干法显影通常采用磁刷方式，将带有与潜象电荷极性相反的显影色粉，在电场力的作用下加到光导体表面上。吸附的色粉量随潜象电荷的多少而增减，于是出现有层次的色粉图像。

输纸机构将单张或卷筒的复印纸送到转印部位，与光导体表面的色粉图像相接触。在转印电极电场力的作用下，光导体表面上的色粉被吸到纸面上。复印纸与光导体表面脱离后进入定影器，经热加压、冷加压或加热后，色粉中所含树脂便融化而粘结在纸上，成为永久性的复印品图像。

色粉图像经过转印之后，光导体继续移动通过清洁部位。残存未转印的色粉由毛刷或弹性刮板加以清除，再由消电电极或照明光源消去光导体表面的剩余电荷。光导体再进入充电区时即开始了下一个复印周期。

复印技术的发展很快，光导材料的性能不断提高，品种日益增多。复印机在控制性能方面不断改进，多数机器能自动和手动进纸，有些还能自动双面复印。复印机的应用范围日益扩大，各种新技术的不断采用，使它已逐渐超出单纯按原样复制文件和图纸的范围。

现在的复印机已经与现代通信技术、电子计算机和激光技术等结合起来，成为信息网络中的一个重要组成部分。在近距或远距的数据传输过程中可作为读取和记录信息的终端机，是现代办公自动化中不可缺少的环节。

二、工作原理

静电复印机是集静电成像技术、光学技术、电子技术和机械技术于一体的办公设备。其采用的成像方法较多，如间接式静电复印法（即卡尔逊法）、NP 静电复印法、KIP 持久内极化法、TESI 静电转移成像法等。

现代静电复印机普遍采用间接式静电复印法和 NP 静电复印法。以下主要介绍这两种静电复印机的基本原理与工作过程。

1. 静电复印法

卡尔逊静电复印的过程本质上是一种光电过程，它所产生的潜像是一个由静电荷组成的静电像，其充电、显影和转印过程都是基于静电吸引原理来实现的。由于其静电潜像是在光照下光导层电阻降低而引起充电膜层上电荷放电形成的，所以卡尔逊静电复印法对感光鼓有如下要求：具有非常高的暗电阻率。这种感光鼓在无光照的情况下，表面一旦有电荷存在，能较长时间地保存这些电荷；而在光照的情况上，感光鼓的电阻率应很快下降，即成为电的良导体，使得感鼓表面电荷很快释放而消失。卡尔逊静电复印法所使用的感光鼓主要由硒及硒合金、氧化锌、有机光电导材料等构成，一般是在导电基体上（如铝板或其他金属板）直接涂敷或蒸镀一薄层光电导材料。其结构是上面是光导层，下面是导电基体。

卡尔逊静电复印法大致可分为充电、曝光、显影、转印、分离、定影、清洁、消电 8 个基本步骤。

（1） 充电：充电就是使感光鼓在暗处，并处在某一极性的电场中，使其表面均匀地带上一定极性和数量的静电荷，即具有一定表面电位的过程，这一过程实际上是感光鼓的敏化过程，使原来不具备感光性的感光鼓具有较好的感光性。充电过程只是为感光鼓接受图像信息准备的，是不依赖原稿图像信息的预过程，但这是在感光鼓表面形成静电潜像的前提和基础。

当在暗处给感光鼓表面充上一层均匀的静电荷时，由于感光鼓在暗处具有较高的电阻，所以静电荷被保留在感光鼓表面，即感光鼓保持有一定的电位交具有感光性。对于不同性质的光电导材料制的感光鼓应充以不同极性的电荷，这是由斗导体的导电是决定的，即只允许一种极性的电荷注入，而阻止另一种极性电荷注入。因此，对于 N 型半导体，表面应充负电；而对 P 型半导体，则应充正电。当用正电晕对 P 型感光鼓充正电时，由于 P 型半导体中负电荷不能移动，因此光导层表面的正电荷与界面上的负电荷，只能相互吸引，而不会中和。目前静电复印机中通常采用电晕装置对感光鼓进行充电。

（2） 曝光：曝光是利用感光鼓在暗处时电阻大成绝缘体，在明处时电阻小成导体的特性，对已充的感光鼓用光像进行曝光，使得光照区（原稿的反光部分）表面电荷因放电而消失，无光照的区域（原稿的线条和墨迹部分）电荷依保持，从而在感光鼓上形成表面电位随图像明暗变而起伏的静电潜像的过程。进行曝光时，原稿图像经光照射后，图像光信号经光学成像系统投射到感光鼓表面，光导层受光照射的部分称为明区，而没有受光照射的部分称为暗区。在明区，光导层产生电子空穴对，即生成光生载流子，使得光导层的电阻率迅速降低，由绝缘体变成良导体，呈现导电状态，从而使感光鼓表面的电位因光导层表面电荷与界面处反极性电荷的中和而很快衰减。在暗区，光导层则依然呈现绝缘状态，使得感光鼓表面电位基本保持不变。感光鼓表面静电电位的高低随原稿图像浓淡的不同而不同，感光鼓上对应图像浓的部分表面电位高，图像淡的部分表面电位低。这样，就在感光鼓表面形成了一个与原稿图像浓淡相对应的表面电位起伏的静电潜像。

（3） 显影：显影就是用带电的色粉使感光鼓上的静电潜像转变成可见的色粉图像的过程。显影色粉所带电荷的极性，与感光鼓表面静电潜像的电荷极性相反。显影时，在感光鼓表面静电潜像是场力的作用下，色粉被吸附在感光鼓上。静电潜像电位越高的部分，吸附色粉的能力越强；静电潜像电位越低的部分，吸附色粉的能力越弱。对应静电潜像电位（电荷的多少）的不同，其吸附色粉量也就不同。这样感光鼓表面不可见的静电潜像，就变成了可见的与原稿浓淡一致的不同灰度层次的色粉图像。在静电复印机中，色粉的带电通常是通过色粉与载体的摩擦来获得的。摩擦后色带电极性与载体带电极性相反。

（4） 转印：转印就是用复印介质贴紧感光鼓，在复印介质的背面予以色粉图像相反极性的电荷，从而将感光鼓已形成的色粉图像转移到复印介质上的过程。目前静电复印机中通常采用电晕装置对感光鼓上的色粉图像进行转印。当复印纸（或其他介质）与已显影的感光鼓表面接触时，在纸张背面使用电晕装置对其放电，该电晕的极性与充电电晕相同，而与色粉所带电荷的极性相反。由于转印电晕的电场力比感光鼓吸附色粉的电场力强得多，因此在静电引力的作用下，感光鼓上的色粉图像就被吸附到复印纸上，从而完成了图像的转印。在静电复印机中为了易于转印和提高图像色粉的转印率，通常还采用预转印电极或预转印灯装置对感光鼓进行预转印处理。

（5） 分离：在前述的转印过程中，复印纸由于静电的吸附作用，将紧紧地贴在感光鼓上，分离就是将紧贴在感光鼓表面的复印纸从感光鼓上剥落（分离）下来的过程。静电复印机中一般采用分离电晕（交、直流）、分离爪或分离带等方式来进行纸张与感光鼓的分离。

（6） 定影：定影就是把复印纸上的不稳定、可抹掉的色粉图像固着的过程，通过转印、分离过程转移到复印红上的色粉图像，并未与复印纸融合为一体，这时的色粉图像易被擦掉，因此须经定影装置对其进行固化，以形成最终的复印品。目前的静电复印机多采用加热与加压相结合的方式，对热熔性色粉进行定影。定影装置加热的温度和时间，以及加压的压力大小，对色粉图像的粘附牢固度有一定的影响。其中，加热温度的控制，是图像定影质量好坏的关键。

（7） 清洁：清洁就是清除经转印后还残留在感光鼓表面色粉的过程。感光鼓表面的色粉图像由于受表面的电位、转印电压的高低、复印介质的干湿度及与感光鼓的接触时间、转印方式等的影响。其转印效率不可能达到 100%，在大部分色粉经转印从感光鼓表面转移到复印介质上后，感光鼓表面仍残留有一部分色粉，如果不及时清除，将影响到后续复印品的质量。因此必须对感光鼓进行清洁，使之在进入下一复印循环前恢复到原来状态。静电复印机机中一般采用刮板、毛刷或清洁辊等装置对感光鼓表面的残留色粉进行清除。

（8） 消电：消电就是消除感光鼓表面残余电荷的过程。由于充电时在感光鼓表面沉积的静电荷，并不因所吸附的色粉微粒转移而消失，在转印后仍留在感光鼓表面，如果不及时清除，会影响后续复印过程。因此，在进行第二次复印前必须对感光鼓进行消电，使感光鼓表面电位恢复到原来状态。静电复印机中一般采用曝光装置来对感光鼓进行全面曝光，或用消电电晕装置对感光鼓进行反极性充电，以消除感光鼓上的残余电荷。

NP 静电复印法的工作原理在此不再介绍。

5.2.2 数码复合机

数码复合机是以复印功能为基础，标配或可选打印、扫描、传真功能，采用数码原理，以激光打印的方式进行文件输出，可以根据需要对图像、文字进行编辑操作，拥有较大容量纸盘，高内存、大硬盘、强大的网络支持和多任务并行处理能力，能够满足用户的大任务量 IT 作需要。并可以将大量数据保存下来，担当企业信息文档管理中心的角色的商用办公设备。

一、工作原理

数码复合机与模拟复印机的区别主要是在光学扫描与静电潜像方式上，其他如结构上有些许小的改变。

由光学系统对原稿扫描所产生的光学模拟图像信号，经过透镜聚集后首先照在光电转换器件 CCD（电荷耦合器件）上，由 CCD 将光信号转变为电信号，然后经过数字图像处理电路对图像信号进行处理，最后将经过处理的图像信号输入到激光调制器，使激光束被图像信号所调制。调制后的激光束对感光体进行扫描曝光，在感光体上就形成由许多点子组成的静电潜像。当然，感光体在接受激光束扫描前必须先经过充电，使其表面均匀带电。潜像形成后，再经过显影、转印、定影等过程，便可获得所需的复制品。数码复合机的光学图像信号在输入到印刷机构前要经过两次变化：即光信号变为电信号，电信号又恢复为光（激光）信号（模拟式复印机的光图像信号是由光学系统直接投射感光体上的）。数码复合机的这种设计，实际上使它变成了可分离的两部分，其上部相当于一台图像扫描仪，下部相当于一台激光打印机，两者之间通过电信号来连接。而复印机的原稿扫描机构和复印印刷机构是一个整体，是不可分离的。由此可见，数码复合机与模拟复印机在结构上是有很大区别的。正是由于这种结构上的区别，数码复合机产生了许多新的特点。

二、优点

由于数码复合机采用了数字图像处理技术，使其可以进行复杂的图文编辑，大大提高了复印机的生产能力、复印质量，降低了使用中的故障率，其主要优点在于：

（1） 一次扫描，多次复印。数码复合机只需对原稿进行一次扫描，便可一次复印达 999 次之多。因减少了扫描次数，所以减少了扫描器产生的磨损及噪音，同时减少了卡纸的机会。

（2） 整洁、清晰的复印质量。文稿，图片/文稿，图片，复印稿，低密度稿，浅色稿等五项模式功能，256 级灰色浓度、400DPI 的分辨率，充分保证了复印品的整洁、清新。

（3） 电子分页。一次复印，分页可达 999 份。

（4） 先进的环保系统设计。无废粉、低臭氧、自动关机节能，图像自动旋转，减少废纸的产生。

（5） 强大的图像编辑功能。自动缩放、单向缩放、自动启动、双面复印、组合复印、重叠复印、图像旋转、黑白反转、25%-400%缩放倍率。

（6）可升级为A3幅面3秒高速激光传真机，可以直接传送书本、杂志、钉装文件，甚至可以直接传送三维稿件。

（7）可升级为20张/分--45张/分的高速A3幅面双面激光打印机，解析度高达600DPI。不仅可以直接与计算机连接，也可与电脑网络连接，成为高速激光网络打印机。同时，经扫描到内存的原稿，可以经过电脑编辑后，以400DPI的清晰度进行多达999份打印。

5.2.3　维护与使用

一、维护保养

复印机是办公设备重要的一类，提倡主动维修，使机器的停机时间处于最小，从而获得最佳使用效率和价值。复印机、打印机、传真机、证卡机等是集光学、机械、电子技术为一体的精密办公设备，通过使用颗小的静电墨粉，利用静电原理，在感光材料上形成静电潜像，使微小的墨粉附在感光材料上，再将其转印到纸上从而得到需要副本。这个工序是利用静电的特性进行的。因此，在机器内部的传动部件、光学部件以及高压部件上容易附着纸屑、漂浮的墨粉等，但这些的存在只会影响复印的质量。若放任不管，会增加机器的驱动负荷，妨碍热量的排除，说不定也可能是造成机器故障的原因。

二、注意事项

（1）摆放复印机的环境要合适，要注意防高温、防尘、防震，还要注意放在不容易碰到水的地方。在复印机上不要放置太重的物品，避免上面板受到重压而变形，影响使用。最重要的是，要把复印机摆放到通风好的场合，因为复印机工作时候会产生微量臭氧，长期接触对操作人员的健康有害。

（2）还要注意复印机的电源问题，一般复印机额定电压在200V至240V间，电源插座电压过高或者过低都会影响复印机的正常工作。无论在进行插拔电源，还是排除卡纸故障等，都应该先关闭复印机的电源开关再操作，否则会缩短复印机使用寿命，造成故障。

（3）合理预热对延长复印机很有帮助，每天应该先对复印机预热半小时左右，使复印机内保持干燥。而且在长时间没有复印任务时，应该关掉复印机电源节省能耗，平时就应该让复印机工作在节能状态，避免因频繁启动预热对复印机的光学元件带来损害。复印零碎文件的时候，也应该将文件积累起来，达到一定数量后一次进行复印，有效地保护光学元件。

（4）随时注意耗材的剩余量，碳粉量不够发出警告时应该对复印机进行加粉，否则加粉不及时可能造成复印机故障。而且加粉的时候最好不要选择劣质墨粉，如果使用劣质墨粉会直接影响复印效果，而且会对复印机内部的硒鼓造成磨损。更为严重的是，千万要避免复印机内部掉落墨粉，如果这些粉尘落在复印机的工作电路板上，很容易造成电路短路损坏复印机。

（5）在添加复印纸的时候要正确放置复印纸张，要使用平整的高质量的复印纸，纸盘内的纸不能超过复印机所允许放置的厚度。如果使用的纸张不标准或者厚度过厚，就容易出现一次进多纸、不进纸或卡纸的现象，严重的话会损坏内部的进纸装置。

三、使用技巧

对复印机要经常清洁保养，定期用脱脂棉擦拭搓纸轮，这样可以有效避免卡纸。使用时可选用离感光鼓近的纸盒，这样复印走纸过程就比较短，可以减少卡纸的概率。在复印底色较深的文件时，复印件容易呈扇状卡在出纸口，而使用复印机的消边功能，同样可以减少纸卡在出纸口的概率。

1. 预防定影器卡纸，卡纸的主要原因如下：

（1） 复印件太黑，前边留白边过少，导致卡纸。
（2） 硅油添加过多引起纸卷到定影上辊。
（3） 定影器导板上面有粉渣，使纸张无法正常输送。
（4） 定影器传感器杠杆过短或有异物，建议清洁或适当加长。
（5） 如果定影器卡纸形状呈扇形，原因就是分离爪磨钝，建议更换。
（6） 定影上辊破皮后易引起粘粉，导致分离爪无法正确接触上定影辊导致卡纸。
（7） 定影上下辊轴承磨损严重。
（8） 定影组件负荷太重，建议用化油器或汽油清浩齿轮和各个轴承。
（9） 定影传动齿轮及定影传动电机故障等。
（10） 定影压力不平衡和劣质受潮的复印纸也会引起定影器卡纸。

2. 提高复印质量

要复印的稿件有时候色调深浅不—，一般情况下复印件颜色浅的地方不容易看清楚。这就要根据实际情况，调节曝光量来获得最佳的复印效果。通常是以较浅的字迹为标准减小曝光量，加大显影浓度。而对于对于照片、图片等色调深的稿件则应减小显影浓度，加大曝光量。其具体的做法是可以将曝光窄缝板抽出，把光缝调宽，即可减小显影浓度，光缝调小可以加大显影浓度。

3. 复印双面稿件

有时候需要复印的是双面稿件，通常复印的时候会把反面的图案也透射到前面复印出来，造成复印件的失真。要解决这个问题最简单的办法就是在复印的时候，在原稿的上面在覆盖一张深色的纸张，这样就可以避免光线透射过去，导致背面的图案也复印出来。

5.3 传真机

传真机是应用扫描和光电变换技术，把文件、图表、照片等静止图像转换成电信号，传送到接收端，以记录形式进行复制的通信设备。

5.3.1 概述

传真机将需发送的原件按照规定的顺序，通过光学扫描系统分解成许多微小单元（像素），然后将这些微小单元的亮度信息由光电变换器件顺序转变成电信号，经放大、编码或调制后送至信道。接收机将收到的信号放大、解码或解调后，按照与发送机相同的扫描速度和顺序，以记录形式复制出原件的副本。如图 5-6 所示。

图 5-6　传真机

传真机能直观、准确地再现真迹，并能传送不易用文字表达的图表和照片，操作简便，在军事通信中广泛应用。1842 年，英国人 A·贝恩提出传真原理。1913 年，法国人 E·贝兰（又译爱德华·贝兰）研制出第一台传真机。随着大规模集成电路、微处理机技术、信号压缩技术的应用，传真机正朝着自动化、数字化、高速、保密和体积小、重量轻的方向发展。

▶▶ 5.3.2　传真机的分类

传真机按其传送色彩，可分为黑白传真机和彩色传真机。按占用频带可分为窄带传真机（占用一个话路频带）、宽带传真机（占用 12 个话路、60 个话路或更宽的频带）。占用 1 个话路的文件传真机，按照不同的传输速度和调制方式可分为以下几类：①采用双边带调制技术，每页（16 开）传送速度约 6 分钟的，称为一类机；②采用频带压缩技术，每页传送速度约 3 分钟的，称为二类机；③采用减少信源多余度的数字处理技术，每页传送速度约 1 分钟的，称为三类机；④将可与计算机并网、能储存信息、传送速度接近于实时的传真机，定为四类机。按用途可分为气象图传真机、相片传真机、文件传真机、报纸传真机等。记录方式多用电解、电磁、烧灼、照相、感热和静电记录等。

传真机的种类比较多，分类方法也各不相同，按照传真机的用途，一般可分为以下几种：

1.　相片传真机

相片传真机是一种用于传送包括黑和白在内全部光密度范围的连续色调图像，并用照相记录法复制出符合一定色调密度要求的副本的传真机。相片传真机主要适合于新闻、公安、部队、医疗等部门使用。

2.　报纸传真机

报纸传真机是一种用扫描方式发送整版报纸清样，接收端利用照相记录方法复制出供制版印刷用的胶片的传真机。还有一种报纸传真机，称作用户报纸传真机，它装设在家庭或办公室内，通常用来接收广播电台或电视台广播的传真节目（整版报纸信息或气象预报等），直接在纸上记录显示。

3. 气象传真机

气象传真机是一种传送气象云图和其他气象图表用的传真机，又称天气图传真机，用于气象、军事、航空、航海等部门传送和复制气象图等。传送的幅面比一版报纸还要大，但对分辨率的要求不像对报纸传真机那样高。气象传真有两种传输方式，利用短波(3～30兆赫)的气象无线传真广播和利用有线或无线电路的点对点气象传输广播。气象传真广播为单向传输方式，大多数的气象传真机只用于接收。

4. 文件传真机

文件传真机是一种以黑和白两种光密度级复制原稿的传真机。主要适用于远距离复制手写、打字或印刷的文件、图表，以及复制色调范围在黑和白两种界限之间具有有限层次的半色调图像，它广泛应用于办公、事务处理等领域。按照文件传真机利用电信网、信号加工处理技术和传送标准幅面原稿时间的不同，又可分为在公用电话网上使用的一类传真机、二类传真机、三类传真机和在公用数据网上使用的四类传真机等。如图 5-7 所示。

图 5-7 文件传真机

5.3.3 传真机的保养

1. 不要频繁开关传真机

每次开关机都会使传真机的电子元器件发生冷热变化，而频繁的冷热变化容易导致机内元器件提前老化，每次开机的冲击电流也会缩短传真机的使用寿命。

2. 尽量使用专用的传真纸

按传真机说明书使用推荐的传真纸，劣质传真纸的光洁度不够，使用时会对感热记录头和输纸辊造成磨损。

3. 禁忌在使用过程中打开合纸舱盖

传真机的感热记录头大多装在纸舱盖的下面，打印中不要打开纸卷上面的合纸舱盖，打开或关闭合纸舱盖的动作不宜过猛。

4. 经常做清洁

要经常使用柔软的干布清洁传真机，保持外部的清洁。对于传真机内部，主要是根据对机器使用平率和机器的周围环境而定，如是家庭使用，最好每一年清洁保养一次。

5. 注重使用环境

传真机要避免受到阳光直射、热辐射，以及强磁场、潮湿、灰尘多的环境，防止水或化学液体流入传真机，以免损坏电子线路及器件。

5.3.4 常见问题与注意事项

传真机使用过程中，要进行保养维护，由于各个型号的机器在结构上的不同，所以维护的方法都不尽相同，下面对一些通常的故障现象加以分析。

1. 通信故障

一般通信故障的原因有三种，一是电话线路的连接或线路本身不正常，二是传真机的内部参数设定不对，三是传真机的电路部分损坏。遇到这种故障，首先要先咨询传真机的专业维修部门，如果是前两种原因应该进行调整，如果是最后一种情况则应请专业维修人员进行修理。

2. 接收或复印的副本文件不清晰

（1） 如果接收的文件不清晰，首先向发送方确认原文件是否清晰，然后对自己的机器进行热敏头的测试，所有机器的说明书中都应有热敏头的测试方法，检查机器的热敏头是否损坏，如果损坏应更换。如上述检查均正常的情况下，则说明发送机器有问题。

（2） 如果发送或复印文件不清晰，应检查扫描器是否老化或脏污，此外应检查 CIS 或 CCD 及机器的镜片是否脏。如果机器的扫描器是 CIS，还应检查记录纸接触的胶滚（白色）是否有灰尘。一般对以上这些部分的清洗要用工业酒精擦拭干净，而不能用水直接清洁。

（3） 如果排除了上面的原因，传真机故障则可能是机器的扫描器或主控板损坏，应请专业人员更换。

（4） 如并非以上三种原因，有可能是机器热敏头脏或热敏头的安装位置不正常。

3. 注意事项

（1） 启用传真机以前，应当仔细阅读安全教育，以便今后更好地使用传真机。

（2） 不要自行拆卸传真机部件，因为如果接触设备内部暴露的电接点将可能引起电击，如硬件故障请将传真机交给所在地经授权的传真机维修商维修。

（3） 传真机只能在水平的、坚固的、稳定的台面上运行。

（4） 在传真机的背面和底面均有通风孔。为避免传真机过热，请不要堵塞和盖住这些孔洞。不应将传真机置于床上、沙发上、地毯上或其他类似的柔软台面上。不应靠近暖风或热风机，传真机也不应放在壁橱内、书柜上及其他类似通风不良的地方。

（5） 传真机所用电源只能是设备上标注所指定的电源类型。

（6） 不允许电源软线挨靠任何物品，不要将传真机放置在电源软线易被踩到的地方，并确认电源软线无绞缠、打结。

（8） 不要使传真机靠近水或其他液体。如果设备上或设备内测到了水，应立即拔去电插头，并与所在地经授权的传真机维修商联系维修。

（9） 不要使小件物品（例如大头针、曲别针或钉书针等）掉入传真机内，如果有异物掉入，应立即拔去设备插头，并与所在地经授权的传真机维修商联系维修。

5.4 扫描仪

扫描仪（Scanner）是利用光电技术和数字处理技术，以扫描方式将图形或图像信息转换为数字信号的装置，是一种计算机外部仪器设备，通过捕获图像并将之转换成计算机可以显示、编辑、存储和输出的数字化输入设备。对照片、文本页面、图纸、美术图画、照相底片、菲林软片，甚至纺织品、标牌面板、印制板样品等三维对象都可作为扫描对象，提取，以及将原始的线条、图形、文字、照片、平面实物转换成可以编辑和加入文件中的装置。

5.4.1 扫描仪的分类

扫描仪可分为三大类型：滚筒式扫描仪和平面扫描仪，以及近几年才有的笔式扫描仪、便携式扫描仪、馈纸式扫描仪、胶片扫描仪、底片扫描仪和名片扫描仪。

1. 滚筒式扫描仪和平面扫描仪

滚筒式扫描仪一般使用光电倍增管 PMT（Photo Multiplier Tube），因此它的密度范围较大，而且能够分辨出图像更细微的层次变化；而平面扫描仪使用的则是光电耦合器件 CCD（Charged-Coupled Device）故其扫描的密度范围较小。滚筒式扫描仪所用 CCD（光电耦合器件）是一长条状有感光元器件，在扫描过程中用来将图像反射过来的光波转化为数位信号；平面扫描仪使用的 CCD 大都是具有日光灯线性陈列的彩色图像感光器。

2. 笔式扫描仪

笔式扫描仪出现于 2000 年左右，最开始的扫描宽度大约只有四号汉字相同，使用时，贴在纸上一行一行的扫描，主要用于文字识别，其主要的代表产品有汉王、晨拓系列的翻译笔与摘录笔都是这种设计；而另外一个代表产品则是 2002 年引入中国，由 3R 推出的普兰诺（Planon），其可进行文字与 A4 的图片扫描，其幅度分别为长 227mm、宽 20mm、高 20mm，最大扫描幅度可达到 A4，可应用于移动办公与现场执法。扫描分辨率最高可达到 400 dpi。到了 2012 年 3 月，3R 推出的第四代扫描仪、扫描笔，艾尼提（Anyty）微型扫描仪 HSA619PW 与 HSAP700，其不仅可扫描 A4 幅度大小的纸张，而且扫描分辨率可高达 900dpi，并以其 TF 卡即插即用的移动功能可随处可扫可读数据，扫描输出彩色或黑白的 JPG 或 PDF 图片格式。如图 5-8 所示。

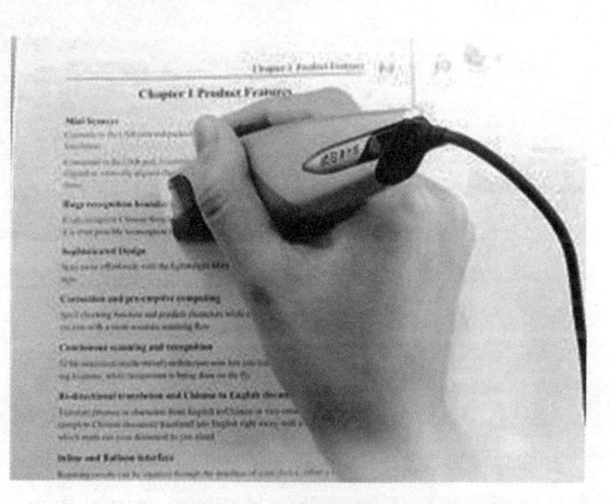

图 5-8 笔式扫描仪

3. 便携式扫描仪

便携式扫描仪小巧、快速，在最近2010，市面上出现了多款全新概念的扫描仪，因其扫描效果突出，扫描速度仅需1秒，价格也适中，扫描仪体积非常小巧而受到广大企事业办公人群的热爱。如图5-9，5-10，5-11所示。这种扫描仪的优点主要有：

图5-9 便携式扫描仪1

（1） 1秒钟就能将A4文件扫描并保存到电脑，非常适合保险、银行、证券、教育等等领域用作票据单据身份证扫描这一用途。

图5-10 便携式扫描仪2

（2） 体积只有普通扫描仪的1/10大小，方便携带。

（3） 能扫描文件文稿和立体实物，并可录制有声录像。

（4） 带有OCR文字识别、制作PDF和签名等功能。

便携式扫描仪是一种新型的扫描仪器，利用数码相机与摄像头的原理，将图片高速拍摄进电脑，然后通过软件的处理，达到扫描效果完全等同于普通扫描仪这一效果。扫描后，通过软件可以设置保存文件的格式，比如JPG或PDF等格式，非常方便应用于各种需要高速便携扫描文件文稿、立体实物的场合。

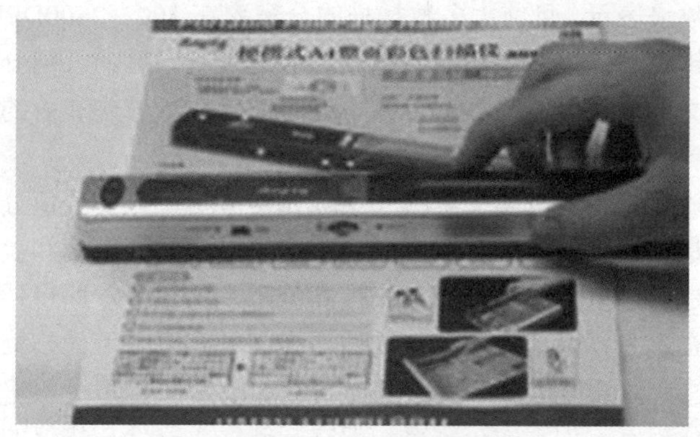

图 5-11 便携式扫描仪 3

便携式扫描仪的特点是小巧、便携，在国内比较典型的品牌是 Anyty 的 HSA610，因为其大小只为长 254mm×高 30mm×宽 28mm，而最大的优势是支持 A4 幅面扫描，其扫描功能与传统的台式扫描仪并无差别，但能脱机扫描，又便于携带，可随时随处进行扫描工作，应用于移动办公与现场执法等要求快速扫描的场合。而市场最新的 HSA619PW 和 HSAP700 更引领了高倍率扫描的新潮流，900dpi 开启了便携扫描仪的新时代。

便携式扫描仪与笔式扫描仪最大的区别是笔式扫描仪有些是逐行扫描的，不可扫描图片，只能扫描文字。便携式扫描仪的扫描对象在传统台式扫描仪的基础上，更便于商务办公与现场执法时进行身份证、票据、护照和合同文档的扫描。

5.4.2 工作原理及主要技术指标

一、工作原理

扫描仪的工作原理：扫描仪获取图像的方式是先将光线照射扫描的材料上，光线反射回来后由 CCD 光敏元件接收并实现光电转换。

当扫描不透明的材料如照片，打印文本以及标牌、面板、印制板实物时，由于材料上黑的区域反射较少的光线，亮的区域反射较多的光线，而 CCD 器件可以检测图像上不同光线反射回来的不同强度的光通过 CCD 器件将反射光皮波转换成为数字信息，用 1 和 0 的组合表示，最后控制扫描仪操作的扫描仪软件读入这些数据，并重组为计算机图像文件。

当扫描透明材料如制版菲林软片，照相底片时，扫描工作原理相同，不同的是此时不是利用光线的反射，而是让光线透过材料，再由 CCD 器件接收，扫描透明材料需要特别的光源补偿－透射适配器（TMA）装置来完成这一功能

二、主要技术指标

1. 分辨率

分辨率是扫描仪最主要的技术指标，表示扫描仪对图像细节上的表现能力，决定了扫

描仪所记录图像的细致度，其单位为 DPI（Dots Per Inch）。通常用每英寸长度上扫描图像所含有像素点的个数来表示。目前大多数扫描的分辨率在 300～2400DPI 之间。DPI 数值越大，扫描的分辨率越高，扫描图像的品质越高，但这是有限度的。当分辨率大于某一特定值时，只会使图像文件增大而不易处理，并不能对图像质量产生显著的改善。对于丝网印刷应用而言，扫描到 6000DPI 就已经足够了。

扫描分辨率一般有二种：真实分辨率（又称光学分辨率）和插值分辨率。

真实分辨率就是扫描仪的实际分辨率，它决定了图像的清晰度和锐利度的关键性能指标。插值分辨率则是通过软件运算的方式来提高分辨率的数值，即用插值的方法将采样点周围遗失的信息填充进去，因此也被称作软件增强的分辨率。例如扫描仪的真实分辨率为 300DPI，则可以通过软件插值运算法将图像提高到 600DPI，插值分辨率所获得的细部资料要少些。尽管插值分辨率不如真实分辨率，但它却能大大降低扫描仪的价格，且对一些特定的工作，例如扫描黑白图像或放大较小的原稿时十分有用。

2. 灰度级

灰度级表示图像的亮度层次范围。级数越多扫描仪图像亮度范围越大、层次越丰富，目前多数扫描仪的灰度为 256 级。256 级灰阶中以真实呈现出比肉眼所能辨识出来的层次还多的灰阶层次。

3. 色彩数

色彩数表示彩色扫描仪所能产生颜色的范围。通常用表示每个像素点颜色的数据闰数，即比特位（bit）表示。所谓 bit，是计算机最小的存贮单位，以 0 或 1 来表示比特位的值，越多的比特位数可以表现越复杂的图像资讯。例如，常说的真彩色图像指的是每个像素点由三个 8 比特位的彩色通道所组成，即 24 位二进制数表示，红绿兰通道结合可以产生 2^{24}=16.67M（兆）种颜色的组合，色彩数越多扫描图像越鲜艳真实。

4. 扫描速度

扫描速度有多种表示方法，因为扫描速度与分辨率、内存容量、存取速度、显示时间和图像大小有关，通常用指定的分辨率和图像尺寸下的扫描时间来表示。

5. 扫描幅面

表示扫描图稿尺寸的大小，常见的有 A4、A3、A0 幅面等。

5.4.3 使用技巧和维护

一、使用技巧

1. 确定合适的扫描方式

使用扫描仪可以扫描图像、文字和照片等，不同的扫描对象有其不同的扫描方式。打开扫描仪的驱动界面，显示“黑白”“灰度”和“照片”三种扫描选项。其中“黑白”方式适用于白纸黑字的原稿，扫描仪会按照 1 个位来表示黑与白两种像素，这样会节省磁盘空间。“灰度”则适用于既有图片又有文字的图文混排稿样，扫描该类型兼顾文字和具有多个灰度等级的图片。“照片”适用于扫描彩色照片，要对红绿蓝三个通道进行多等级的采样和存储。在扫描之前，一定要先根据被扫描的对象，选择一种合适的扫描方式，才有可能获得较高的扫描效果。

2. 优化扫描仪分辨率

扫描分辨率越高得到的图像越清晰，但是考虑到如果超过输出设备的分辨率，再清晰的图像也不可能打印出来，仅仅是多占用了磁盘空间，没有实际的价值。因此选择适当的扫描分辨率就很有必要。例如，准备使用 600dpi 分辨率的打印机输出结果，以 600dpi 扫描。如果可能，在扫描后按比例缩小大幅图像。例如，以 600dpi 扫描一张 4*4 英寸的图像，在组版程序中将它减为 2*2 英寸，则它的分辨率就是 1200dpi。

3. 设置好扫描参数

扫描仪在预扫描图像时，都是按照系统默认的扫描参数值进行扫描的，对于不同的扫描对象和不同的扫描方式，效果可能是不一样的。所以，为了能获得较高的图像扫描质量，可以用人工的方式来进行调整参数，例如当灰阶和彩色图像的亮度太亮或太暗时，可通过拖动亮度滑动条上的滑块，改变亮度。如果亮度太高，会使图像看上去发白；亮度太低，则太黑。应该在拖动亮度滑块时，使图像的亮度适中。同样的对于其他参数，可以按照同样的调整方法来进行局部修改，直到自己的视觉效果满意为止。总之，一幅好的扫描图像不必再用图像处理软件中进行更多的调整，即可满足打印输出，而且最接近印刷质量。

4. 设置好文件的大小

无论被扫描的对象是文字、图像还是照片，通过扫描仪输出后都是图像，而图像尺寸的大小直接关系到文件容量的大小，因此在扫描时应该设置好文件尺寸的大小。通常，扫描仪能够在预览原始稿样时自动计算出文件大小，但了解文件大小的计算方法更有助于你在管理扫描文件和确定扫描分辨率时作出适当的选择。二值图像文件的计算公式是：水平尺寸×垂直尺寸×（扫描分辨率）2/8。彩色图像文件的计算公式是：水平尺寸×垂直尺寸×（扫描分辨率）2×3。

5. 存储曲线并装入扫描软件

有时，为了得到最好的色彩和扫描对比度，先做低分辨率的扫描，在 Photoshop 中打开它，并用 Photoshop 的曲线功能来作色彩和对比度的改进。存储曲线并装载回扫描软件，扫描仪现在将使用此色彩纠正曲线来建立更好的高分辨率文件。如果用一类似的色域范围扫描若干个图像，可使用相同的曲线，并且也可以经常存储曲线，再根据需要装载回它们。

6. 根据需要的效果放置好扫描对象

在实际使用图像的过程中，有时希望能够倾获得斜效果的图像，因此，有很多设计者往往都是通过扫描仪把图像输入到电脑中，然后使用专业的图像软件来进行旋转，以使图像达到旋转效果。殊不知，这种过程是很浪费时间的，根据旋转的角度大小，图像的质量会下降。如果事先就知道图像在页面上是如何放置的，那么使用量角器和原稿底边在滚筒和平台上放置原稿成精确的角度，会得到最高质量的图像，而不必在图像处理软件中再作旋转。

7. 在玻璃平板上找到最佳扫描区域

为了能获得最佳的图像扫描质量，可以找到扫描仪的最侍扫描区域，然后把需要扫描的对象放置在这里，以获得最佳，最保真的图像效果。具体寻找的步骤如下：首先将扫描仪的所有控制设成自动或默认状态，选中所有区域，接着再以低分辨率扫描一张空白、白色或不透明块的样稿。然后再用专业的图像处理软件 Photoshop 来打开该样稿，使用该软件中的均值化命令（Equalize 菜单项）对样稿进行处理。处理后就可以看见在扫描仪上哪儿有裂纹、条纹、黑点。可以打印这个文件，剪出最好的区域（也就是最稳定的区域），以帮助放置图像。

8. 使用透明片配件来获得最佳扫描效果

许多平板扫描仪配有放在扫描床顶端的透明片配件。为得到透明片或幻灯片的最佳扫描，从架子和幻灯片安装架上取下图片并安装其在玻璃扫描床上，反面朝下（反面通常是毛面）。用黑色的纸张剪出面具，覆盖除稿件被设置的地方之外的整个扫描床。这将在扫描期间减少闪耀和过份曝光。同样的，扫描三维物体时，用颜色与你扫描的物体对比强烈的物体覆盖扫描仪的盖子。这将帮助你更容易用 PhotoshopColorRange 工具选择它。

9. 使扫描图像色域最大化

为充分利用 30 或 36 位的扫描仪增加色彩范围，使用扫描仪软件(象 Agfa 的 FotoTune)或其他公司的软件尽量对色彩进行调节。因为 Photoshop 软件仅限 24 位图像，所以图像可能以最宽的色域范围被插入。

10. 使用无网花技术来扫描印刷品

当扫描印刷品时，在图像的连续调上会有网花出现。如果扫描仪没有去网功能，尝试寻找使网花最小的分辨率。通常，与印刷品网线一样或一倍的分辨率可能奏效。一旦你得到相当好的扫描，使用 Photoshop 是 Gaussian Blur 过滤器（用小于 1 象素的设置）稍微柔化网花直至看不出。然后应用 Unsharp Mask 使图像锐利回来。也可通过稍微旋转图像来改进扫描，这是因为改变了连续调的网角。对黑白图像旋转 45 度正好，对于 CMYK 图像，将需要实验。

二、扫描仪的维护

1. 要保护好光学部件

扫描仪在扫描图像的过程中，通过一个叫光电转换器的部件把模拟信号转换成数字信号，然后再送到计算机中的。这个光电转换设置非常精致，光学镜头或者反射镜头的位置对扫描的质量有很大的影响。因此在工作的过程中，不要随便地改动这些光学装置的位置，同时要尽量避免对扫描仪的震动或者倾斜。遇到扫描仪出现故障时，不要擅自拆修，一定要送到厂家或者指定的维修站去；另外在运送扫描仪时，一定要把扫描仪背面的安全锁锁上，以避免改变光学配件的位置。

2. 做好定期的保洁工作

扫描仪可以说是一种比较精致的设备，平时一定要认真做好保洁工作。扫描仪中的玻璃平板、反光镜片、镜头，如果落上灰尘或者其他一些杂质，会使扫描仪的反射光线变弱，从而影响图片的扫描质量。为此，一定要在无尘或者灰尘尽量少的环境下使用扫描仪，用完以后，一定要用防尘罩把扫描仪遮盖起来，以防止更多的灰尘来侵袭。当长时间不使用时，还要定期地对其进行清洁。清洁时，可以先用柔软的细布擦去外壳的灰尘，然后再用清洁剂和水对其认真地进行清洁。接着再对玻璃平板进行清洗，由于该面板的干净与否直接关系到图像的扫描质量，因此在清洗该面板时，先用玻璃清洁剂来擦拭一遍，接着再用软干布将其擦干净。

5.5 多功能一体机

5.5.1 简介

多功能一体机虽然有多种的功能，但是打印技术是多功能一体机基础功能，因为无论是复印功能，还是接收传真功能的实现都需要打印功能支持才能够完成。因此多功能一体机可以根据打印方式分为“激光型产品”和“喷墨型产品”两大类。并且同普通打印机一样，喷墨型多功能一体机的价格较为便宜，同时能够以较低的价格实现彩色打印，但是使用时的单位成本较高；而激光型多功能一体机的价格较贵，并且在万元以下的机型中都只能实现黑白打印，而它的优势在于使用时的单位成本比喷墨型低许多。

5.5.2 分类

除了可以根据打印技术来进行分类之外，多功能一体机还可以根据产品的功能性来进行分类。要知道，虽然都是集打印、复印、扫描、传真为一体的产品（有的产品可能没有传真功能），有的用户觉得只要功能一样，产品也就没有什么差别，但是事实却不是这样。绝大多数的产品在各个功能上是有强弱之分的，是以某一个功能为主导的，因此它的这个功能便特别的出色，一般情况下可以分为打印主导型、复印主导型、传真主导型，而扫描主导型的产品还不多见。当然也有些全能性的产品，它的各个功能都非常强，不过价格上也相对贵一些。

5.5.3 功能

理论上多功能一体机的功能有打印、复印、扫描、传真，但对于实际的产品来说，只要具有其中的两种功能就可以称之为多功能一体机了。目前较为常见的产品在类型上一般有两种。一种涵盖了三种功能，即打印、扫描、复印，典型代表产品为爱普生 StylusCX5100。另一种则涵盖了四种，即打印、复印、扫描、传真，典型代表产品为 BrotherMFC-7420。如图 5-12 所示。

图 5-12　多功能一体机

多功能一体机除了常规的功能之外，还有一些自己独到之处。比如爱普生 StylusPhotoRX510 为代表的数码照片型多功能一体机可以支持存储卡直接打印。

在标准配置之外，可以增强产品功能，提升产品性能的部件，是需要另外进行购买的。和标准配置不同，不使用可选配件不会影响到产品的基本功能的使用。可选配件的种类很多，不同的产品支持的可选产品也是不同的，因此在选购可选配件时应该事先查阅产品的说明，以免买了不能用。比较常见的可选配件有扩展内存、大容量进纸盒、双面打印装置等。

参 考 文 献

[1] Meyer,N.D. The role of management science in office automation [J]. *Interfaces* 10, 1980, 72-76.

[2] Cox,J. Architecture for office automation [J]. *Trends in Information Processing Systems*, 1981, 1-15.

[3] Foley Curley,K. Are there any real benefits from office automation? [J]. *Business Horizons* 27, 1984, 37-42.

[4] 陈春香. 论企业办公自动化[J]. 现代企业文化，2009, 14-15 2009.

[5] 周燕青，肖智敏. 办公自动化系统的安全问题及对策[J]. 华南金融电脑，2009, 62-64.

[6] 李永建. 浅析我国电子政务的发展[J]. 企业导报，2012, 154-155.

[7] 汤敏，陈雅芳，曾志宇. 办公自动化案例教程——Office 2010，[M]. 北京：清华大学出版社，2016, 9.

[8] 管莹. 电脑办公自动化案例教程[M]. 北京：清华大学出版社，2016,7.

[9] 尹建新. 办公自动化高级应用案例教程——Office 2010[M]. 北京：电子工业出版社，2014.

[10] 肖辉军. 办公自动化案例教程，[M]. 北京：人民邮电出版社，2017.

[11] 何显文. 大学信息技术基础[M]. 北京：电子工业出版社，2017.

[12] 鄂大伟. 大学信息技术基础（第四版）[M]. 厦门：厦门大学出版社，2016 年.

[13] 王秋茸. 办公自动化综合案例应用教程[M]. 北京：人民邮电出版社，2016 年.

[14] 李建俊. 办公自动化实用教程（Office 2010）（第 2 版）[M]. 北京：电子工业出版社，2016 年.

[15] 导向工作室. Office 2010 办公自动化培训教程[M]. 北京：人民邮电出版社，2014 年.

反侵权盗版声明